高等数学学习指导

主　编　高胜哲　张立石

副主编　冯　驰　于化东　赵学达

　　　　屈磊磊　尹　丽

清华大学出版社

北　京

内 容 简 介

本书是编者在近 20 年高等数学优秀生班教学和大学生数学竞赛辅导的教学积累整理而成的。全书以章为单位进行编写。每章均由知识点、典型例题、同步训练、参考答案四个模块组成的。本书例题丰富，深入浅出，富有启发性与可读性，有助于提高学生分析问题和解决问题的能力。

本书既可作为大学生数学竞赛指导的教材，也可作为高等数学教学的参考书，同时可作为硕士研究生入学考试的研习资料。

图书在版编目(CIP)数据

高等数学学习指导/高胜哲，张立石主编. —北京：清华大学出版社，2020.8
ISBN 978-7-302-56259-7

Ⅰ. ①高…　Ⅱ. ①高… ②张…　Ⅲ. ①高等数学－高等学校－教学参考资料　Ⅳ. ①O13

中国版本图书馆 CIP 数据核字(2020)第 152847 号

责任编辑：刘　颖
封面设计：傅瑞学
责任校对：刘玉霞
责任印制：丛怀宇

出版发行：清华大学出版社
　　　网　　　址：http://www.tup.com.cn，http://www.wqbook.com
　　　地　　　址：北京清华大学学研大厦 A 座　　　邮　　编：100084
　　　社 总 机：010-62770175　　　邮　　购：010-62786544
　　　投稿与读者服务：010-62776969，c-service@tup.tsinghua.edu.cn
　　　质量反馈：010-62772015，zhiliang@tup.tsinghua.edu.cn
印 装 者：北京国马印刷厂
经　　销：全国新华书店
开　　本：185mm×260mm　　印　张：13.5　　　字　　数：324 千字
版　　次：2020 年 9 月第 1 版　　　印　　次：2020 年 9 月第 1 次印刷
定　　价：39.80 元

产品编号：087095-01

前言

FOREWORD

本书是根据教育部高等学校大学数学课程教学指导委员会制定的《工科类本科数学基础课程教学基本要求》及《全国硕士研究生入学考试高等数学考试大纲》编写的,是一本与大学本科非数学专业高等数学教学相配套的教学辅助用书。对象是大学非数学专业的学生,特别是对数学有一定兴趣、学习成绩较好,或有志于提高高等数学学习水平的学生,以及准备参加硕士研究生入学考试的读者。

本书共 12 章,依次是函数、极限和连续,导数与微分,微分中值定理与导数的应用、不定积分、定积分、定积分的应用、微分方程、空间解析几何与向量代数、多元函数微分法及其应用、重积分、曲线积分与曲面积分、无穷级数。每章由知识点、典型例题、同步训练、参考答案四个模块组成。

为了加强本科生素质教育,加大创新性人才的培养力度,实施因材施教,大连海洋大学开设高等数学优秀生班教学至今已有近 20 年了,高等数学优秀生班的学生在历届中国大学生数学竞赛、中国大学生数学建模竞赛、大连市大学生数学竞赛等各种竞赛中取得了优异的成绩。经过长期探索与实践,基础数学教研室已形成了与高等数学课程教学相适应的优秀生班的教学模式,优化教学内容,积累丰富的教学资源。本书是根据我们在高等数学优秀生班教学和大学生数学竞赛辅导中的教学积累整理而成的。

本书在编写过程中得到了大连海洋大学基础数学教研室广大教师的支持,他们提出了许多宝贵意见,在此一并表示衷心的感谢。

由于编者水平有限,书中的错误和不当之处,敬请读者和同行批评指正。

编　者

2020 年 4 月 31 日

目录

CONTENTS

第1章

函数、极限和连续

1.1　知识点

1. 函数

（1）几种具备特性的函数

① 单调函数。

② 奇偶函数。

③ 周期函数。

④ 有界函数。

（2）复合函数

设函数 $y=f(u)$ 的定义域为 D_f，函数 $u=g(x)$ 的定义域和值域分别为 D_g，R_g，且 $R_g \subset D_f$，则由 $y=f[g(x)]$，$x \in D_g$ 确定的函数称为由函数 $u=g(x)$ 与函数 $y=f(u)$ 构成的复合函数，记为 $f \circ g$。

（3）反函数

设 $y=f(x)$，记它的反函数为 $y=f^{-1}(x)$，则有 $f[f^{-1}(x)]=x$。

（4）分段函数

若一个函数 $f(x)$ 在其定义域内的不同区间内，其对应法则有着不同的初等函数表达式，则称此函数为分段函数，特殊的几个分段函数：

符号函数　$y=\mathrm{sgn}x=\begin{cases} 1, & x>0, \\ 0, & x=0, \\ -1, & x<0。 \end{cases}$ 显然 $x=\mathrm{sgn}x \cdot |x|$。

取整函数　$y=[x]=n$，　$n \leqslant x < n+1$，　$n=0, \pm 1, \pm 2, \cdots$。

（5）初等函数与基本初等函数

① 基本初等函数　称下列五种函数为基本初等函数：

幂函数　　　　$y=x^{\mu}$（μ 为实数）。

指数函数　　　$y=a^x$（$a>0$，$a \neq 1$）。

对数函数　　　　$y = \log_a x\,(a > 0, a \neq 1)$。

三角函数　　　　$y = \sin x, y = \cos x, y = \tan x, y = \cot x, y = \sec x, y = \csc x$。

反三角函数　　　$y = \arcsin x, y = \arccos x, y = \arctan x, y = \text{arccot}\,x$。

② 初等函数　由常数和基本初等函数经过有限次四则运算、有限次复合而成并能用一个解析式表示的函数称为初等函数。

2. 极限

（1）极限定义

① 数列极限的定义　如果 n 在正整数集 $\mathbf{N}^+$ 中变化，且无限增大时，数列 $\{a_n\}$ 无限趋近于一个确定的数 a，那么称数列 $\{a_n\}$ 收敛于 a，或称 a 为数列 $\{a_n\}$ 的极限，记为 $\lim\limits_{n \to \infty} a_n = a$ 或者 $a_n \to a\,(n \to \infty)$；否则，称数列 $\{a_n\}$ 发散，或 $\lim\limits_{n \to \infty} a_n$ 不存在。

② 自变量趋于某定点时函数极限的定义　设函数 $f(x)$ 在点 x_0 的某一去心邻域内有定义，如果存在常数 A，对于任意给定的正数 ε（不论它多么小），总存在正数 δ，使得当 x 满足不等式 $0 < |x - x_0| < \delta$ 时，对应的函数值 $f(x)$ 都满足不等式 $|f(x) - A| < \varepsilon$，那么常数 A 就称为函数 $f(x)$ 当 $x \to x_0$ 时的极限，记作 $\lim\limits_{x \to x_0} f(x) = A$ 或 $f(x) \to A\,(x \to x_0)$。

$$\lim_{x \to x_0} f(x) = A \Leftrightarrow \lim_{x \to x_0^+} f(x) = \lim_{x \to x_0^-} f(x) = A。$$

③ 自变量趋于无穷时函数极限的定义　设函数 $f(x)$ 当 $|x|$ 大于某一正数时有定义，如果存在常数 A，对于任意给定的正数 ε（不论它多么小），总存在正数 X，使得当 x 满足不等式 $|x| > X$ 时，对应的函数值 $f(x)$ 都满足不等式 $|f(x) - A| < \varepsilon$，那么常数 A 就称为函数 $f(x)$ 当 $x \to \infty$ 时的极限，记作

$$\lim_{x \to \infty} f(x) = A \quad 或 \quad f(x) \to A\,(x \to \infty)。$$

$$\lim_{x \to \infty} f(x) = A \Leftrightarrow \lim_{x \to +\infty} f(x) = \lim_{x \to -\infty} f(x) = A。$$

（2）极限的性质

① 唯一性　如果函数（或数列）存在极限，则极限必唯一。

② 保号性

（a）收敛数列的保号性：如果 $\lim\limits_{n \to \infty} x_n = a$，且 $a > 0$（或 $a < 0$），那么存在正整数 $N > 0$，当 $n > N$ 时，都有 $x_n > 0$（或 $x_n < 0$）；

（b）函数极限的局部保号性：如果 $\lim\limits_{x \to x_0} f(x) = A$，且 $A > 0$（或 $A < 0$），那么存在常数 $\delta > 0$，使得当 $0 < |x - x_0| < \delta$ 时，有 $f(x) > 0$（或 $f(x) < 0$）。

③ 有界性

（a）收敛数列的有界性：如果数列 $\{x_n\}$ 收敛，那么数列 $\{x_n\}$ 一定有界；

（b）函数极限的局部有界性：如果 $\lim\limits_{x \to x_0} f(x) = A$，那么存在常数 $M > 0$ 和 $\delta > 0$，使得当 $0 < |x - x_0| < \delta$ 时，有 $|f(x)| \leqslant M$。

（3）极限的运算法则

设 $\lim\limits_{x \to x_0} f(x) = A$，$\lim\limits_{x \to x_0} g(x) = B$，则：

① $\lim\limits_{x \to x_0} [f(x) \pm g(x)] = A \pm B$；

② $\lim\limits_{x\to x_0}[f(x)\cdot g(x)]=AB$；

③ 若 $B\neq0$，$\lim\limits_{x\to x_0}\dfrac{f(x)}{g(x)}=\dfrac{A}{B}$；

④ 设 $y=f[g(x)]$ 是由函数 $u=g(x)$ 与函数 $y=f(u)$ 复合而成，$y=f[g(x)]$ 在点 x_0 的某去心邻域内有定义，若 $\lim\limits_{x\to x_0}g(x)=u_0$，$\lim\limits_{u\to u_0}f(u)=A$，且存在 $\delta_0>0$，当 $x\in\overset{\circ}{U}(x_0,\delta_0)$ 时有 $g(x)\neq u_0$，则 $\lim\limits_{x\to x_0}f[g(x)]=\lim\limits_{u\to u_0}f[u]=A$。

上述性质当 $x\to\infty$ 时也成立。

（4）极限的存在准则

① 单调有界定理　单调有界数列必有极限。

② 夹逼准则（迫敛性）：若在 x_0 的某去心邻域（或 $|x|$ 充分大时）内有 $g(x)\leqslant f(x)\leqslant h(x)$，且 $\lim\limits_{\substack{x\to x_0\\(x\to\infty)}}g(x)=\lim\limits_{\substack{x\to x_0\\(x\to\infty)}}h(x)=A$，则有 $\lim\limits_{\substack{x\to x_0\\(x\to\infty)}}f(x)=A$。

夹逼准则同样适用于数列极限。

（5）无穷小与无穷大

① 无穷小的定义　如果 $\lim\limits_{\substack{x\to x_0\\(x\to\infty)}}f(x)=0$，那么称 $f(x)$ 为当 $x\to x_0$（或 $x\to\infty$）时的无穷小。

② 无穷大的定义　设函数 $f(x)$ 在点 x_0 的某一去心邻域内有定义（或 $|x|$ 大于某一正数时有定义），如果对于任意给定的正数 M（不论它多么大），总存在正数 δ（或正数 X），只要 x 适合不等式 $0<|x-x_0|<\delta$（或 $|x|>X$），对应的函数值 $f(x)$ 总满足不等式 $|f(x)|>M$，那么称函数 $f(x)$ 为当 $x\to x_0$（或 $x\to\infty$）时的无穷大，记作 $\lim\limits_{x\to x_0}f(x)=\infty$（或 $\lim\limits_{x\to\infty}f(x)=\infty$）。

③ 无穷小阶的比较　设 α,β 是在同一个自变量的变化过程中的无穷小，且 $\alpha\neq0$，$\lim\dfrac{\beta}{\alpha}$ 也是在这个变化过程中的极限。

如果 $\lim\dfrac{\beta}{\alpha}=0$，那么就说 β 是比 α 高阶的无穷小，记作 $\beta=o(\alpha)$；

如果 $\lim\dfrac{\beta}{\alpha}=\infty$，那么就说 β 是比 α 低阶的无穷小；

如果 $\lim\dfrac{\beta}{\alpha}=c\neq0$，那么就说 β 是与 α 同阶的无穷小；

如果 $\lim\dfrac{\beta}{\alpha^k}=c\neq0,k>0$，那么就说 β 是关于 α 的 k 阶无穷小；

如果 $\lim\dfrac{\beta}{\alpha}=1$，那么就说 β 与 α 是等价无穷小，记作 $\alpha\sim\beta$。

④ 无穷小的有关性质：

（a）有限个无穷小的代数和是无穷小；

（b）有限个无穷小的乘积是无穷小；

（c）常数与无穷小的乘积仍为无穷小；

（d）有界变量乘无穷小仍为无穷小；

(e) 若 $f(x)$ 是当 $x \to x_0$ 时的无穷小,且 $f(x) \neq 0$,则 $\dfrac{1}{f(x)}$ 是当 $x \to x_0$ 时的无穷大;反之,若 $f(x)$ 是当 $x \to x_0$ 时的无穷大,则 $\dfrac{1}{f(x)}$ 是当 $x \to x_0$ 时的无穷小;

(f) $\lim\limits_{x \to x_0} f(x) = A$ 的充分必要条件是 $f(x) = A + \alpha$,其中 $\lim\limits_{x \to x_0} \alpha = 0$。

上述性质当 $x \to \infty$ 时也成立。

3. 连续

(1) 连续定义

设函数 $y = f(x)$ 在点 x_0 的某一邻域内有定义,如果

$$\lim_{x \to x_0} f(x) = f(x_0),$$

那么就称函数 $f(x)$ 在点 x_0 连续 $\Leftrightarrow f(x)$ 既左连续又右连续,即 $\lim\limits_{x \to x_0^-} f(x) = f(x_0)$ 且 $\lim\limits_{x \to x_0^+} f(x) = f(x_0)$。

(2) 闭区间上连续函数的性质

① 有界性与最大值、最小值定理　在闭区间上连续的函数在该区间上有界且一定能取得它的最大值和最小值。

② 零点定理　如果函数 $f(x)$ 在闭区间 $[a, b]$ 上连续,且 $f(a)$ 与 $f(b)$ 异号(即 $f(a) \cdot f(b) < 0$),那么在开区间 (a, b) 内至少有一点 ξ,使得 $f(\xi) = 0$。

注　零点定理常用于证明条件中只给出连续,而结论需要证明曲线与 x 轴有交点、方程有实根或 $f(c) = 0$ 类型的命题。

③ 介值定理　如果函数 $f(x)$ 在闭区间 $[a, b]$ 上连续,且在这区间的端点取不同的函数值

$$f(a) = A \quad 及 \quad f(b) = B,$$

那么,对于 A 与 B 之间的任意一个数 C,在开区间 (a, b) 内至少有一点 ξ,使得 $f(\xi) = C (a < \xi < b)$。

④ 介值定理的推论　在闭区间上连续的函数必取得介于最大值 M 与最小值 m 之间的任何值。

(3) 函数的间断点

① 第一类间断点　$f(x)$ 在 $x = x_0$ 点左、右极限都存在;

(a) 跳跃间断点　$f(x)$ 在 $x = x_0$ 点有 $\lim\limits_{x \to x_0^+} f(x) \neq \lim\limits_{x \to x_0^-} f(x)$,且称 $\left| \lim\limits_{x \to x_0^+} f(x) - \lim\limits_{x \to x_0^-} f(x) \right|$ 为跳跃度;

(b) 可去间断点　$f(x)$ 在 $x = x_0$ 点有 $\lim\limits_{x \to x_0^+} f(x) = \lim\limits_{x \to x_0^-} f(x) \neq f(x_0)$ 或 $f(x_0)$ 不存在;

② 第二类间断点　$f(x)$ 在 $x = x_0$ 点左、右极限至少有一侧不存在;

(a) 无穷间断点　$f(x)$ 在 $x = x_0$ 点左、右极限至少有一侧为无穷大;

(b) 振荡间断点　$f(x)$ 在 $x = x_0$ 点极限不存在,且函数值在某些数值之间变动无限多次。

1.2 典型例题

题型一 复合函数求表达式问题

例 1 设 $f(x)=\begin{cases}2+x, & x<0,\\ 1, & x\geqslant0,\end{cases}$ 求 $f[f(x)]$ 的表达式。

解 $f[f(x)]=\begin{cases}2+f(x), & f(x)<0\\ 1, & f(x)\geqslant0\end{cases}=\begin{cases}2+(2+x), & 2+x<0,\\ 1, & 2+x\geqslant0,\end{cases}$

所以 $f[f(x)]=\begin{cases}4+x, & x<-2,\\ 1, & x\geqslant-2\end{cases}$ 即为所求表达式。

例 2 设 $f(x)$ 满足 $f^2(\ln x)-2xf(\ln x)+x^2\ln x=0$，且 $f(0)=0$，求 $f(x)$。

解 令 $t=\ln x$，即 $x=\mathrm{e}^t$，则 $f^2(t)-2\mathrm{e}^t f(t)+t\mathrm{e}^{2t}=0$，解得 $f(t)=\mathrm{e}^t\pm\sqrt{\mathrm{e}^{2t}-t\mathrm{e}^{2t}}=\mathrm{e}^t(1\pm\sqrt{1-t})$。

又由于 $f(0)=0$，因此 $f(t)=\mathrm{e}^t(1-\sqrt{1-t})$，$t\leqslant1$，即所求函数为 $f(x)=\mathrm{e}^x(1-\sqrt{1-x})$，$x\leqslant1$。

题型二 函数奇偶性、周期性问题

方法 涉及奇偶性问题常采用基本定义判定；也可使用定义式的变形，即若 $f(x)+f(-x)=0$，则函数为奇函数，若 $f(x)-f(-x)=0$，则函数为偶函数；同时还可利用奇函数与奇函数之和为奇函数，偶函数与偶函数之和为偶函数，奇函数与奇函数之积为偶函数，偶函数与偶函数之积为偶函数，奇函数与偶函数之积为奇函数等性质进行判定。

例 3 设 $f(x)$ 是定义在 $(-l,l)$ 内的任意函数，判定函数 $g(x)=f(x)+f(-x)$ 和 $h(x)=f(x)-f(-x)$ 的奇偶性。

解 以 $-x$ 代 x 可知 $g(x)=f(x)+f(-x)$ 为偶函数，而 $h(x)=f(x)-f(-x)$ 为奇函数。

注 任意一个定义在 $(-l,l)$ 内的函数 $f(x)$ 都可以表示成一个奇函数和一个偶函数之和，即 $f(x)=\dfrac{1}{2}g(x)+\dfrac{1}{2}h(x)$。

例 4 设 $f(x)$ 满足方程 $af(x)+bf\left(\dfrac{1}{x}\right)=\dfrac{c}{x}$，其中 a,b,c 为常数，且 $|a|\neq|b|$，求 $f(x)$ 的表达式并证明 $f(x)$ 是奇函数。

解 在条件 $af(x)+bf\left(\dfrac{1}{x}\right)=\dfrac{c}{x}$ 中以 $\dfrac{1}{x}$ 代替 x 可得 $af\left(\dfrac{1}{x}\right)+bf(x)=cx$，两式结合可得 $(a^2-b^2)f(x)=\dfrac{ac}{x}-bcx$，所以 $f(x)=\dfrac{c}{a^2-b^2}\left(\dfrac{a}{x}-bx\right)$。

显然 $f(-x)=\dfrac{c}{a^2-b^2}\left(\dfrac{a}{-x}+bx\right)=-f(x)$，因此 $f(x)$ 为奇函数。

题型三　数列极限问题

1. 数列极限计算中常用的结果

(1) $\lim\limits_{n\to\infty} C = C$;

(2) $\lim\limits_{n\to\infty} q^n = 0 (|q| < 1)$;

(3) $\lim\limits_{n\to\infty} \dfrac{1}{n^\alpha} = 0 (\alpha > 0)$;

(4) $\lim\limits_{n\to\infty} \sqrt[n]{a} = 1 (a > 0)$;

(5) $\lim\limits_{n\to\infty} \dfrac{a_0 n^m + a_1 n^{m-1} + \cdots + a_m}{b_0 n^k + b_1 n^{k-1} + \cdots + b_k} = \begin{cases} 0, & k > m, \\ \infty, & k < m, \\ \dfrac{a_0}{b_0}, & m = k, \end{cases}$　$a_0 \neq 0, b_0 \neq 0$。

例5　计算下列各极限。

(1) $\lim\limits_{n\to\infty} \dfrac{1}{2^n}$; (2) $\lim\limits_{n\to\infty} \dfrac{1}{\sqrt{n}}$; (3) $\lim\limits_{n\to\infty} \sqrt[n]{5}$; (4) $\lim\limits_{n\to\infty} \dfrac{n-1}{n+1}$。

解　(1) $\lim\limits_{n\to\infty} \dfrac{1}{2^n} = \lim\limits_{n\to\infty} \left(\dfrac{1}{2}\right)^n = 0$;

(2) $\lim\limits_{n\to\infty} \dfrac{1}{\sqrt{n}} = 0$;

(3) $\lim\limits_{n\to\infty} \sqrt[n]{5} = 1$;

(4) $\lim\limits_{n\to\infty} \dfrac{n-1}{n+1} = 1$。

2. 已知数列的前几项及递推公式求数列极限的问题

方法　通常先应用单调有界定理说明极限的存在性,再利用题目中的递推公式求极限。

例6　设 $x_1 = 2, x_2 = 2 + \dfrac{1}{x_1}, \cdots, x_{n+1} = 2 + \dfrac{1}{x_n}$,求 $\lim\limits_{n\to\infty} x_n$。

解　显然可得 $x_1 < x_3, x_4 < x_2$。又由于

$$x_{2k+1} - x_{2k-1} = \frac{1}{x_{2k}} - \frac{1}{x_{2k-2}} = \frac{x_{2k-2} - x_{2k}}{x_{2k} x_{2k-2}} (k \geqslant 1),$$

$$x_{2k+2} - x_{2k} = \frac{1}{x_{2k+1}} - \frac{1}{x_{2k-1}} = \frac{x_{2k-1} - x_{2k+1}}{x_{2k+1} x_{2k-1}} (k \geqslant 1),$$

于是数列 $\{x_{2k+1}\}$ 单调上升,数列 $\{x_{2k}\}$ 单调下降,显然 $2 < x_n < 3$,故数列 $\{x_{2k+1}\}, \{x_{2k}\}$ 存在极限。设 $\lim\limits_{k\to\infty} x_{2k+1} = A, \lim\limits_{k\to\infty} x_{2k} = B$,且 $A > 2, B > 2$,而

$$x_{2k+1} = 2 + 1/x_{2k}, \quad x_{2k} = 2 + 1/x_{2k-1},$$

所以

$$A = 2 + 1/B, \quad B = 2 + 1/A,$$

进而得 $A = B = 1 + \sqrt{2}$,即 $\lim\limits_{n\to\infty} x_n = 1 + \sqrt{2}$。

3. 涉及 n 项相加或相乘时利用夹逼准则(迫敛性)解决的数列极限问题

方法　n 项相加先考虑能不能求和,通常应用拆项裂项的方法抵消一些项;如果不能,再考虑应用夹逼准则或定积分定义(见第5章:定积分)。

例7　求 $\lim\limits_{n\to\infty} \left(\dfrac{1}{\sqrt{n^2+1}} + \dfrac{1}{\sqrt{n^2+2}} + \cdots + \dfrac{1}{\sqrt{n^2+n}} \right)$。

解 $\dfrac{1}{\sqrt{n^2+n}}+\cdots+\dfrac{1}{\sqrt{n^2+n}}\leqslant\dfrac{1}{\sqrt{n^2+1}}+\dfrac{1}{\sqrt{n^2+2}}+\cdots+\dfrac{1}{\sqrt{n^2+n}}\leqslant\dfrac{1}{\sqrt{n^2+1}}+\cdots+$

$\dfrac{1}{\sqrt{n^2+1}}$，即 $\dfrac{n}{\sqrt{n^2+n}}\leqslant\dfrac{1}{\sqrt{n^2+1}}+\dfrac{1}{\sqrt{n^2+2}}+\cdots+\dfrac{1}{\sqrt{n^2+n}}\leqslant\dfrac{n}{\sqrt{n^2+1}}$。

而 $\lim\limits_{n\to\infty}\dfrac{n}{\sqrt{n^2+n}}=\lim\limits_{n\to\infty}\dfrac{n}{\sqrt{n^2+1}}=1$，所以 $\lim\limits_{n\to\infty}\left(\dfrac{1}{\sqrt{n^2+1}}+\dfrac{1}{\sqrt{n^2+2}}+\cdots+\dfrac{1}{\sqrt{n^2+n}}\right)=1$。

例 8 计算 $\lim\limits_{n\to\infty}\sqrt[n]{a_n}$，其中 $a_n=\sum\limits_{k=1}^{n}\dfrac{1}{k^2}=\dfrac{1}{1^2}+\dfrac{1}{2^2}+\dfrac{1}{3^2}+\cdots+\dfrac{1}{n^2}$。

解 因为

$$1\leqslant a_n=\dfrac{1}{1^2}+\dfrac{1}{2^2}+\dfrac{1}{3^2}+\cdots+\dfrac{1}{n^2}$$
$$\leqslant 1+\dfrac{1}{1\times2}+\dfrac{1}{2\times3}+\cdots+\dfrac{1}{n(n-1)}$$
$$=1+\left(1-\dfrac{1}{2}\right)+\left(\dfrac{1}{2}-\dfrac{1}{3}\right)+\cdots+\left(\dfrac{1}{n-1}-\dfrac{1}{n}\right)$$
$$=2-\dfrac{1}{n}<2,$$

所以 $\sqrt[n]{1}<\sqrt[n]{a_n}<\sqrt[n]{2}$。令 $n\to\infty$，则 $\lim\limits_{n\to\infty}\sqrt[n]{1}=\lim\limits_{n\to\infty}\sqrt[n]{2}=1$，由夹逼准则得 $\lim\limits_{n\to\infty}\sqrt[n]{a_n}=1$。

例 9 计算 $\lim\limits_{n\to\infty}\dfrac{1}{2}\cdot\dfrac{3}{4}\cdot\dfrac{5}{6}\cdot\cdots\cdot\dfrac{2n-1}{2n}$。

解 由

$$1\cdot3<2^2,\tag{1}$$
$$3\cdot5<4^2,\tag{2}$$
$$\vdots$$
$$(2n-1)(2n+1)<(2n)^2,\tag{n}$$

将以上 n 个式子相乘得 $1\cdot3^2\cdot5^2\cdot\cdots\cdot(2n-1)^2(2n+1)<2^2\cdot4^2\cdot6^2\cdot\cdots\cdot(2n)^2$，故 $1\cdot3\cdot5\cdot\cdots\cdot(2n-1)\sqrt{2n+1}<2\cdot4\cdot6\cdot\cdots\cdot2n$，即

$$0<\dfrac{1\cdot3\cdot5\cdot\cdots\cdot(2n-1)}{2\cdot4\cdot6\cdot\cdots\cdot2n}<\dfrac{1}{\sqrt{2n+1}}。$$

令 $n\to\infty$，由夹逼准则可知 $\lim\limits_{n\to\infty}\dfrac{1}{2}\cdot\dfrac{3}{4}\cdot\dfrac{5}{6}\cdot\cdots\cdot\dfrac{2n-1}{2n}=0$。

4. 几个特殊技巧处理的数列极限问题

例 10 计算 $\lim\limits_{n\to\infty}\left(1-\dfrac{1}{2^2}\right)\left(1-\dfrac{1}{3^2}\right)\left(1-\dfrac{1}{4^2}\right)\cdots\left(1-\dfrac{1}{n^2}\right)$。

解 将原式变形整理得

$$\lim\limits_{n\to\infty}\left(1-\dfrac{1}{2^2}\right)\left(1-\dfrac{1}{3^2}\right)\left(1-\dfrac{1}{4^2}\right)\cdots\left(1-\dfrac{1}{n^2}\right)$$
$$=\lim\limits_{n\to\infty}\dfrac{1}{2}\cdot\dfrac{3}{2}\cdot\dfrac{2}{3}\cdot\dfrac{4}{3}\cdot\dfrac{3}{4}\cdot\dfrac{5}{4}\cdot\cdots\cdot\dfrac{n-1}{n}\cdot\dfrac{n+1}{n}$$
$$=\lim\limits_{n\to\infty}\dfrac{1}{2}\cdot\dfrac{n+1}{n}=\dfrac{1}{2}。$$

例 11 计算 $\lim\limits_{n\to\infty}\cos\dfrac{x}{2}\cos\dfrac{x}{4}\cos\dfrac{x}{8}\cdots\cos\dfrac{x}{2^n}(x\neq 0)$。

解
$$\lim_{n\to\infty}\cos\frac{x}{2}\cos\frac{x}{4}\cos\frac{x}{8}\cdots\cos\frac{x}{2^n}$$

$$=\lim_{n\to\infty}\frac{\cos\dfrac{x}{2}\cos\dfrac{x}{4}\cos\dfrac{x}{8}\cdots\cos\dfrac{x}{2^n}\sin\dfrac{x}{2^n}}{\sin\dfrac{x}{2^n}}$$

$$=\lim_{n\to\infty}\frac{1}{2}\frac{\cos\dfrac{x}{2}\cos\dfrac{x}{4}\cos\dfrac{x}{8}\cdots\cos\dfrac{x}{2^{n-1}}\sin\dfrac{x}{2^{n-1}}}{\sin\dfrac{x}{2^n}}$$

$$=\cdots=\lim_{n\to\infty}\frac{\dfrac{1}{2^n}\sin x}{\sin\dfrac{x}{2^n}}=\frac{\sin x}{x}。$$

例 12 计算 $\lim\limits_{n\to\infty}\sin(\pi\sqrt{n^2+1})$。

解
$$\lim_{n\to\infty}\sin(\pi\sqrt{n^2+1})$$

$$=\lim_{n\to\infty}\sin[n\pi+(\pi\sqrt{n^2+1}-n\pi)]=\lim_{n\to\infty}\sin[n\pi+\pi(\sqrt{n^2+1}-n)]$$

$$=\lim_{n\to\infty}(-1)^n\sin[\pi(\sqrt{n^2+1}-n)]=\lim_{n\to\infty}(-1)^n\sin\left[\pi\frac{(\sqrt{n^2+1}-n)(\sqrt{n^2+1}+n)}{\sqrt{n^2+1}+n}\right]$$

$$=\lim_{n\to\infty}(-1)^n\sin\frac{\pi}{\sqrt{n^2+1}+n}=0。$$

例 13 设 $f(x)=a^x(a>0,a\neq 1)$，求 $\lim\limits_{n\to\infty}\dfrac{1}{n^2}\ln[f(1)f(2)\cdots f(n)]$。

解 由题中函数 $f(x)$ 的定义式代入可得

$$\lim_{n\to\infty}\frac{1}{n^2}\ln[f(1)f(2)\cdots f(n)]=\lim_{n\to\infty}\frac{1}{n^2}\ln(a\cdot a^2\cdot a^3\cdot\cdots\cdot a^n)=\lim_{n\to\infty}\frac{1}{n^2}\ln a^{\frac{n(n+1)}{2}}$$

$$=\lim_{n\to\infty}\frac{1}{n^2}\frac{n(n+1)}{2}\ln a=\frac{\ln a}{2}。$$

题型四 数列极限存在性的证明

方法 利用单调有界定理或夹逼准则讨论数列极限存在性。

***例 14** 设 $a_{n+1}=a_n+a_n^{-1}(n>1)$，$a_1=1$，证明 $\lim\limits_{n\to\infty}a_n=+\infty$。

解 由已知条件显然有 $a_n>1$ 且 $\{a_n\}$ 单调递增。

（反证法）若 $\{a_n\}$ 有界，则由单调有界定理知数列 $\{a_n\}$ 必有极限，不妨设 $\lim\limits_{n\to\infty}a_n=a$，那

么在 $a_{n+1}=a_n+a_n^{-1}(n>1)$ 等式左右两边令 $n\to\infty$，取极限得 $a=a+\dfrac{1}{a}$，解得 $\dfrac{1}{a}=0$，矛盾。

因此数列 $\{a_n\}$ 无上界，而 $\{a_n\}$ 单调递增，所以 $\lim\limits_{n\to\infty}a_n=+\infty$。

题型五　函数极限计算

1. 代入法（由初等函数的连续性）

例 15　计算 $\lim\limits_{x\to 2}\dfrac{1-x^2}{1-x}$。

解　$\lim\limits_{x\to 2}\dfrac{1-x^2}{1-x}=3$。

2. 约去零因子法（多用于分子、分母可分解因式或带有无理式的题目类型）

例 16　计算 $\lim\limits_{x\to 1}\dfrac{1-x^2}{1-x}$。

解　$\lim\limits_{x\to 1}\dfrac{1-x^2}{1-x}=\lim\limits_{x\to 1}\dfrac{(1-x)(1+x)}{1-x}=\lim\limits_{x\to 1}(1+x)=2$。

注　注意例 15 与例 16 的区别，函数表达式相同，但自变量的变化趋势不同，应用不同的处理方法。

例 17　计算 $\lim\limits_{x\to 1}\left(\dfrac{x^n-1}{x^m-1}\right)(m,n\in\mathbb{Z}^+)$。

解　**方法 1**　$\lim\limits_{x\to 1}\dfrac{x^n-1}{x^m-1}=\lim\limits_{x\to 1}\dfrac{(x-1)(x^{n-1}+x^{n-2}+\cdots+1)}{(x-1)(x^{m-1}+x^{m-2}+\cdots+1)}$

$$=\lim\limits_{x\to 1}\dfrac{x^{n-1}+x^{n-2}+\cdots+1}{x^{m-1}+x^{m-2}+\cdots+1}=\dfrac{n}{m}。$$

方法 2　也可利用洛必达法则。

例 18　计算 $\lim\limits_{x\to+\infty}x(\sqrt{x^2+1}-x)$。

解　$\lim\limits_{x\to+\infty}x(\sqrt{x^2+1}-x)=\lim\limits_{x\to+\infty}\dfrac{x(\sqrt{x^2+1}-x)(\sqrt{x^2+1}+x)}{\sqrt{x^2+1}+x}$

$$=\lim\limits_{x\to+\infty}\dfrac{x}{\sqrt{x^2+1}+x}=\dfrac{1}{2}。$$

例 19　计算 $\lim\limits_{x\to 0}\dfrac{\sqrt{1+\tan x}-\sqrt{1-\tan x}}{e^x-1}$（含有无理式形式，考虑利用约去零因子法）。

解　将原式分子有理化

$$\lim\limits_{x\to 0}\dfrac{\sqrt{1+\tan x}-\sqrt{1-\tan x}}{e^x-1}$$

$$=\lim\limits_{x\to 0}\dfrac{(\sqrt{1+\tan x}-\sqrt{1-\tan x})(\sqrt{1+\tan x}+\sqrt{1-\tan x})}{(e^x-1)(\sqrt{1+\tan x}+\sqrt{1-\tan x})}$$

$$=\lim\limits_{x\to 0}\dfrac{2\tan x}{(e^x-1)(\sqrt{1+\tan x}+\sqrt{1-\tan x})}$$

$$\xlongequal[e^x-1\sim x]{\tan x\sim x}\lim_{x\to 0}\frac{2x}{x(\sqrt{1+\tan x}+\sqrt{1-\tan x})}=1。$$

例 20 计算 $\displaystyle\lim_{x\to 0^+}\frac{1-\sqrt{\cos x}}{x(1-\cos\sqrt{x})}$。

解 将原式分子有理化

$$\lim_{x\to 0^+}\frac{1-\sqrt{\cos x}}{x(1-\cos\sqrt{x})}=\lim_{x\to 0^+}\frac{1-\cos x}{x(1-\cos\sqrt{x})(1+\sqrt{\cos x})}$$

$$\xlongequal[1-\cos\sqrt{x}\sim\frac{1}{2}x]{1-\cos x\sim\frac{1}{2}x^2}\lim_{x\to 0^+}\frac{\frac{1}{2}x^2}{x\cdot\frac{1}{2}x(1+\sqrt{\cos x})}$$

$$=\lim_{x\to 0^+}\frac{1}{1+\sqrt{\cos x}}=\frac{1}{2}。$$

例 21 设 $\displaystyle\lim_{x\to 0}f(x)$ 存在，且 $\displaystyle\lim_{x\to 0}\frac{\sqrt{1+f(x)\sin x}-1}{e^{2x}-1}=2$，求 $\displaystyle\lim_{x\to 0}f(x)$。

解 $\displaystyle\lim_{x\to 0}\frac{\sqrt{1+f(x)\sin x}-1}{e^{2x}-1}=\lim_{x\to 0}\frac{(\sqrt{1+f(x)\sin x}-1)(\sqrt{1+f(x)\sin x}+1)}{(e^{2x}-1)(\sqrt{1+f(x)\sin x}+1)}$

$$=\lim_{x\to 0}\frac{f(x)x}{2x(\sqrt{1+f(x)\sin x}+1)}。$$

由 $\displaystyle\lim_{x\to 0}f(x)$ 存在及函数极限的局部有界性知 $\displaystyle\lim_{x\to 0}f(x)\sin x=0$，所以

$$2=\lim_{x\to 0}\frac{\sqrt{1+f(x)\sin x}-1}{e^{2x}-1}=\frac{1}{4}\lim_{x\to 0}f(x)，解得\lim_{x\to 0}f(x)=8。$$

注 由以上例子可见，带有无理式的 $\frac{0}{0}$ 型极限式采用分子或分母有理化的方式整理后计算更方便，但也有直接利用分解因式或其他方式处理更简洁的。

例 22 计算 $\displaystyle\lim_{x\to 1}\frac{(1-\sqrt{x})(1-\sqrt[3]{x})\cdots(1-\sqrt[n]{x})}{(1-x)^{n-1}}$。

解 $\displaystyle\lim_{x\to 1}\frac{(1-\sqrt{x})(1-\sqrt[3]{x})\cdots(1-\sqrt[n]{x})}{(1-x)^{n-1}}$

$$=\lim_{x\to 1}\frac{1-\sqrt{x}}{1-x}\cdot\frac{1-\sqrt[3]{x}}{1-x}\cdots\frac{1-\sqrt[n]{x}}{1-x}$$

$$=\lim_{x\to 1}\frac{1-\sqrt{x}}{(1-\sqrt{x})(1+\sqrt{x})}\cdot\frac{1-\sqrt[3]{x}}{(1-\sqrt[3]{x})(1+\sqrt[3]{x^2}+\sqrt[3]{x})}\cdots\cdot$$

$$\frac{1-\sqrt[n]{x}}{(1-\sqrt[n]{x})(1+\sqrt[n]{x}+\sqrt[n]{x^2}+\sqrt[n]{x^3}+\cdots+\sqrt[n]{x^{n-1}})}$$

$$=\frac{1}{2}\cdot\frac{1}{3}\cdot\frac{1}{4}\cdots\cdot\frac{1}{n}=\frac{1}{n!}。$$

例 23 计算 $\lim\limits_{x \to -\infty} \dfrac{\sqrt{4x^2+x-1}+x+1}{\sqrt{x^2+\sin x}}$。

解 将原式分子分母同时除以 $-x$，整理得

$$\lim_{x \to -\infty} \frac{\sqrt{4x^2+x-1}+x+1}{\sqrt{x^2+\sin x}} = \lim_{x \to -\infty} \frac{\sqrt{4+\dfrac{1}{x}-\dfrac{1}{x^2}}-1-\dfrac{1}{x}}{\sqrt{1+\dfrac{\sin x}{x^2}}} = 1。$$

3. 多个分式相加减形式

方法 多个分式相加减求极限问题，考虑通分整理成一个分式，再利用约去零因子法。

例 24 计算 $\lim\limits_{x \to 1}\left(\dfrac{1}{1-x}-\dfrac{3}{1-x^3}\right)$。

解 $\lim\limits_{x \to 1}\left(\dfrac{1}{1-x}-\dfrac{3}{1-x^3}\right) = \lim\limits_{x \to 1}\dfrac{(x+2)(x-1)}{(1-x)(1+x^2+x)} = \lim\limits_{x \to 1}\dfrac{-(x+2)}{(1+x^2+x)} = -1。$

4. $\lim\limits_{x \to \infty}\dfrac{a_0 x^m+a_1 x^{m-1}+\cdots+a_m}{b_0 x^k+b_1 x^{k-1}+\cdots+b_k} = \begin{cases} 0, & k>m, \\ \infty, & k<m, \\ \dfrac{a_0}{b_0}, & m=k, \end{cases}$ $a_0 \neq 0, b_0 \neq 0。$

例 25 计算 $\lim\limits_{x \to \infty}\dfrac{(2x-1)^{30}(3x-2)^{20}}{(2x+1)^{50}}$。

解 $\lim\limits_{x \to \infty}\dfrac{(2x-1)^{30}(3x-2)^{20}}{(2x+1)^{50}} = \left(\dfrac{3}{2}\right)^{20}。$

5. 两个重要极限

方法 利用结果 $\lim\limits_{x \to 0}\dfrac{\sin x}{x} = 1$ $\left(\dfrac{0}{0}\right)$ 和 $\lim\limits_{x \to \infty}\left(1+\dfrac{1}{x}\right)^x = \mathrm{e}$ (1^∞)。特别地，涉及幂指函数的极限形式，且为 1^∞ 型，考虑应用第二个重要极限。

例 26 计算 $\lim\limits_{x \to \pi}\dfrac{\sin x}{\pi-x}$。

解 $\lim\limits_{x \to \pi}\dfrac{\sin x}{\pi-x} = \lim\limits_{x \to \pi}\dfrac{\sin(\pi-x)}{\pi-x} = 1。$

例 27 计算下列极限：

(1) $\lim\limits_{x \to 0}(1+2x)^{\frac{1}{\sin x}}$；(2) $\lim\limits_{x \to \infty}\left(\dfrac{3-x}{2-x}\right)^x$。

解 (1) $\lim\limits_{x \to 0}(1+2x)^{\frac{1}{\sin x}} = \lim\limits_{x \to 0}(1+2x)^{\frac{1}{2x} \cdot \frac{2x}{\sin x}} = \mathrm{e}^2。$

(2) $\lim\limits_{x \to \infty}\left(\dfrac{3-x}{2-x}\right)^x = \lim\limits_{x \to \infty}\left(1+\dfrac{1}{2-x}\right)^{(2-x) \cdot \frac{x}{2-x}} = \mathrm{e}^{-1}。$

例 28 计算下列极限：

(1) $\lim\limits_{x \to \frac{\pi}{2}}(1+\cos x)^{3\sec x}$；(2) $\lim\limits_{x \to 0}\left(\dfrac{1+\tan x}{1+\sin x}\right)^{\frac{1}{\sin x}}$。

解　(1) **方法1**　$\lim\limits_{x\to\frac{\pi}{2}}(1+\cos x)^{3\sec x}=\lim\limits_{x\to\frac{\pi}{2}}(1+\cos x)^{\frac{1}{\cos x}\cdot 3}=e^3$。

方法2　也可应用洛必达法则。

(2)　$\lim\limits_{x\to 0}\left(\dfrac{1+\tan x}{1+\sin x}\right)^{\frac{1}{\sin x}}=\lim\limits_{x\to 0}\left(1+\dfrac{\tan x-\sin x}{1+\sin x}\right)^{\frac{1+\sin x}{\tan x-\sin x}\cdot\frac{\tan x-\sin x}{1+\sin x}\cdot\frac{1}{\sin x}}$

$=\lim\limits_{x\to 0}\left(1+\dfrac{\tan x-\sin x}{1+\sin x}\right)^{\frac{1+\sin x}{\tan x-\sin x}\cdot\frac{\frac{1}{\cos x}-1}{1+\sin x}}=e^0=1$。

6. 等价无穷小替换

当 $x\to 0$ 时，

$$x\sim\sin x\sim\tan x\sim\arcsin x\sim\arctan x\sim\ln(1+x)\sim e^x-1,\ 1-\cos x\sim\frac{1}{2}x^2。$$

特点　通常适用于函数类型比较多样，即出现多种初等函数形式，与上面所列等价无穷小形状相似的极限求解问题。

例29　计算下列极限：

(1) $\lim\limits_{x\to 0}\dfrac{\ln(1+x^2)\cdot\arcsin 3x}{\tan 5x\cdot(e^x-1)^2}$；(2) $\lim\limits_{x\to 1}\dfrac{\ln(1+\sqrt[3]{x-1})}{\arcsin\sqrt[3]{x-1}}$；

(3) $\lim\limits_{x\to 0}\dfrac{\ln(\sin^2 x+e^x)-x}{\ln(x^2+e^{2x})-2x}$；　(4) $\lim\limits_{x\to\infty}x\left[\sin\ln\left(1+\dfrac{3}{x}\right)-\sin\ln\left(1+\dfrac{1}{x}\right)\right]$。

解　(1) $\lim\limits_{x\to 0}\dfrac{\ln(1+x^2)\cdot\arcsin 3x}{\tan 5x\cdot(e^x-1)^2}=\lim\limits_{x\to 0}\dfrac{x^2\cdot 3x}{5x\cdot x^2}=\dfrac{3}{5}$。

(2) 当 $x\to 1$ 时，$\ln(1+\sqrt[3]{x-1})\sim\sqrt[3]{x-1}$，　$\arcsin\sqrt[3]{x-1}\sim\sqrt[3]{x-1}$，因此有

$$\lim\limits_{x\to 1}\dfrac{\ln(1+\sqrt[3]{x-1})}{\arcsin\sqrt[3]{x-1}}=\lim\limits_{x\to 1}\dfrac{\sqrt[3]{x-1}}{\sqrt[3]{x-1}}=1。$$

(3) 考虑利用等价无穷小，先将原式进行整理得

$$\lim\limits_{x\to 0}\dfrac{\ln(\sin^2 x+e^x)-x}{\ln(x^2+e^{2x})-2x}=\lim\limits_{x\to 0}\dfrac{\ln(\sin^2 x+e^x)-\ln e^x}{\ln(x^2+e^{2x})-\ln e^{2x}}=\lim\limits_{x\to 0}\dfrac{\ln\left(1+\dfrac{\sin^2 x}{e^x}\right)}{\ln\left(1+\dfrac{x^2}{e^{2x}}\right)}。$$

因为 $x\to 0$ 时，$\ln\left(1+\dfrac{\sin^2 x}{e^x}\right)\sim\dfrac{\sin^2 x}{e^x}$，　$\ln\left(1+\dfrac{x^2}{e^{2x}}\right)\sim\dfrac{x^2}{e^{2x}}$，故原式可化为

$$\lim\limits_{x\to 0}\dfrac{\ln(\sin^2 x+e^x)-x}{\ln(x^2+e^{2x})-2x}=\lim\limits_{x\to 0}\dfrac{\dfrac{\sin^2 x}{e^x}}{\dfrac{x^2}{e^{2x}}}=\lim\limits_{x\to 0}\dfrac{\sin^2 x}{x^2}\cdot\dfrac{e^{2x}}{e^x}=1。$$

(4) $\lim\limits_{x\to\infty}x\sin\ln\left(1+\dfrac{3}{x}\right)=\lim\limits_{x\to\infty}\dfrac{\sin\ln\left(1+\dfrac{3}{x}\right)}{\dfrac{1}{x}}=\lim\limits_{x\to\infty}\dfrac{\ln\left(1+\dfrac{3}{x}\right)}{\dfrac{1}{x}}=\lim\limits_{x\to\infty}\dfrac{\dfrac{3}{x}}{\dfrac{1}{x}}=3。$

同理 $\lim\limits_{x \to \infty} x \sin\ln\left(1+\dfrac{1}{x}\right)=1$，所以 $\lim\limits_{x \to \infty} x\left[\sin\ln\left(1+\dfrac{3}{x}\right)-\sin\ln\left(1+\dfrac{1}{x}\right)\right]=2$。

注 （1）等价无穷小替换可简化很多形式复杂的求解极限问题，可局部使用，也可整体使用；

（2）等价无穷小替换适用于函数乘除法的求解极限问题，加减法形式一般不成立。例如 $\lim\limits_{x \to 0} \dfrac{\tan x - \sin x}{x^3}$，不能在分子上直接利用等价无穷小替换；

（3）利用之前必须确认在题目中所给的自变量变化趋势下，函数为无穷小，例如 $\lim\limits_{x \to 0} \dfrac{\ln(1+x^2)}{\sin(1+x^2)}$，分母不能利用等价无穷小替换，因分母不是无穷小。

7. 有界函数乘以无穷小仍为无穷小

例 30 计算 $\lim\limits_{x \to 0} x^2 \sin\dfrac{1}{x}$。

解 因为 $\left|\sin\dfrac{1}{x}\right| \leqslant 1$，利用无穷小的性质，可得 $\lim\limits_{x \to 0} x^2 \sin\dfrac{1}{x}=0$。

*例 31 计算 $\lim\limits_{x \to +\infty} \dfrac{x^3+x^2+1}{2^x+x^3}(\sin x + \cos x)$。

解 $\lim\limits_{x \to +\infty} \dfrac{x^3+x^2+1}{2^x+x^3}=0$，而函数 $\sin x + \cos x$ 为有界函数，因此

$$\lim\limits_{x \to +\infty} \dfrac{x^3+x^2+1}{2^x+x^3}(\sin x + \cos x)=0。$$

8. 洛必达法则

法则 I $\left(\dfrac{0}{0}$型$\right)$ 设函数 $f(x),g(x)$ 满足条件：

（1）$\lim\limits_{x \to x_0} f(x)=0$，$\lim\limits_{x \to x_0} g(x)=0$；

（2）$f(x),g(x)$ 在 x_0 的邻域内可导（在 x_0 处可除外）且 $g'(x) \neq 0$；

（3）$\lim\limits_{x \to x_0} \dfrac{f'(x)}{g'(x)}$ 存在（或为 ∞），

则
$$\lim\limits_{x \to x_0} \dfrac{f(x)}{g(x)}=\lim\limits_{x \to x_0} \dfrac{f'(x)}{g'(x)}。$$

法则 II $\left(\dfrac{\infty}{\infty}$型$\right)$ 设函数 $f(x),g(x)$ 满足条件：

（1）$\lim\limits_{x \to x_0} f(x)=\infty$，$\lim\limits_{x \to x_0} g(x)=\infty$；

（2）$f(x),g(x)$ 在 x_0 的邻域内可导（在 x_0 处可除外）且 $g'(x) \neq 0$；

（3）$\lim\limits_{x \to x_0} \dfrac{f'(x)}{g'(x)}$ 存在（或为 ∞），

则
$$\lim\limits_{x \to x_0} \dfrac{f(x)}{g(x)}=\lim\limits_{x \to x_0} \dfrac{f'(x)}{g'(x)}。$$

类似地有 $x \to \infty$ 时的法则 I 和法则 II。

注 （1）洛必达法则可以处理的未定式形式有 $\dfrac{\infty}{\infty},\dfrac{0}{0},0 \cdot \infty,\infty-\infty,1^{\infty},0^{0},\infty^{0}$；

（2）只要满足法则条件，在同一个计算极限问题过程中，洛必达法则可反复利用。

例 32 计算 $\lim\limits_{x \to 0}\dfrac{\ln\tan x}{\ln\tan 2x}$ $\left(\dfrac{\infty}{\infty}\right)$。

解 $\lim\limits_{x \to 0}\dfrac{\ln\tan x}{\ln\tan 2x}=\lim\limits_{x \to 0}\dfrac{\dfrac{1}{\tan x}\sec^{2}x}{2\dfrac{1}{\tan 2x}\sec^{2}2x}=\lim\limits_{x \to 0}\dfrac{\sin 2x\cos 2x}{2\sin x\cos x}=1$。

例 33 计算 $\lim\limits_{x \to 0}\dfrac{\mathrm{e}^{2x}-\mathrm{e}^{-2x}-4x}{x-\sin x}$ $\left(\dfrac{0}{0}\right)$。

解 $\lim\limits_{x \to 0}\dfrac{\mathrm{e}^{2x}-\mathrm{e}^{-2x}-4x}{x-\sin x}=\lim\limits_{x \to 0}\dfrac{2\mathrm{e}^{2x}+2\mathrm{e}^{-2x}-4}{1-\cos x}$

$$=\lim\limits_{x \to 0}\dfrac{4\mathrm{e}^{2x}-4\mathrm{e}^{-2x}}{\sin x}=\lim\limits_{x \to 0}\dfrac{8\mathrm{e}^{2x}+8\mathrm{e}^{-2x}}{\cos x}=16。$$

例 34 计算 $\lim\limits_{x \to 0}\left(\dfrac{1}{\sin^{2}x}-\dfrac{\cos^{2}x}{x^{2}}\right)$ $(\infty-\infty)$。

解 $\lim\limits_{x \to 0}\left(\dfrac{1}{\sin^{2}x}-\dfrac{\cos^{2}x}{x^{2}}\right)=\lim\limits_{x \to 0}\dfrac{x^{2}-\sin^{2}x\cos^{2}x}{x^{2}\sin^{2}x}=\lim\limits_{x \to 0}\dfrac{x^{2}-\sin^{2}x\cos^{2}x}{x^{4}}$

$$=\lim\limits_{x \to 0}\dfrac{x^{2}-\dfrac{1}{4}\sin^{2}2x}{x^{4}}=\lim\limits_{x \to 0}\dfrac{2x-\dfrac{1}{2}\sin 4x}{4x^{3}}=\lim\limits_{x \to 0}\dfrac{2-2\cos 4x}{12x^{2}}$$

$$=\lim\limits_{x \to 0}\dfrac{1-\cos 4x}{6x^{2}}=\dfrac{4}{3}。$$

例 35 计算 $\lim\limits_{x \to 1}(1-x)\tan\dfrac{\pi}{2}x$ $(0 \cdot \infty)$.

解 $\lim\limits_{x \to 1}(1-x)\tan\dfrac{\pi}{2}x=\lim\limits_{x \to 1}(1-x)\dfrac{\sin\dfrac{\pi}{2}x}{\cos\dfrac{\pi}{2}x}$

$$=\lim\limits_{x \to 1}\dfrac{1-x}{\cos\dfrac{\pi}{2}x}=\lim\limits_{x \to 1}\dfrac{-1}{-\dfrac{\pi}{2}\sin\dfrac{\pi}{2}x}=\dfrac{2}{\pi}。$$

例 36 计算 $\lim\limits_{x \to 1^{+}}\ln x \cdot \ln(x-1)$ $(0 \cdot \infty)$。

解 $\lim\limits_{x \to 1^{+}}\ln x \cdot \ln(x-1)=\lim\limits_{x \to 1^{+}}\dfrac{\ln(x-1)}{\dfrac{1}{\ln x}}=\lim\limits_{x \to 1^{+}}\dfrac{\dfrac{1}{x-1}}{\dfrac{-1}{\ln^{2}x} \cdot \left(\dfrac{1}{x}\right)}$

$$=\lim\limits_{x \to 1^{+}}\dfrac{\ln^{2}x}{1-x}=\lim\limits_{x \to 1^{+}}\dfrac{2\ln x \cdot \dfrac{1}{x}}{-1}=0。$$

例 37 计算下列极限：

(1) $\lim\limits_{x \to 0}\left(\dfrac{\sin x}{x}\right)^{\frac{1}{x}}$ (1^{∞})；(2) $\lim\limits_{x \to +\infty}(x+\sqrt{1+x^{2}})^{\frac{1}{x}}$ (∞^{0})；

（3）$\lim\limits_{x\to 0^+}(\cot x)^{\frac{1}{\ln x}}$ （0^0）。

解 （1）$\lim\limits_{x\to 0}\left(\dfrac{\sin x}{x}\right)^{\frac{1}{x}}=\lim\limits_{x\to 0}e^{\ln\left(\frac{\sin x}{x}\right)^{\frac{1}{x}}}=\lim\limits_{x\to 0}e^{\frac{\ln\sin x-\ln x}{x}}=e^{\lim\limits_{x\to 0}\frac{\ln\sin x-\ln x}{x}}=e^{\lim\limits_{x\to 0}\frac{\frac{\cos x}{\sin x}-\frac{1}{x}}{1}}=e^{\lim\limits_{x\to 0}\frac{x\cos x-\sin x}{x\sin x}}$

$$=e^{\lim\limits_{x\to 0}\frac{x\cos x-\sin x}{x^2}}=e^{\lim\limits_{x\to 0}\frac{\cos x-x\sin x-\cos x}{2x}}=e^0=1。$$

（2）$\lim\limits_{x\to +\infty}(x+\sqrt{1+x^2})^{\frac{1}{x}}=\lim\limits_{x\to +\infty}e^{\ln(x+\sqrt{1+x^2})^{\frac{1}{x}}}=\lim\limits_{x\to +\infty}e^{\frac{\ln(x+\sqrt{1+x^2})}{x}}=e^{\lim\limits_{x\to +\infty}\frac{\frac{1}{\sqrt{1+x^2}}}{1}}=e^0=1。$

（3）$\lim\limits_{x\to 0^+}(\cot x)^{\frac{1}{\ln x}}=\lim\limits_{x\to 0^+}e^{\ln(\cot x)^{\frac{1}{\ln x}}}=\lim\limits_{x\to 0^+}e^{\frac{\ln(\cot x)}{\ln x}}=e^{\lim\limits_{x\to 0^+}\frac{\ln(\cot x)}{\ln x}}=e^{\lim\limits_{x\to 0^+}\frac{\frac{1}{\cot x}(-\csc^2 x)}{\frac{1}{x}}}$

$$=e^{-\lim\limits_{x\to 0^+}\frac{x}{\sin x\cos x}}=e^{-1}。$$

例 38 设 $f(x)$ 在 $x=0$ 的邻域内具有二阶导数，且 $\lim\limits_{x\to 0}\left[1+x+\dfrac{f(x)}{x}\right]^{\frac{1}{x}}=e^3$，试求 $f(0),f'(0)$ 及 $f''(0)$。

解 $\lim\limits_{x\to 0}\left[1+x+\dfrac{f(x)}{x}\right]^{\frac{1}{x}}=\lim\limits_{x\to 0}\left[1+\dfrac{x^2+f(x)}{x}\right]^{\frac{x}{x^2+f(x)}\cdot\frac{x^2+f(x)}{x^2}}=e^3,$

因此有 $\lim\limits_{x\to 0}\dfrac{x^2+f(x)}{x^2}=3$，即 $\lim\limits_{x\to 0}\dfrac{f(x)}{x^2}=2$。由极限分子分母特点及 $f(x)$ 在 $x=0$ 的邻域内具有二阶导数易知 $f(0)=0$。由洛必达法则有 $\lim\limits_{x\to 0}\dfrac{f'(x)}{2x}=2$，由此可知 $f'(0)=0$。再利用洛必达法则得 $\lim\limits_{x\to 0}\dfrac{f''(x)}{2}=2$，可知 $f''(0)=4$。

9. 涉及左右极限的问题

方法 常见于分段函数、带绝对值的函数的求极限问题，在特殊点处分别考虑左右极限，若左右极限都存在且相等，则极限存在，否则，极限不存在。

例 39 计算 $\lim\limits_{x\to 0}\left(\dfrac{2+e^{\frac{1}{x}}}{1+e^{\frac{4}{x}}}+\dfrac{\sin x}{|x|}\right)$。

解 分别考虑左右极限

$$\lim\limits_{x\to 0^+}\left(\dfrac{2+e^{\frac{1}{x}}}{1+e^{\frac{4}{x}}}+\dfrac{\sin x}{|x|}\right)=\lim\limits_{x\to 0^+}\left(\dfrac{2+e^{\frac{1}{x}}}{1+e^{\frac{4}{x}}}+\dfrac{\sin x}{x}\right)=\lim\limits_{x\to 0^+}\left(\dfrac{2e^{-\frac{4}{x}}-e^{-\frac{3}{x}}}{e^{-\frac{4}{x}}+1}+\dfrac{\sin x}{x}\right)=1,$$

$$\lim\limits_{x\to 0^-}\left(\dfrac{2+e^{\frac{1}{x}}}{1+e^{\frac{4}{x}}}+\dfrac{\sin x}{|x|}\right)=\lim\limits_{x\to 0^-}\left(\dfrac{2+e^{\frac{1}{x}}}{1+e^{\frac{4}{x}}}-\dfrac{\sin x}{x}\right)=1,$$

所以 $\lim\limits_{x\to 0}\left(\dfrac{2+e^{\frac{1}{x}}}{1+e^{\frac{4}{x}}}+\dfrac{\sin x}{|x|}\right)=1。$

题型六   由极限值确定函数式子中的参数值

1. 根据极限存在的充分必要条件,利用左右极限值相等确定常数值,多用于分段函数问题

例 40   设 $f(x)=\begin{cases}\dfrac{\sqrt{x^2+a^2}-a}{\sqrt{x^2+1}-1}(a>0), & -1<x<0, \\ \dfrac{(m-1)x-m}{x^2-x-1}(m\neq0), & 0\leqslant x\leqslant1,\end{cases}$ 求 a 为何值时,$\lim\limits_{x\to0}f(x)$ 存在。

解   因为 $\lim\limits_{x\to0}f(x)$ 存在,由极限存在的充分必要条件可知 $\lim\limits_{x\to0^+}f(x)=\lim\limits_{x\to0^-}f(x)$,即

$$\lim_{x\to0^-}f(x)=\lim_{x\to0^-}\frac{\sqrt{x^2+a^2}-a}{\sqrt{x^2+1}-1}=\lim_{x\to0^-}\frac{(\sqrt{x^2+a^2}-a)(\sqrt{x^2+a^2}+a)(\sqrt{x^2+1}+1)}{(\sqrt{x^2+1}-1)(\sqrt{x^2+1}+1)(\sqrt{x^2+a^2}+a)}$$

$$=\lim_{x\to0^-}\frac{x^2(\sqrt{x^2+1}+1)}{x^2(\sqrt{x^2+a^2}+a)}=\frac{1}{a},$$

$$\lim_{x\to0^+}f(x)=\lim_{x\to0^+}\frac{(m-1)x-m}{x^2-x-1}=m,$$

所以 $a=\dfrac{1}{m}$。

2. 根据无穷小阶的比较的定义确定常数值

*例 41   当 $x\to0$ 时,$\alpha(x)=kx^2$ 与 $\beta(x)=\sqrt{1+x\arcsin x}-\sqrt{\cos x}$ 是等价无穷小,求常数 k 值。

解   由等价无穷小的定义知

$$1=\lim_{x\to0}\frac{\sqrt{1+x\arcsin x}-\sqrt{\cos x}}{kx^2}$$

$$=\lim_{x\to0}\frac{(\sqrt{1+x\arcsin x}-\sqrt{\cos x})(\sqrt{1+x\arcsin x}+\sqrt{\cos x})}{kx^2(\sqrt{1+x\arcsin x}+\sqrt{\cos x})}$$

$$=\lim_{x\to0}\frac{1+x\arcsin x-\cos x}{kx^2(\sqrt{1+x\arcsin x}+\sqrt{\cos x})}$$

$$=\lim_{x\to0}\frac{1}{2k}\left(\frac{1-\cos x}{x^2}+\frac{x\arcsin x}{x^2}\right)=\frac{3}{4k},$$

故 $k=\dfrac{3}{4}$。

例 42   设当 $x\to0$ 时 $(1-\cos x)\ln(1+x^2)$ 是比 $x\sin x^n$ 高阶的无穷小,而 $x\sin x^n$ 是比 $e^{x^2}-1$ 高阶的无穷小,求正整数 n。

解   因为当 $x\to0$ 时 $(1-\cos x)\ln(1+x^2)$ 是比 $x\sin x^n$ 高阶的无穷小,所以有

$\lim\limits_{x\to0}\dfrac{(1-\cos x)\ln(1+x^2)}{x\sin x^n}=0$，整理得 $\lim\limits_{x\to0}\dfrac{\frac{1}{2}x^2\cdot x^2}{x\cdot x^n}=\lim\limits_{x\to0}\dfrac{\frac{1}{2}x^4}{x^{n+1}}=0$，所以 $n+1<4$，即 $n<3$。

又因为当 $x\to0$ 时 $x\sin x^n$ 是比 $\mathrm{e}^{x^2}-1$ 高阶的无穷小，因此有 $\lim\limits_{x\to0}\dfrac{x\sin x^n}{\mathrm{e}^{x^2}-1}=0$，整理得

$\lim\limits_{x\to0}\dfrac{x\cdot x^n}{x^2}=\lim\limits_{x\to0}\dfrac{x^{n+1}}{x^2}=0$，所以有 $n+1>2$，即 $n>1$。综上可得 $n=2$。

3. 利用结果 $\lim\limits_{x\to\infty}\dfrac{a_0x^m+a_1x^{m-1}+\cdots+a_m}{b_0x^k+b_1x^{k-1}+\cdots+b_k}=\begin{cases}0,&k>m,\\\infty,&k<m,\\\dfrac{a_0}{b_0},&m=k,\end{cases}$ $a_0\neq0,b_0\neq0$。

例 43 设 $\lim\limits_{x\to\infty}\big[(x^5+4x^4-2)^c-x\big]=A(\neq0)$，求常数 c 的值。

解 $\lim\limits_{x\to\infty}\big[(x^5+4x^4-2)^c-x\big]=\lim\limits_{x\to\infty}x\left[\dfrac{(x^5+4x^4-2)^c}{x}-1\right]$。

由自变量的变化趋势可知必有

$$\lim\limits_{x\to\infty}\left[\dfrac{(x^5+4x^4-2)^c}{x}-1\right]=\lim\limits_{x\to\infty}\dfrac{(x^5+4x^4-2)^c-x}{x}=0。$$

根据结果 $\lim\limits_{x\to\infty}\dfrac{a_0x^m+a_1x^{m-1}+\cdots+a_m}{b_0x^k+b_1x^{k-1}+\cdots+b_k}=\begin{cases}0,&k>m,\\\infty,&k<m,\\\dfrac{a_0}{b_0},&m=k,\end{cases}$ 知 $5c=1$，即 $c=\dfrac{1}{5}$。

例 44 已知 $\lim\limits_{x\to+\infty}(6x-\sqrt{ax^2-bx+1})=2$，求 a,b 值。

解 $\lim\limits_{x\to+\infty}(6x-\sqrt{ax^2-bx+1})$

$$=\lim\limits_{x\to+\infty}\dfrac{(6x-\sqrt{ax^2-bx+1})(6x+\sqrt{ax^2-bx+1})}{6x+\sqrt{ax^2-bx+1}}=\lim\limits_{x\to+\infty}\dfrac{(36-a)x^2+bx-1}{6x+\sqrt{ax^2-bx+1}},$$

因此 $36-a=0$，$\dfrac{b}{6+\sqrt{a}}=2$，解得 $a=36,b=24$。

4. 利用上面提到的不同的计算极限的方法，进行结果的比较确定常数值

例 45 已知 $\lim\limits_{x\to\infty}\left(\dfrac{x-1}{x+1}\right)^x=\lim\limits_{x\to+\infty}\left(\cos\dfrac{c}{x}\right)^{x^2}$，求大于 0 的常数 c 的值。

解 $\lim\limits_{x\to\infty}\left(\dfrac{x-1}{x+1}\right)^x=\lim\limits_{x\to\infty}\left(1-\dfrac{2}{x+1}\right)^{-\frac{x+1}{2}\cdot\frac{-2x}{x+1}}=\mathrm{e}^{-2}$，

$\lim\limits_{x\to+\infty}\left(\cos\dfrac{c}{x}\right)^{x^2}=\lim\limits_{x\to+\infty}\left[1+\left(\cos\dfrac{c}{x}-1\right)\right]^{\frac{1}{\cos\frac{c}{x}-1}\cdot\left(\cos\frac{c}{x}-1\right)\cdot x^2}=\lim\limits_{x\to+\infty}\mathrm{e}^{-\frac{\frac{c^2}{x^2}x^2}{2}}=\mathrm{e}^{-\frac{c^2}{2}}$，

因此 $\mathrm{e}^{-\frac{c^2}{2}}=\mathrm{e}^{-2}$，故 $c^2=4$，而 c 是正数，所以 $c=2$。

题型七　判定函数的连续性

方法　根据定义判定或利用定理：函数 $f(x)$ 在 $x=x_0$ 处连续 $\Leftrightarrow f_-(x_0)=f_+(x_0)=f(x_0)$。

例 46　设 $f(x)=\begin{cases} \dfrac{\ln(1+x)}{x}, & x>0, \\ 0, & x=0, \\ \dfrac{\sqrt{1+x}-\sqrt{1-x}}{x}, & -1\leqslant x<0, \end{cases}$　讨论 $f(x)$ 在 $x=0$ 处的连续性。

解　$\displaystyle\lim_{x\to 0^+}f(x)=\lim_{x\to 0^+}\frac{\ln(1+x)}{x}=\lim_{x\to 0^+}\frac{x}{x}=1$，

$\displaystyle\lim_{x\to 0^-}f(x)=\lim_{x\to 0^-}\frac{\sqrt{1+x}-\sqrt{1-x}}{x}=\lim_{x\to 0^-}\frac{(\sqrt{1+x}-\sqrt{1-x})(\sqrt{1+x}+\sqrt{1-x})}{x(\sqrt{1+x}+\sqrt{1-x})}=1$，

于是 $\displaystyle\lim_{x\to 0^+}f(x)=\lim_{x\to 0^-}f(x)=1\neq f(0)$，所以 $f(x)$ 在 $x=0$ 处不连续。

例 47　讨论函数 $f(x)=\begin{cases} |x-1|, & |x|>1, \\ \cos\dfrac{\pi}{2}x, & |x|\leqslant 1 \end{cases}$ 的连续性。

解　整理得 $f(x)=\begin{cases} 1-x, & x<-1, \\ \cos\dfrac{\pi}{2}x, & -1\leqslant x\leqslant 1, \\ x-1, & x>1。 \end{cases}$

函数 $f(x)$ 在非分段点处为初等函数，因此连续，在分段点处讨论有：

在 $x=-1$ 处，考虑左右极限 $\displaystyle\lim_{x\to -1^-}(1-x)=2$，$\displaystyle\lim_{x\to -1^+}\cos\frac{\pi}{2}x=0$，所以 $f(x)$ 在 $x=-1$ 处不连续（且为跳跃间断点）；

在 $x=1$ 处，考虑左右极限 $\displaystyle\lim_{x\to 1^-}\cos\frac{\pi}{2}x=0$，$\displaystyle\lim_{x\to 1^+}(x-1)=0$，而 $f(1)=0$，所以 $f(x)$ 在 $x=1$ 处连续。

综上可得 $f(x)$ 在 $(-\infty,-1)\bigcup(-1,+\infty)$ 内连续。

例 48　讨论函数 $f(x)=\displaystyle\lim_{n\to\infty}\frac{x^{2n}-1}{x^{2n}+1}x$ 的连续性。

解　对于这类函数表达式并未直接给出，而是以极限的形式给出的问题，首先将其表达式解出，然后再讨论连续性问题，因此有

$$f(x)=\lim_{n\to\infty}\frac{x^{2n}-1}{x^{2n}+1}x=\begin{cases} -x, & |x|<1, \\ x, & |x|>1, \\ 0, & |x|=1, \end{cases}\quad 整理得\ f(x)=\begin{cases} x, & x<-1, \\ 0, & x=-1, \\ -x, & -1<x<1, \\ 0, & x=1, \\ x, & x>1, \end{cases}$$

显然函数 $f(x)$ 在 $x=-1$ 和 $x=1$ 处间断，而在 $(-\infty,-1)\bigcup(-1,1)\bigcup(1,+\infty)$ 内连续。

例 49 设 $f(x)$ 满足 $f(x+y)=f(x)+f(y)$ 且 $f(x)$ 在 $x=0$ 处连续,证明 $f(x)$ 在任意点 x_0 处连续。

证明 在已知条件 $f(x+y)=f(x)+f(y)$ 中取 $x=y=0$ 得 $f(0)=0$。对于任意点 x_0,由连续的定义及已知的条件有

$$\lim_{\Delta x \to 0} f(x_0+\Delta x)=\lim_{\Delta x \to 0}\left[f(x_0)+f(\Delta x)\right]=f(x_0)+\lim_{\Delta x \to 0} f(\Delta x)=f(x_0),结论成立。$$

题型八 由连续性确定常数值

例 50 设 $f(x)=\lim\limits_{n \to \infty} \dfrac{x^{n+1}+(x^2-1)\sin(ax)}{x^n+x^2-1}$,若对于一切 x,函数 $f(x)$ 都连续,求常数 a 的最小正值。

解 解出函数 $f(x)$ 的表达式为

$$f(x)=\lim_{n \to \infty} \frac{x^{n+1}+(x^2-1)\sin(ax)}{x^n+x^2-1}=\begin{cases} \sin(ax), & |x|<1, \\ x, & |x|>1, \\ 1, & x=1, \\ -1, & x=-1, \end{cases}$$

整理得 $f(x)=\begin{cases} x, & x<-1, \\ -1, & x=-1, \\ \sin(ax), & -1<x<1, \\ 1, & x=1, \\ x, & x>1, \end{cases}$ 若对于一切 x,函数 $f(x)$ 都连续,则

$$\lim_{x \to -1^+}\sin(ax)=-1=\lim_{x \to -1^-} x,且 \lim_{x \to 1^-}\sin(ax)=1=\lim_{x \to 1^+} x,$$

即 $\sin a=1$,解得 a 的最小正值为 $\dfrac{\pi}{2}$。

例 51 设 $f(x)=\begin{cases} \dfrac{\sin(ax)}{x}, & x>0, \\ -1, & x=0, \\ a^2(x-1), & x<0, \end{cases}$ 问:

(1) a 为何值时,$f(x)$ 在 $x=0$ 处连续;

(2) a 为何值时,$x=0$ 为 $f(x)$ 的可去间断点。

解 (1) $\lim\limits_{x \to 0^+} \dfrac{\sin(ax)}{x}=a$,$\lim\limits_{x \to 0^-} a^2(x-1)=-a^2$,若 $f(x)$ 在 $x=0$ 处连续,由连续的定义知 $a=-a^2=-1$,解得 $a=-1$;

(2) $a=-a^2 \neq -1$ 时,即 $a=0$ 时,$x=0$ 为 $f(x)$ 的可去间断点。

题型九 间断点类型的判定

方法 间断点通常出现在分段函数的分段点处,函数定义区间的端点处,利用间断点的定义判断其类型。

例 52 求函数 $f(x)=\dfrac{x^3-x}{\sin \pi x}$ 的间断点,并指出间断点的类型。

解 间断点为 $x=0,\pm1,\pm2,\cdots$。

在 $x=0$ 处，$\lim\limits_{x\to0}f(x)=\lim\limits_{x\to0}\dfrac{x^3-x}{\sin\pi x}=\lim\limits_{x\to0}\dfrac{x(x+1)(x-1)}{\pi x}=-\dfrac{1}{\pi}$，因此 $x=0$ 为函数 $f(x)$ 的第一类(可去)间断点；

在 $x=1$ 处，$\lim\limits_{x\to1}f(x)=\lim\limits_{x\to1}\dfrac{x^3-x}{\sin\pi x}=\lim\limits_{x\to1}\dfrac{x(x+1)(x-1)}{\sin\pi x}=-\dfrac{2}{\pi}$，因此 $x=1$ 为函数 $f(x)$ 的第一类(可去)间断点；

在 $x=-1$ 处，$\lim\limits_{x\to-1}f(x)=\lim\limits_{x\to-1}\dfrac{x^3-x}{\sin\pi x}=\lim\limits_{x\to-1}\dfrac{x(x+1)(x-1)}{\sin\pi x}=-\dfrac{2}{\pi}$，因此 $x=-1$ 为函数 $f(x)$ 的第一类(可去)间断点；

在 $x=2$ 处，$\lim\limits_{x\to2}f(x)=\lim\limits_{x\to2}\dfrac{x^3-x}{\sin\pi x}=\infty$，因此 $x=2$ 为函数 $f(x)$ 的第二类(无穷)间断点；同理可得 $x=-2,\pm3,\cdots$ 都为函数 $f(x)$ 的第二类(无穷)间断点。

题型十 含有可去间断点的延拓

例 53 设 $f(x)=\dfrac{1}{\sin\pi x}-\dfrac{1}{\pi x}-\dfrac{1}{\pi(1-x)}$，$x\in\left(0,\dfrac{1}{2}\right]$，补充定义 $f(0)$ 使 $f(x)$ 在 $\left(0,\dfrac{1}{2}\right]$ 上连续。

解
$$
\begin{aligned}
\lim_{x\to0^+}f(x)&=\lim_{x\to0^+}\left[\frac{1}{\sin\pi x}-\frac{1}{\pi x}-\frac{1}{\pi(1-x)}\right]\\
&=-\frac{1}{\pi}+\lim_{x\to0^+}\left(\frac{1}{\sin\pi x}-\frac{1}{\pi x}\right)=-\frac{1}{\pi}+\lim_{x\to0^+}\left(\frac{\pi x-\sin\pi x}{\pi x\sin\pi x}\right)\\
&=-\frac{1}{\pi}+\lim_{x\to0^+}\left(\frac{\pi x-\sin\pi x}{\pi^2 x^2}\right)\xlongequal{\text{洛必达法则}}-\frac{1}{\pi}+\frac{1}{2\pi}\lim_{x\to0^+}\frac{1-\cos\pi x}{2x}\\
&=-\frac{1}{\pi},
\end{aligned}
$$

因此补充定义 $f(0)=-\dfrac{1}{\pi}$，即 $\tilde{f}(x)=\begin{cases}\dfrac{1}{\sin\pi x}-\dfrac{1}{\pi x}-\dfrac{1}{\pi(1-x)}, & x\in\left(0,\dfrac{1}{2}\right],\\[2mm] -\dfrac{1}{\pi}, & x=0\end{cases}$ 在 $\left[0,\dfrac{1}{2}\right]$ 上连续。

题型十一 利用介值、最值、零点定理的证明问题

方法 有关闭区间上连续函数的证明问题，常用的两种方法：一是先用最值定理，再应用介值或零点定理；二是通过构造辅助函数，应用零点定理解决。

例 54 设 $f(x)$ 在 $[a,b]$ 上连续，$x_i\in[a,b]$，$t_i>0(i=1,2,\cdots,n)$，且 $\sum\limits_{i=1}^{n}t_i=1$，证明至少存在 $\xi\in[a,b]$ 使得 $f(\xi)=t_1f(x_1)+t_2f(x_2)+\cdots+t_nf(x_n)$。

证明 因为 $f(x)$ 在 $[a,b]$ 上连续，由最值定理知 $f(x)$ 在 $[a,b]$ 上必存在最大值、最小值，并分别记为 M,m，则 $m\leqslant f(x)\leqslant M$，$x\in[a,b]$。对于任意的 $x_i\in[a,b]$，$t_i>$

$0(i=1,2,\cdots,n)$ 有 $m=\sum\limits_{i=1}^{n}mt_i\leqslant\sum\limits_{i=1}^{n}t_if(x_i)\leqslant\sum\limits_{i=1}^{n}Mt_i=M$，由介值定理可知至少存在 $\xi\in[a,b]$ 使得 $f(\xi)=t_1f(x_1)+t_2f(x_2)+\cdots+t_nf(x_n)$。

例 55　设函数 $f(x)$ 在 $[0,2a](a>0)$ 上连续，且 $f(0)=f(2a)$，证明在 $[0,a]$ 上至少有一点 ξ 使得 $f(\xi)=f(\xi+a)$。

证明　从要证明的命题形式上分析考虑构造函数 $F(x)=f(x)-f(x+a)$，显然 $F(x)$ 在 $[0,a]$ 上连续，$F(0)=f(0)-f(a)$，$F(a)=f(a)-f(2a)=f(a)-f(0)$。

若 $f(0)=f(a)$，则 $F(0)=F(a)=0$，即 $\xi=0$ 或 $\xi=a$ 都有 $f(\xi)=f(\xi+a)$，结论得证；

若 $f(0)\neq f(a)$，则 $F(0)\cdot F(a)<0$，由零点定理知在 $[0,a]$ 上至少有一点 ξ 使得 $F(\xi)=0$，结论成立。

1.3　同步训练

1. 设 $f(x)=\begin{cases}\mathrm{e}^x,&x<1,\\x,&x\geqslant1,\end{cases}$ $g(x)=\begin{cases}x+2,&x<0,\\x^2-1,&x\geqslant0,\end{cases}$ 求 $f[g(x)]$ 的表达式。

2. 已知 $x_{n+1}=\dfrac{1}{2}\left(x_n+\dfrac{a}{x_n}\right)$，其中 $a>0,x_0>0$，求 $\lim\limits_{n\to\infty}x_n$。

3. 计算 $\lim\limits_{n\to\infty}\left(\dfrac{1}{n^2+1^2}+\dfrac{1}{n^2+2^2}+\cdots+\dfrac{1}{n^2+n^2}\right)$。

4. 计算 $\lim\limits_{n\to\infty}(1+x)(1+x^2)(1+x^4)\cdots(1+x^{2^n})$　$(|x|<1)$。

5. 计算 $\lim\limits_{x\to0}\dfrac{1-\sqrt{1-x^2}}{x^2}$。

6. 计算 $\lim\limits_{n\to\infty}n[\ln(n+2)-\ln n]$。

7. 计算 $\lim\limits_{x\to1}\dfrac{x^n+x^{n-1}+\cdots+x-n}{x-1}$。

8. 计算 $\lim\limits_{n\to\infty}[\sqrt{1+2+\cdots+n}-\sqrt{1+2+\cdots+(n-1)}]$。

9. 计算 $\lim\limits_{x\to2^+}(x-[x])$。

10. 计算 $\lim\limits_{x\to0}(1+x^2\mathrm{e}^x)^{\frac{1}{1-\cos x}}$。

*11. 计算 $\lim\limits_{x\to\infty}x\sin\dfrac{2x}{1+x^2}$。

*12. 计算 $\lim\limits_{x\to\infty}\dfrac{3x-5}{x^3\sin\dfrac{1}{x^2}}$。

13. 已知 $\lim\limits_{x\to+\infty}(3x-\sqrt{ax^2+bx+1})=2$，求 a,b 的值。

14. 计算 $\lim\limits_{x\to0^+}\sqrt[x]{\cos\sqrt{x}}$。

15. 计算 $\lim\limits_{n\to\infty}\sin^2(\pi\sqrt{n^2+n})$。

16. 讨论函数 $f(x) = \lim\limits_{n \to \infty} \sqrt[n]{2 + (2x)^n + x^{2n}}$ 的连续性。

17. 已知函数 $f(x) = \sin x \cos \dfrac{1}{x}$，补充定义 $f(0)$，使得 $f(x)$ 在 $(-\infty, +\infty)$ 上连续。

18. 求 $f(x) = \dfrac{\ln|x|}{x^2 - 3x + 2}$ 的间断点，并指出类型。

19. 试确定 a, b 值，使 $f(x) = \dfrac{e^x - b}{(x - a)(x - 1)}$ 有无穷间断点 $x = 0$ 及可去间断点 $x = 1$。

20. 设函数 $f(x)$ 在 $[0,1]$ 上连续，且 $0 \leqslant f(x) \leqslant 1, x \in [0,1]$，证明至少有一点 $\xi \in [0,1]$ 使得 $f(\xi) = \xi$。

21. 已知 $\lim\limits_{x \to 0} \dfrac{\sqrt{1 + \sin x + \sin^2 x} - (a + b\sin x)}{\sin^2 x}$ 存在，求 a, b 的值。

22. 已知 $x \to 0$ 时，$\arctan 3x$ 与 $\dfrac{ax}{\cos x}$ 为等价无穷小，试确定 a 值。

23. 设 $f(x) = \lim\limits_{n \to \infty} \dfrac{x^{2n-1} + ax^2 + bx}{x^{2n} + 1}$ 是连续函数，求常数 a, b 的值。

24. 计算 $\lim\limits_{n \to \infty} \left(\dfrac{1}{4} + \dfrac{1}{28} + \cdots + \dfrac{1}{9n^2 - 3n - 2} \right)$。

25. 设 n 为正整数，a 为某实数，$a \neq 0$，且 $\lim\limits_{x \to +\infty} \dfrac{x^{1999}}{x^n - (x-1)^n} = \dfrac{1}{a}$，求 a 的值。

26. 设 $f(x) = \lim\limits_{n \to \infty} \dfrac{e^{nx} - 1}{e^{nx} + 1}$，讨论 $f(x)$ 的连续性。

27. 计算 $\lim\limits_{x \to 0} \dfrac{e^x - e^{\sin x}}{(x + x^2) \ln(1 + x) \arcsin x}$。

28. 计算 $\lim\limits_{x \to 0} x \left[\dfrac{2}{x} \right]$（$[x]$ 表示 x 的取整函数）。

29. 设函数 $f(x)$ 在 $(-\infty, +\infty)$ 上连续，且 $\lim\limits_{x \to +\infty} \dfrac{f(x)}{x} = \lim\limits_{x \to -\infty} \dfrac{f(x)}{x} = 0$，证明：存在一个 $\xi \in (-\infty, +\infty)$，使 $f(\xi) + \xi = 0$。

30. 求函数 $f(x) = \dfrac{x^2 - x}{x^2 - 1} \sqrt{1 + \dfrac{1}{x^2}}$ 的间断点，并判断类型。

31. 计算 $\lim\limits_{x \to +\infty} \dfrac{x^{100} + 3x^2 + 2}{e^x + 8} (2 + \cos x)$。

32. 当 $x \to 0$ 时，函数 $f(x) = e^{\tan x} - e^x$ 与 x^n 是同阶的无穷小，求 n 值。

33. 求 $\lim\limits_{x \to 0} \dfrac{1}{x^3 + \ln(1 + x^5)} \left[\left(\dfrac{2 + \cos x}{3} \right)^x - 1 \right]$。

34. 函数 $f(x) = \begin{cases} \dfrac{\ln(1 + ax^3)}{x - \arcsin x}, & x < 0, \\ 6, & x = 0, \\ \dfrac{e^{ax} + x^2 - ax - 1}{x \sin \dfrac{x}{4}}, & x > 0, \end{cases}$ 问 a 为何值时：

(1) $f(x)$ 在 $x=0$ 处连续；(2) $x=0$ 为 $f(x)$ 的可去间断点；(3) $x=0$ 为 $f(x)$ 的跳跃间断点。

35. 已知 $\lim\limits_{x\to0}\dfrac{x^2+f(x)}{x^2\sin^2x}=1$，求极限 $\lim\limits_{x\to0}\dfrac{\sin^2x+f(x)}{x^2\sin^2x}$。

36. 求 $\lim\limits_{x\to0}\dfrac{\tan(\tan x)-\tan(\sin x)}{x-\sin x}$。

37. 求 $\lim\limits_{x\to+\infty}\left[(1+x)\mathrm{e}^{\frac{1}{x}}-x\right]$。

38. 已知 $\lim\limits_{x\to0}\dfrac{xf(x)+\ln(1-2x)}{x^2}=4$，求极限 $\lim\limits_{x\to0}\dfrac{f(x)-2}{x}$。

39. 求 $\lim\limits_{x\to0}\dfrac{(2+\tan x)^{2019}-(2-\sin x)^{2019}}{\sin x}$。

40. 若函数 $f(x)=\begin{cases}\dfrac{1-\cos\sqrt{x}}{ax}, & x>0,\\[2mm] b, & x\leqslant0\end{cases}$ 在 $x=0$ 处连续，求 ab 的值。

1.4　参考答案

1. $f[g(x)]=\begin{cases}\mathrm{e}^{x+2}, & x<-1,\\ x+2, & -1\leqslant x<0,\\ \mathrm{e}^{x^2}-1, & 0\leqslant x<\sqrt{2},\\ x^2-1, & x\geqslant\sqrt{2}。\end{cases}$

2. 提示：根据单调有界定理：$x_{n+1}\geqslant\sqrt{a}$ 且数列 $\{x_n\}$ 单调递减。

3. 利用夹逼准则 $\lim\limits_{n\to\infty}\dfrac{1}{n^2+1^2}+\dfrac{1}{n^2+2^2}+\cdots+\dfrac{1}{n^2+n^2}=0$。

4. $\dfrac{1}{1-x}$。　　　5. $\dfrac{1}{2}$。　　6. 2。　　7. $\dfrac{n(n+1)}{2}$（可利用洛必达法则）。

8. $\dfrac{\sqrt{2}}{2}$。　　　9. 0。　　10. 利用第二个重要极限 $\lim\limits_{x\to0}(1+x^2\mathrm{e}^x)^{\frac{1}{1-\cos x}}=\mathrm{e}^2$。

11. 2。　　　12. 3。　　13. $a=9,b=-12$。　　14. $\mathrm{e}^{-\frac{1}{2}}$。

15. 注意 $y=\sin^2x$ 的周期为 $n\pi$，因此 $\lim\limits_{n\to\infty}\sin^2(\pi\sqrt{n^2+n})=\lim\limits_{n\to\infty}\sin^2(\pi\sqrt{n^2+n}-n\pi)=1$。

16. 显然 $x\geqslant0$，解出 $f(x)$ 的表达式

$$f(x)=\begin{cases}1, & 0\leqslant x\leqslant\dfrac{1}{2},\\[2mm] 2x, & \dfrac{1}{2}<x<2,\\[2mm] x^2, & 2\leqslant x<+\infty,\end{cases}\qquad f(x)\text{在}[0,+\infty)\text{上连续。}$$

17. 由有界函数乘以无穷小，补充定义 $f(0)=0$，即可使结论成立。

18. 显然 $x \neq 0$，因此 $x=0$ 为函数 $f(x)$ 的第二类(无穷)间断点；$x=2$ 为函数 $f(x)$ 的第二类(无穷)间断点；$x=1$ 也为函数 $f(x)$ 的第二类(无穷)间断点。

19. $a=0, b=\mathrm{e}$。   20. 提示：设 $F(x)=f(x)-x$，由零点定理可证。

21. $a=1, b=\dfrac{1}{2}$。   22. $a=3$。   23. $a=0, b=1$。   24. $\dfrac{1}{3}$。   25. $a=2000$。

26. $f(x)=\begin{cases} -1, & x<0, \\ 0, & x=0, \\ 1, & x>0, \end{cases}$ 显然，当 $x \neq 0$ 时，$f(x)$ 连续；当 $x=0$ 时，$f(x)$ 间断。

27. $\dfrac{1}{6}$。   28. 2。   29. 提示：令 $F(x)=f(x)+x$，应用零点定理。

30. $x=0, x=1, x=-1$ 为间断点。当 $x=0$ 时，$\lim\limits_{x \to 0^{+}} f(x)=\lim\limits_{x \to 0^{+}} \dfrac{x}{x+1} \dfrac{\sqrt{1+x^2}}{|x|}=1$，

$\lim\limits_{x \to 0^{-}} f(x)=\lim\limits_{x \to 0^{-}} \dfrac{x}{x+1} \dfrac{\sqrt{1+x^2}}{|x|}=-1$，为第一类(跳跃)间断点；当 $x=1$ 时，$\lim\limits_{x \to 1} f(x)=$

$\lim\limits_{x \to 1} \dfrac{x}{x+1} \dfrac{\sqrt{1+x^2}}{|x|}=1$，为第一类(可去)间断点；当 $x=-1$ 时，$\lim\limits_{x \to -1} f(x)=\infty$，为第二类(无穷)间断点。

31. 有界函数与无穷小的乘积，0。   32. 由同阶无穷小的定义可知 $n=3$。   33. $-\dfrac{1}{6}$。

34. $\lim\limits_{x \to 0^{-}} f(x)=\lim\limits_{x \to 0^{-}} \dfrac{\ln(1+ax^3)}{x-\arcsin x}=-6a$，$\lim\limits_{x \to 0^{+}} f(x)=\lim\limits_{x \to 0^{+}} \dfrac{\mathrm{e}^{ax}+x^2-ax-1}{x \sin \dfrac{x}{4}}=2a^2+4$。

若 $-6a=2a^2+4$，得 $a=-1$ 或 $a=-2$；当 $a=-1$ 时，$f(x)$ 在 $x=0$ 处连续；当 $a=-2$ 时，$x=0$ 为可去间断点，当 $a \neq -1$ 或 -2 时，$x=0$ 为跳跃间断点。

35. $\dfrac{2}{3}$。   36. 3。提示：分子可利用中值定理或两角差正切公式化简，再利用洛必达法则。

37. 2。提示：提取 x，利用洛必达法则。

38. 提示：$\lim\limits_{x \to 0} \dfrac{xf(x)+\ln(1-2x)}{x^2}=\lim\limits_{x \to 0} \dfrac{xf(x)-2x}{x^2}+\lim\limits_{x \to 0} \dfrac{2x+\ln(1-2x)}{x^2}$，则

$\lim\limits_{x \to 0} \dfrac{f(x)-2}{x}=6$。

39. 2019×2^{2019}。   40. $ab=\dfrac{1}{2}$。

第2章

导数与微分

2.1 知识点

(1) 导数与微分的定义

① 导数 (a) 设函数 $y=f(x)$ 在点 x_0 的某个邻域内有定义,当自变量 x 在 x_0 处取得增量 Δx(点 $x_0+\Delta x$ 仍在该邻域内)时,相应的函数取得增量 $\Delta y=f(x_0+\Delta x)-f(x_0)$;如果 Δy 与 Δx 之比当 $\Delta x \to 0$ 时的极限存在,那么称函数 $y=f(x)$ 在点 x_0 处可导,并称这个极限为函数 $y=f(x)$ 在点 x_0 处的导数,记为 $f'(x_0)$,即

$$f'(x_0)=\lim_{\Delta x \to 0}\frac{\Delta y}{\Delta x}=\lim_{\Delta x \to 0}\frac{f(x_0+\Delta x)-f(x_0)}{\Delta x}=\lim_{x \to x_0}\frac{f(x)-f(x_0)}{x-x_0},$$

也可记为 $y'\big|_{x=x_0}$,$\dfrac{\mathrm{d}y}{\mathrm{d}x}\Big|_{x=x_0}$,$\dfrac{\mathrm{d}f(x)}{\mathrm{d}x}\Big|_{x=x_0}$。

(b) 设函数 $y=f(x)$ 在点 x_0 的某个邻域内有定义,如果 $\lim\limits_{\Delta x \to 0^-}\dfrac{f(x_0+\Delta x)-f(x_0)}{\Delta x}$ $\left(\text{或}\lim\limits_{\Delta x \to 0^+}\dfrac{f(x_0+\Delta x)-f(x_0)}{\Delta x}\right)$ 存在,那么称这个极限值为函数 $y=f(x)$ 在点 x_0 处的左(右)导数,记为 $f'_-(x_0)(f'_+(x_0))$。

(c) 如果函数 $y=f(x)$ 在开区间 I 内的每点处都可导,那么称函数 $f(x)$ 在开区间 I 内可导,对于任一 $x \in I$,都对应着 $f(x)$ 的一个确定的导数值,构成的函数称为函数 $y=f(x)$ 的导函数,记作 y',$f'(x)$,$\dfrac{\mathrm{d}y}{\mathrm{d}x}$,$\dfrac{\mathrm{d}f(x)}{\mathrm{d}x}$,即

$$f'(x)=\lim_{\Delta x \to 0}\frac{f(x+\Delta x)-f(x)}{\Delta x}=\lim_{h \to 0}\frac{f(x+h)-f(x)}{h}。$$

② 微分 设函数 $y=f(x)$ 在某区间内有定义,x_0 及 $x_0+\Delta x$ 在该区间内,如果增量 $\Delta y=f(x_0+\Delta x)-f(x_0)$ 可表示为 $\Delta y=A\Delta x+o(\Delta x)$,其中 A 是不依赖于 Δx 的常数,那么称函数 $y=f(x)$ 在点 x_0 是可微的,而 $A\Delta x$ 称为函数 $y=f(x)$ 在点 x_0 相应于自变量增量 Δx 的微分,记作 $\mathrm{d}y$,即 $\mathrm{d}y=A\Delta x$,且 $\mathrm{d}y\big|_{x=x_0}=f'(x_0)\mathrm{d}x$。

③ **高阶导数**　设在 x_0 的某邻域内 $f'(x)$ 存在,若在 x_0 处 $f'(x)$ 可导,则称 $f'(x)$ 在 x_0 处的导数为函数 $f(x)$ 在 x_0 处的二阶导数,记为 $\dfrac{\mathrm{d}^2 y}{\mathrm{d}x^2}\Big|_{x=x_0}$,$f''(x_0)$,$y''|_{x=x_0}$。

(2) **导数与微分的关系**　对于函数 $y=f(x)$,在 x_0 处可微与可导等价。

(3) **导数与微分的几何意义及物理意义**

① **导数的几何意义**　函数 $y=f(x)$ 在 x_0 处的导数值 $f'(x_0)$ 等于曲线 $y=f(x)$ 在点 $(x_0,f(x_0))$ 处的切线斜率,即 $k=f'(x_0)$,曲线 $y=f(x)$ 在该点处的切线方程为
$$y-f(x_0)=f'(x_0)(x-x_0)。$$

② **微分的几何意义**　函数 $y=f(x)$ 在 x_0 处的微分 $\mathrm{d}y=f'(x_0)\mathrm{d}x$ 表示当自变量有改变量 Δx 时,曲线 $y=f(x)$ 在点 $(x_0,f(x_0))$ 处切线上纵坐标的改变量。

③ **导数的物理意义**　设变速直线运动的位移 s 与时间 t 的关系为 $s=s(t)$,则 $s'(t)$ 表示在 t 时刻物体运动的瞬时速度。

(4) **导数与微分的运算法则与计算公式**

① **求导公式**

$(C)'=0$　$(C$ 是常数$)$;　　　　　　　　$(x^\alpha)'=\alpha x^{\alpha-1}$　$(\alpha$ 是实数$)$;

$(a^x)'=a^x\ln a$　$(a>0,a\neq 1)$;　　　　$(\mathrm{e}^x)'=\mathrm{e}^x$;

$(\log_a x)'=\dfrac{1}{x\ln a}$　$(a>0,a\neq 1)$;　　$(\ln x)'=\dfrac{1}{x}$;

$(\sin x)'=\cos x$;　　　　　　　　　　$(\cos x)'=-\sin x$;

$(\tan x)'=\sec^2 x$;　　　　　　　　　$(\cot x)'=-\csc^2 x$;

$(\sec x)'=\sec x\tan x$;　　　　　　　　$(\csc x)'=-\csc x\cot x$;

$(\arcsin x)'=-(\arccos x)'=\dfrac{1}{\sqrt{1-x^2}}$;　　$(\arctan x)'=-(\text{arccot}\,x)'=\dfrac{1}{1+x^2}$。

② **微分公式**

$\mathrm{d}(C)=0$　$(C$ 是常数$)$;　　　　　　　$\mathrm{d}(x^\alpha)=\alpha x^{\alpha-1}\mathrm{d}x$　$(\alpha$ 是实数$)$;

$\mathrm{d}(a^x)=a^x\ln a\,\mathrm{d}x$　$(a>0,a\neq 1)$;　　$\mathrm{d}(\mathrm{e}^x)=\mathrm{e}^x\mathrm{d}x$;

$\mathrm{d}(\log_a x)=\dfrac{1}{x\ln a}\mathrm{d}x$　$(a>0,a\neq 1)$;　　$\mathrm{d}(\ln x)=\dfrac{1}{x}\mathrm{d}x$;

$\mathrm{d}(\sin x)=\cos x\,\mathrm{d}x$;　　　　　　　$\mathrm{d}(\cos x)=-\sin x\,\mathrm{d}x$;

$\mathrm{d}(\tan x)=\sec^2 x\,\mathrm{d}x$;　　　　　　$\mathrm{d}(\cot x)=-\csc^2 x\,\mathrm{d}x$;

$\mathrm{d}(\sec x)=\sec x\tan x\,\mathrm{d}x$;　　　　　$\mathrm{d}(\csc x)=-\csc x\cot x\,\mathrm{d}x$;

$\mathrm{d}(\arcsin x)=-\mathrm{d}(\arccos x)=\dfrac{1}{\sqrt{1-x^2}}\mathrm{d}x$;　$\mathrm{d}(\arctan x)=-\mathrm{d}(\text{arccot}\,x)=\dfrac{1}{1+x^2}\mathrm{d}x$。

③ **求导四则运算法则**　设 $u=u(x)$,$v=v(x)$ 都可导,则:

$(u\pm v)'=u'\pm v'$,　　　　　　　　$(Cu)'=Cu'$　$(C$ 为实数$)$,

$(uv)'=u'v+v'u$,　　　　　　　　　$\left(\dfrac{u}{v}\right)'=\dfrac{u'v-v'u}{v^2}$　$(v\neq 0)$。

④ **反函数的求导法则**　若 $x=f(y)$ 在区间 I_y 内单调、可导且 $f'(y)\neq 0$,则它的反函

数 $y = f^{-1}(x)$ 在 $I_x = f(I_y)$ 内也可导，且 $[f^{-1}(x)]' = \dfrac{1}{f'(y)}$ 或 $\dfrac{\mathrm{d}y}{\mathrm{d}x} = \dfrac{1}{\dfrac{\mathrm{d}x}{\mathrm{d}y}}$。

⑤ 复合函数的求导法则　若 $y = f(u)$，而 $u = g(x)$ 且 $f(u)$ 及 $g(x)$ 都可导，则复合函数 $y = f[g(x)]$ 的导数为 $\dfrac{\mathrm{d}y}{\mathrm{d}x} = \dfrac{\mathrm{d}y}{\mathrm{d}u} \cdot \dfrac{\mathrm{d}u}{\mathrm{d}x}$ 或 $y'(x) = f'(u) \cdot g'(x)$。

⑥ 求高阶导数的莱布尼茨公式　设 $u = u(x)$，$v = v(x)$ 都可导，则

$$(uv)^{(n)} = \sum_{k=0}^{n} C_n^k u^{(n-k)} v^{(k)}。$$

2.2　典型例题

题型一　利用导数定义 $f'(x_0) = \lim\limits_{\Delta x \to 0} \dfrac{f(x_0 + \Delta x) - f(x_0)}{\Delta x} = \lim\limits_{x \to x_0} \dfrac{f(x) - f(x_0)}{x - x_0}$

1. 利用导数定义求其他极限形式

例1　设 $f(x)$ 在 x_0 处可导，求下列极限：

(1) $\lim\limits_{t \to 0} \dfrac{f(x_0 - 3t) - f(x_0)}{\sin t}$；　　　　(2) $\lim\limits_{h \to 0} \dfrac{f(x_0 + h) - f(x_0 - h)}{3h}$；

(3) $\lim\limits_{n \to \infty} n\left[f\left(x_0 + \dfrac{1}{n}\right) - f\left(x_0 - \dfrac{1}{2n}\right)\right]$。

解　(1) $\lim\limits_{t \to 0} \dfrac{f(x_0 - 3t) - f(x_0)}{\sin t} = \lim\limits_{t \to 0} \dfrac{f(x_0 - 3t) - f(x_0)}{-3t} \cdot \dfrac{-3t}{\sin t} = -3f'(x_0)$；

(2) $\lim\limits_{h \to 0} \dfrac{f(x_0 + h) - f(x_0 - h)}{3h} = \lim\limits_{h \to 0} \dfrac{f(x_0 + h) - f(x_0 - h)}{2h} \cdot \dfrac{2h}{3h} = \dfrac{2}{3} f'(x_0)$；

(3) $\lim\limits_{n \to \infty} n\left[f\left(x_0 + \dfrac{1}{n}\right) - f\left(x_0 - \dfrac{1}{2n}\right)\right] = \lim\limits_{n \to \infty} \dfrac{f\left(x_0 + \dfrac{1}{n}\right) - f\left(x_0 - \dfrac{1}{2n}\right)}{\dfrac{3}{2n}} \cdot \dfrac{3}{2} =$

$\dfrac{3}{2} f'(x_0)$。

例2　设函数 $f(x)$ 在 $x = a$ 处可导，且 $f(a) \neq 0$，求 $\lim\limits_{x \to \infty} \left[\dfrac{f\left(a + \dfrac{1}{x}\right)}{f(a)}\right]^x$。

解　$\lim\limits_{x \to \infty} \left[\dfrac{f\left(a + \dfrac{1}{x}\right)}{f(a)}\right]^x = \lim\limits_{x \to \infty} \left[1 + \dfrac{f\left(a + \dfrac{1}{x}\right) - f(a)}{f(a)}\right]^x$

$= \lim\limits_{x \to \infty} \left[1 + \dfrac{f\left(a + \dfrac{1}{x}\right) - f(a)}{f(a)}\right]^{\frac{f(a)}{f\left(a + \frac{1}{x}\right) - f(a)} \cdot \frac{f\left(a + \frac{1}{x}\right) - f(a)}{\frac{1}{x}} \cdot \frac{1}{f(a)}}$

$= \mathrm{e}^{\frac{f'(a)}{f(a)}}$。

2. 利用定义求解函数在某一点处的导数

特点　常用于表达式中含有绝对值或分段函数分段点处的导数值确定,在表达式十分繁琐或表达式形式不明确时使用定义更方便。

例3　已知 $f(x)=\arcsin x\sqrt{\dfrac{1-\sin x}{1+\sin x}}$,求 $f'(0)$。

解　由导数定义可知

$$f'(0)=\lim_{x\to 0}\frac{f(x)-f(0)}{x}=\lim_{x\to 0}\frac{\arcsin x\sqrt{\dfrac{1-\sin x}{1+\sin x}}-0}{x}=\lim_{x\to 0}\sqrt{\frac{1-\sin x}{1+\sin x}}=1。$$

例4　设 $f(x)$ 在 $x=0$ 处可导,$f'(0)=\dfrac{1}{3}$,且对于任意 x 有 $f(3+x)=3f(x)$,求 $f'(3)$。

解　根据导数定义 $f'(3)=\lim\limits_{\Delta x\to 0}\dfrac{f(3+\Delta x)-f(3)}{\Delta x}$,由已知条件 $f(3+x)=3f(x)$ 知

$$f'(3)=\lim_{\Delta x\to 0}\frac{f(3+\Delta x)-f(3)}{\Delta x}=\lim_{\Delta x\to 0}\frac{3f(\Delta x)-3f(0)}{\Delta x}$$

$$=3\lim_{\Delta x\to 0}\frac{f(0+\Delta x)-f(0)}{\Delta x}=3f'(0)=3\times\frac{1}{3}=1。$$

例5　已知 $f(x)=x(x-1)(x-2)\cdots(x-100)$,求 $f'(0)$。

解　$f'(0)=\lim\limits_{x\to 0}\dfrac{f(x)-f(0)}{x}=\lim\limits_{x\to 0}\dfrac{x(x-1)(x-2)\cdots(x-100)-0}{x}$

$$=\lim_{x\to 0}(x-1)(x-2)\cdots(x-100)=100!。$$

例6　设 $g(x)=\begin{cases}x\mathrm{e}^{-\frac{1}{x^2}},&x\neq 0,\\0,&x=0。\end{cases}$　又函数 $f(x)$ 在 $x=0$ 处可导,求函数 $h(x)=f[g(x)]$ 在 $x=0$ 处的导数。

解　$h'(0)=\lim\limits_{x\to 0}\dfrac{f[g(x)]-f[g(0)]}{x}=\lim\limits_{x\to 0}\dfrac{f(x\mathrm{e}^{-\frac{1}{x^2}})-f(0)}{x}$

$$=\lim_{x\to 0}\frac{f(x\mathrm{e}^{-\frac{1}{x^2}})-f(0)}{x\mathrm{e}^{-\frac{1}{x^2}}}\cdot \mathrm{e}^{-\frac{1}{x^2}}=f'(0)\cdot 0=0。$$

3. 利用导数定义确定常数值

方法　分段函数在分段点的极限、连续和可导问题一般应采用定义通过左、右极限进行讨论,同时还可利用三者之间的关系:可导⇒连续⇒极限存在。

例7　设 $f(x)=\begin{cases}ax^2+bx+c,&x<0,\\\ln(1+x),&x\geqslant 0,\end{cases}$　求常数 a,b,c 为何值时,$f''(0)$ 存在。

解　因为 $f''(0)$ 存在,故 $f'(0)$ 也存在,由可导必连续知 $f(x)$ 在 $x=0$ 处连续,即 $\lim\limits_{x\to 0}f(x)=f(0)=0$,所以 $c=0$。

又由于 $f'(0)$ 存在,所以有 $f'_-(0)=f'_+(0)$,即

$$f'_-(0) = \lim_{x \to 0^-} \frac{ax^2 + bx - 0}{x} = \lim_{x \to 0^+} \frac{\ln(1+x) - 0}{x} = f'_+(0),$$

解得 $b = 1$，且 $f'(x) = \begin{cases} 2ax + 1, & x < 0, \\ \dfrac{1}{1+x}, & x \geq 0. \end{cases}$

再由 $f''(0)$ 存在可得 $f''_-(0) = f''_+(0)$，即

$$f''_-(0) = \lim_{x \to 0^-} \frac{2ax + 1 - 1}{x} = \lim_{x \to 0^+} \frac{\dfrac{1}{1+x} - 1}{x} = f''_+(0),$$

解得 $a = -\dfrac{1}{2}$。

4. 已知某一点导数的特点，求函数的表达式

*例 8 设 $f(x)$ 在 $(0, +\infty)$ 上有定义，且 $f'(1) = a(\neq 0)$。又对于任意的自变量 x，$y \in (0, +\infty)$ 有 $f(xy) = f(x) + f(y)$，求函数 $f(x)$。

解 在 $f(xy) = f(x) + f(y)$ 中，取 $y = 1$ 得 $f(x) = f(x) + f(1)$，因此 $f(1) = 0$。

$$f'(x) = \lim_{y \to 0} \frac{f(x + xy) - f(x)}{xy} = \lim_{y \to 0} \frac{f[x(1+y)] - f(x)}{xy}$$

$$= \lim_{y \to 0} \frac{f(x) + f(1+y) - f(x)}{xy} = \lim_{y \to 0} \frac{f(1+y) - f(1)}{y} \cdot \frac{1}{x} = f'(1) \frac{1}{x},$$

即 $f'(x) = a\dfrac{1}{x}$，易得 $f(x) = a\ln x + C$，特别地取 $x = 1$ 得 $f(1) = a\ln 1 + C$，解得 $C = 0$。因此函数表达为 $f(x) = a\ln x$。

题型二 利用求导法则和公式

例 9 设 $f(x) = \lim_{t \to \infty} x\left(\dfrac{x+t}{t-x}\right)^t$，求 $f'(x)$。

解 $f(x) = \lim_{t \to \infty} x\left(\dfrac{t+x}{t-x}\right)^t = \lim_{t \to \infty} x\left(1 + \dfrac{2x}{t-x}\right)^{\frac{t-x}{2x} \cdot \frac{2x}{t-x} \cdot t} = x\mathrm{e}^{2x}$，

由表达式 $f(x) = x\mathrm{e}^{2x}$ 易知 $f'(x) = \mathrm{e}^{2x} + 2x\mathrm{e}^{2x}$。

例 10 求函数 $y = f^n[g^m(5^{x^3})]$ 的导数。

解 由复合函数求导法则知

$$y' = nf^{n-1}[g^m(5^{x^3})] \cdot f'[g^m(5^{x^3})] \cdot mg^{m-1}(5^{x^3}) \cdot g'(5^{x^3}) \cdot 5^{x^3}\ln 5 \cdot 3x^2。$$

例 11 求函数 $y = \sqrt[4]{x\sqrt[3]{\mathrm{e}^x\sqrt{\sin\dfrac{1}{x}}}}$ 的导数。

解 整理函数表达式可得 $y = \sqrt[4]{x\sqrt[3]{\mathrm{e}^x\sqrt{\sin\dfrac{1}{x}}}} = x^{\frac{1}{4}}\mathrm{e}^{\frac{x}{12}}\left(\sin\dfrac{1}{x}\right)^{\frac{1}{24}}$，求导得

$$y' = \frac{1}{4}x^{-\frac{3}{4}}\mathrm{e}^{\frac{x}{12}}\left(\sin\frac{1}{x}\right)^{\frac{1}{24}} + \frac{1}{12}\mathrm{e}^{\frac{x}{12}}x^{\frac{1}{4}}\left(\sin\frac{1}{x}\right)^{\frac{1}{24}} - \frac{1}{24x^2}\left(\sin\frac{1}{x}\right)^{-\frac{23}{24}}\cos\frac{1}{x} \cdot \mathrm{e}^{\frac{x}{12}}x^{\frac{1}{4}}。$$

题型三　隐函数求导数

方法　设 $y=y(x)$ 是由方程 $F(x,y)=0$ 确定的函数,则在方程 $F(x,y)=0$ 两端对 x 求导,将 y 看成 x 的函数,然后解出 $\dfrac{\mathrm{d}y}{\mathrm{d}x}$ 即可。

注　也可借助于二元函数的偏导数,有 $\dfrac{\mathrm{d}y}{\mathrm{d}x}=-\dfrac{F'_x}{F'_y}$(见第9章)。

1. 方程所确定的隐函数求导

例 12　已知 $\sin(xy)+\ln(y-x)=x$,求 $\dfrac{\mathrm{d}y}{\mathrm{d}x}\Big|_{x=0}$。

解　由已知得,当 $x=0$ 时,有 $\ln y=0$,故 $y=1$。等式左右两边同时对 x 求导得 $\cos(xy)(y+xy')+\dfrac{1}{y-x}(y'-1)=1$,整理得

$$y'=\dfrac{1+\dfrac{1}{y-x}-y\cos(xy)}{\dfrac{1}{y-x}+x\cos(xy)},$$

将 $x=0,y=1$ 代入,可得 $\dfrac{\mathrm{d}y}{\mathrm{d}x}\Big|_{x=0}=1$。

2. 取对数法处理的求导问题

特点　适用于多项相乘除或幂指函数的求导问题。

***例 13**　设 $y=(1+x)^x$,求 $\mathrm{d}y\,|_{x=1}$。

解　两边取对数得 $\ln y=x\ln(1+x)$,两边同时对 x 求导得

$\dfrac{1}{y}y'=\ln(1+x)+\dfrac{x}{1+x}$,故 $y'=(1+x)^x\left[\ln(1+x)+\dfrac{x}{1+x}\right]$,

$$\mathrm{d}y\,|_{x=1}=(1+x)^x\left[\ln(1+x)+\dfrac{x}{1+x}\right]\Bigg|_{x=1}\mathrm{d}x=(1+2\ln2)\mathrm{d}x。$$

例 14　求函数 $y=\dfrac{\sqrt{x+6}\,(x-3)^5}{(2x+1)^3}(x>3)$ 的导数。

解　两边取对数得 $\ln y=\dfrac{1}{2}\ln(x+6)+5\ln(x-3)-3\ln(2x+1)$,两边同时对 x 求导得

$\dfrac{1}{y}y'=\dfrac{1}{2(x+6)}+\dfrac{5}{x-3}-\dfrac{6}{2x+1}$,整理得 $y'=\dfrac{\sqrt{x+6}\,(x-3)^5}{(2x+1)^3}\left[\dfrac{1}{2(x+6)}+\dfrac{5}{x-3}-\dfrac{6}{2x+1}\right]$。

题型四　参数方程求导数

方法　设 $y=y(x)$ 由 $\begin{cases}x=\varphi(t),\\ y=\psi(t)\end{cases}$ 给出,$\varphi(t),\psi(t)$ 可导,则有

$$\dfrac{\mathrm{d}y}{\mathrm{d}x}=\dfrac{\psi'(t)}{\varphi'(t)},\quad \dfrac{\mathrm{d}^2y}{\mathrm{d}x^2}=\dfrac{\mathrm{d}}{\mathrm{d}t}\left(\dfrac{\psi'(t)}{\varphi'(t)}\right)\cdot\dfrac{1}{\varphi'(t)}=\dfrac{\psi''(t)\varphi'(t)-\psi'(t)\varphi''(t)}{\varphi'^3(t)}。$$

例 15 设 $y = y(x)$ 由 $\begin{cases} x = \arctan t, \\ 2y - ty^2 + e^t = 5 \end{cases}$ 所确定,求 $\dfrac{\mathrm{d}y}{\mathrm{d}x}$。

解 两式分别对 t 求导有

$$\begin{cases} x'(t) = \dfrac{1}{1+t^2}, \\ 2y'(t) - y^2 - 2tyy'(t) + e^t = 0, \end{cases} \qquad \text{整理得} \begin{cases} x'(t) = \dfrac{1}{1+t^2}, \\ y'(t) = \dfrac{y^2 - e^t}{2(1-ty)}。 \end{cases}$$

由参数方程求导法则知 $\dfrac{\mathrm{d}y}{\mathrm{d}x} = \dfrac{\dfrac{y^2 - e^t}{2(1-ty)}}{\dfrac{1}{1+t^2}} = \dfrac{(y^2 - e^t)(1+t^2)}{2(1-ty)}$。

题型五　高阶导数

常用的结果有

$(x^\alpha)^{(n)} = \alpha(\alpha-1)\cdots(\alpha-n+1)x^{\alpha-n}$, 　　特别地　$(x^n)^{(n)} = n!$, $(x^n)^{(n+1)} = 0$;

$(\sin kx)^{(n)} = k^n \sin\left(kx + n \cdot \dfrac{\pi}{2}\right)$; 　　　　$(\cos kx)^{(n)} = k^n \cos\left(kx + n \cdot \dfrac{\pi}{2}\right)$;

$(a^x)^{(n)} = a^x \ln^n a \quad (a > 0)$; 　　　　$\left(\dfrac{1}{x+a}\right)^{(n)} = (-1)^n \dfrac{n!}{(x+a)^{n+1}}$。

方法 (1) 直接法:根据求导法则求出 $f'(x)$, $f''(x)$, $f'''(x)$ 等几阶导数,在求解的过程中找到各阶导数表达形式上的规律,进而写出 n 阶导数的表达式;

(2) 间接法:借助已经总结的高阶导数规律,通过四则运算、变量替换等方法写出高阶导数。

1. 分母可分解因式的有理式真分式的求高阶导数问题

方法 用有理函数的分解将函数拆分成几个式子相加减的形式后,再利用 $\left(\dfrac{1}{x+a}\right)^{(n)} = (-1)^n \dfrac{n!}{(x+a)^{n+1}}$ 写出高阶导数。

例 16 已知 $y = \dfrac{2x-3}{3x^2+x-2}$,求 $y^{(n)}(2)$。

解 $y = \dfrac{2x-3}{3x^2+x-2} = \dfrac{1}{x+1} - \dfrac{1}{3x-2}$。由 $\left(\dfrac{1}{x+a}\right)^{(n)} = (-1)^n \dfrac{n!}{(x+a)^{n+1}}$ 可得

$y^{(n)}(x) = \dfrac{(-1)^n n!}{(x+1)^{n+1}} - \dfrac{(-1)^n 3^n n!}{(3x-2)^{n+1}}$,所以 $y^{(n)}(2) = (-1)^n n!\left(\dfrac{1}{3^{n+1}} - \dfrac{3^n}{4^{n+1}}\right)$。

2. 有理函数中的假分式求高阶导数

方法 通过分子分解因式或添项减项分离函数及常数,使分子次数降低,直到整理成多项式和真分式之和的形式,再利用类似上面 1 中的方法求出高阶导数。

例 17 求函数 $y = \dfrac{x^3}{x-1}$ 的各阶导数。

解 $y = \dfrac{x^3}{x-1} = \dfrac{x^3-1+1}{x-1} = (x^2+x+1) + \dfrac{1}{x-1}$,

$y' = (2x+1) + \dfrac{-1}{(x-1)^2}, y'' = 2 + \dfrac{2}{(x-1)^3}, y''' = \dfrac{-3!}{(x-1)^4}, \cdots$,

$y^{(n)} = (-1)^n \dfrac{n!}{(x-1)^{n+1}} (n \geqslant 3)$。

3. 涉及三角函数时使用间接法求高阶导数

例 18   已知函数 $f(x) = \sin \dfrac{x}{3} + \cos 3x$, 求 $f^{(28)}(\pi)$。

解 $f^{(n)}(x) = \left(\dfrac{1}{3}\right)^n \sin\left(\dfrac{x}{3} + \dfrac{n\pi}{2}\right) + 3^n \cos\left(3x + \dfrac{n\pi}{2}\right)$, 因此 $f^{(28)}(\pi) = \left(\dfrac{1}{3}\right)^{28} \dfrac{\sqrt{3}}{2} - 3^{28}$。

题型六   导数意义

1. 几何意义

方法   涉及切线、法线的问题,考虑导数的几何意义,即函数 $y = f(x)$ 在 x_0 处的导数值 $f'(x_0)$ 等于曲线 $y = f(x)$ 在点 $(x_0, f(x_0))$ 处的切线斜率,即 $k = f'(x_0)$。

例 19   已知 $f(x)$ 是周期为 7 的连续函数,它在 $x=1$ 处可导,且 $\lim\limits_{x \to 0} \dfrac{f(1) - f(1-2x)}{\sin x} = 2$,求曲线 $y = f(x)$ 在 $(8, f(8))$ 处的法线斜率。

解 $\lim\limits_{x \to 0} \dfrac{f(1) - f(1-2x)}{\sin x} = \lim\limits_{x \to 0} \dfrac{f(1) - f(1-2x)}{2x} \cdot \dfrac{2x}{\sin x} = 2f'(1)$, 因此 $f'(1) = 1$, 而 $f(x)$ 是周期为 7 的连续函数,所以曲线 $y = f(x)$ 在 $(8, f(8))$ 处的法线斜率等于 $(1, f(1))$ 处的法线斜率,法线斜率为 -1。

2. 涉及函数的各种实际变化率问题时考虑利用导数

例 20   一容器的内表面是由曲线 $x = y + \sin y \left(0 \leqslant y \leqslant \dfrac{\pi}{2}\right)$ 绕 y 轴旋转所得的旋转面,若以 $\pi m^3 / s$ 的速率注入液体,求液面高度为 $\dfrac{\pi}{4} m$ 时液面上升的速率。

解   设注入时间 t(单位:s)后高度为 y(单位:m),则此时容器内液体的体积

$V = \pi \displaystyle\int_0^y x^2 \mathrm{d}y = \pi \displaystyle\int_0^y (y + \sin y)^2 \mathrm{d}y, \dfrac{\mathrm{d}V}{\mathrm{d}t} = \pi(y + \sin y)^2 \dfrac{\mathrm{d}y}{\mathrm{d}t}, \dfrac{\mathrm{d}y}{\mathrm{d}t} = \dfrac{\mathrm{d}V}{\mathrm{d}t} \cdot \dfrac{1}{\pi(y + \sin y)^2}$,

因此,当 $y = \dfrac{\pi}{4}$ 时, $\dfrac{\mathrm{d}y}{\mathrm{d}t} = \dfrac{\mathrm{d}V}{\mathrm{d}t} \cdot \dfrac{1}{\pi(y + \sin y)^2} \Big|_{y = \frac{\pi}{4}} = \dfrac{1}{\left(\dfrac{\pi}{4} + \dfrac{\sqrt{2}}{2}\right)^2} m/s = \dfrac{16}{(\pi + 2\sqrt{2})^2} m/s$。

题型七   几个特殊的导数问题

注   导数的几个特殊性质:奇函数的导数必为偶函数;偶函数的导数必为奇函数;周期函数的导数也为周期函数,且周期不变。

例 21   设对于任意的 x 都有 $f(-x) = -f(x)$, $f'(-x_0) = -k \neq 0$,求 $f'(x_0)$。

解 由奇函数的导数为偶函数可知 $f'(x_0)=f'(-x_0)=-k$。

例 22 设 $f(x)=a_1\sin x+a_2\sin 2x+\cdots+a_n\sin nx$，且 $|f(x)|\leqslant|\sin x|$，$a_1,a_2,\cdots,a_n$ 为常数，证明：$|a_1+2a_2+\cdots+na_n|\leqslant 1$。

证明 由 $|f(x)|\leqslant|\sin x|$ 可知 $|f(0)|\leqslant|\sin 0|$，因此 $f(0)=0$，进而有 $\left|\dfrac{f(x)-f(0)}{x-0}\right|\leqslant\left|\dfrac{\sin x}{x}\right|$（$x\neq 0$）；令 $x\rightarrow 0$，两边取极限得

$$|f'(0)|=\left|\lim_{x\to 0}\frac{f(x)-f(0)}{x-0}\right|\leqslant\left|\lim_{x\to 0}\frac{\sin x}{x}\right|=1。$$

由 $f(x)=a_1\sin x+a_2\sin 2x+\cdots+a_n\sin nx$ 得

$f'(x)=a_1\cos x+2a_2\cos 2x+\cdots+na_n\cos nx$，所以 $f'(0)=a_1+2a_2+\cdots+na_n$。

综上可得 $|a_1+2a_2+\cdots+na_n|\leqslant 1$。

2.3 同步训练

1. 设 $f(t)=\left[\tan\left(\dfrac{\pi}{4}t\right)-1\right]\left[\tan\left(\dfrac{\pi}{4}t^2\right)-2\right]\cdots\left[\tan\left(\dfrac{\pi}{4}t^{100}\right)-100\right]$，求 $f'(1)$。

2. 设 $f(x)=(x-a)^2g(x)$，其中 $g'(x)$ 在 $x=a$ 的某个邻域内连续，求 $f''(a)$。

3. 求函数 $y=x^3\ln x$ 的各阶导数。

4. 求函数 $y=\sqrt{\dfrac{x(x^2+1)}{(x^2-1)^2}}$（$x>1$）的导数。

*5. 设函数 $f(x)$ 在 $[-1,1]$ 上有定义，且满足 $x\leqslant f(x)\leqslant x^2+x$（$-1\leqslant x\leqslant 1$）。证明：$f'(0)$ 存在且等于 1。

*6. 设函数 $y=y(x)$ 由方程 $\mathrm{e}^y+xy=\mathrm{e}$ 所确定，求 $y''(0)$。

7. 求函数 $y=\dfrac{1}{x^2-3x+2}$ 的各阶导数。

*8. 设函数 $f(x)$ 在 $x=0$ 点连续，且 $\lim\limits_{x\to 0}\dfrac{f(2x)}{3x}=1$，求曲线 $y=f(x)$ 在点 $(0,f(0))$ 处的切线方程。

9. 设 $f(x)$ 在 $x=0$ 的某邻域内可导，当 $x\neq 0$ 时 $f(x)\neq 0$。已知 $f(0)=0$，$f'(0)=2$，求 $\lim\limits_{x\to 0}(1-2f(x))^{\frac{1}{\sin x}}$。

10. 设 $f(x)=\begin{cases}\dfrac{2}{1+x^2}, & x\leqslant 1,\\ ax+b, & x>1\end{cases}$ 在 $x=1$ 处可导，确定 a,b 的值。

11. 设 $f(x)$ 在 $x=2$ 的某邻域内可导，且 $f'(x)=\mathrm{e}^{f(x)}$，$f(2)=1$，求 $f^{(n)}(2)$。

12. 设 $f(0)=1$，$g(1)=2$，$f'(0)=-1$，$g'(1)=-2$，求：

(1) $\lim\limits_{x\to 0}\dfrac{\cos x-f(x)}{x}$；(2) $\lim\limits_{x\to 1}\dfrac{\sqrt{x}g(x)-2}{x-1}$。

13. 设 $f'(0)=2$，求 $\lim\limits_{x\to 0}\dfrac{f(3\sin x)-f(2\arctan x)}{x}$。

14. 设 $f(x)$ 在 $(-\infty,+\infty)$ 上有定义,对任意 $x,y\in(-\infty,+\infty)$,有 $f(x+y)=f(x)+f(y)+2xy$,且 $f'(0)$ 存在,求 $f(x)$。

15. 设 $F(x)=\lim\limits_{t\to\infty}t^2\left[f\left(x+\dfrac{\pi}{t}\right)-f(x)\right]\sin\dfrac{x}{t}$,其中 $f(x)$ 二阶可导,求 $F'(x)$。

16. 设 $f(x)=\begin{cases}x^\lambda\cos\dfrac{1}{x}, & x\neq0,\\ 0, & x=0,\end{cases}$ 其导数在 $x=0$ 处连续,求 λ 的取值范围。

17. 求由方程组 $\begin{cases}x=t^3-3t,\\ t^3-y+\dfrac{1}{2}\sin y=1\end{cases}$ 所确定的函数 $y=y(x)$ 的导数 $\dfrac{\mathrm{d}y}{\mathrm{d}x}$。

18. 设 $\begin{cases}x=f(t)-\pi,\\ y=f(e^{3t}-1),\end{cases}$ 其中 f 可导,且 $f'(0)\neq0$,求 $\dfrac{\mathrm{d}y}{\mathrm{d}x}\bigg|_{t=0}$。

19. 求曲线 $\begin{cases}x=e^t\sin2t,\\ y=e^t\cos t\end{cases}$ 在点 $(0,1)$ 处的法线方程。

20. 讨论函数 $f(x)=\lim\limits_{n\to\infty}\sqrt[n]{1+|x|^{3n}}$ 在 $(-\infty,+\infty)$ 上不可导点的个数。

21. 证明 $y=(\arcsin x)^2$ 满足方程 $(1-x^2)y^{(n+1)}-(2n-1)xy^{(n)}-(n-1)^2y^{(n-1)}=0$。

22. 证明 $y=e^{-x}(\sin x+\cos x)$ 满足方程 $y''+y'+2e^{-x}\cos x=0$。

23. 设 $f(x)=\begin{cases}x^3\sin\dfrac{1}{x}, & x\neq0,\\ 1, & x=0,\end{cases}$ 求 $f'(x)$。

24. 已知函数 $y=f(x)$ 由方程 $\cos(xy)+\ln y-x=1$ 确定,计算 $\lim\limits_{n\to\infty}n\left[f\left(\dfrac{2}{n}\right)-1\right]$。

25. 设 $g(x)$ 当 $x\leqslant0$ 时有定义,且 $g''(x)$ 存在,求 a,b,c 的值使得 $f(x)=\begin{cases}ax^2+bx+c, & x>0,\\ g(x), & x\leqslant0\end{cases}$ 在 $x=0$ 处有二阶导数。

26. 设函数 $y=f(x)$ 由方程 $e^{2x+y}-\cos(xy)=e-1$ 确定,求极限 $\lim\limits_{n\to\infty}n\left[f\left(\dfrac{2}{n+1}\right)-1\right]$。

27. 设函数 $y=y(x)$ 由方程 $\begin{cases}x=\arctan t,\\ 2y-ty^2+e^t=5\end{cases}$ 所确定,求导数 $\dfrac{\mathrm{d}y}{\mathrm{d}x}$。

28. 已知 $f(x)=\begin{cases}x^{2x}, & x>0,\\ xe^x+1, & x\leqslant0,\end{cases}$ 求 $f'(x)$。

29. 设 $f(x)$ 在 $x=0$ 处连续,且 $\lim\limits_{x\to0}\dfrac{f(x)}{\sqrt{x+1}-1}=2$,求 $f'(0)$。

30. 设 $f(x)$ 在 $x=0$ 处二阶可导,且 $\lim\limits_{x\to0}\dfrac{\sin x+xf(x)}{x^3}=\dfrac{1}{2}$,求 $f(0),f'(0),f''(0)$。

31. 设函数 $y=y(x)$ 由参数方程 $\begin{cases}x=t+\ln(1+t),\\ y=t^2+4t\end{cases}$ 所确定,求 $\dfrac{\mathrm{d}^2y}{\mathrm{d}x^2}$。

32. 设函数 $f(x)=(e^x-1)(e^{2x}-2)\cdots(e^{nx}-n)$,其中为正整数,求 $f'(0)$。

2.4 参考答案

1. $f'(1) = -99! \dfrac{\pi}{2}$。

2. $f'(x) = 2(x-a)g(x) + (x-a)^2 g'(x)$，利用导数定义有 $f''(a) = 2g(a)$。

3. $y' = x^2(3\ln x + 1)$，$y'' = x(6\ln x + 5)$，$y''' = 6\ln x + 11$，$y^{(n)} = \dfrac{6(-1)^n(n-4)!}{x^{n-3}}(n \geqslant 4)$。

4. $y' = \sqrt{\dfrac{x(x^2+1)}{(x^2-1)^2}}\left(\dfrac{1}{2x} + \dfrac{x}{x^2+1} - \dfrac{2x}{x^2-1}\right)$。

5. 提示：$f(0)=0$；利用导数定义和夹逼准则得 $\displaystyle\lim_{x\to 0^+}\dfrac{f(x)-f(0)}{x-0}=1$。即 $f'_+(0)=1$，同理可得 $f'_-(0)=1$，结论成立。

6. $y'(0) = \left.\dfrac{-y}{e^y+x}\right|_{\substack{x=0\\y=1}} = -\dfrac{1}{e}$；　$y''(0) = \dfrac{1}{e^2}$。

7. $y^{(n)} = (-1)^n n!\left[\dfrac{1}{(x-2)^{n+1}} - \dfrac{1}{(x-1)^{n+1}}\right]$。　8. 切线方程为 $y = \dfrac{3}{2}x$。

9. e^{-4}。　　10. $a=-1, b=2$。　　11. $f^{(n)}(2) = (n-1)! e^{nf(2)} = (n-1)! e^n$。

12. (1) $\displaystyle\lim_{x\to 0}\dfrac{\cos x - f(x)}{x} = -1$；(2) $\displaystyle\lim_{x\to 1}\dfrac{\sqrt{x}g(x)-2}{x-1} = -1$。

13. 2。　　14. $f(x) = f'(0)x + x^2$。　　15. $F'(x) = \pi[f'(x) + xf''(x)]$。

16. $\lambda > 2$。　17. $\dfrac{dy}{dx} = \dfrac{\dfrac{3t^2}{1-\frac{1}{2}\cos y}}{3t^2-3} = \dfrac{2t^2}{(t^2-1)(2-\cos y)}$。　18. 3。

19. $\left.\dfrac{dy}{dx}\right|_{t=0} = \dfrac{1}{2}$，法线方程为 $2x+y-1=0$。　20. $f(x)$ 在 $x=\pm 1$ 处不可导。

21. 提示：将各阶求导结果代入等式左侧即可。

22. 类似 21 题可得。

23. 当 $x\neq 0$ 时，$f'(x) = 3x^2\sin\dfrac{1}{x} + x^3\left(\cos\dfrac{1}{x}\right)\left(-\dfrac{1}{x^2}\right) = 3x^2\sin\dfrac{1}{x} - x\cos\dfrac{1}{x}$；

当 $x=0$ 时，$\displaystyle\lim_{x\to 0}f(x) = \lim_{x\to 0}x^3\sin\dfrac{1}{x} = 0 \neq f(0)$，所以 $f(x)$ 在 $x=0$ 处不连续，由此可知 $f(x)$ 在 $x=0$ 处不可导。

24. 2。提示：隐函数求导及导数定义。

25. 因为 $f(x)$ 在 $x=0$ 二阶可导，所以 $f(x)$ 在 $x=0$ 一阶可导，连续。

$$\begin{cases} f(0+0)=f(0-0), \\ f'_+(0)=f'_-(0), \end{cases} \quad c=g(0), \quad b=g'(0), \quad f'(x)=\begin{cases} 2ax+b, & x>0, \\ g'(0), & x=0, \\ g'(x), & x<0, \end{cases}$$

$f''_+(0)=f''_-(0)$，　$c=g(0)$。

26. -4。提示：隐函数求导结合导数定义。　　27. $\dfrac{(y^2-\mathrm{e}^t)(1+t^2)}{2(1-ty)}$。

28. $f'(x)=\begin{cases} 2x^{2x}(\ln x+1), & x>0, \\ \mathrm{e}^x(x+1), & x<0. \end{cases}$　　29. 1。

30. $\displaystyle\lim_{x\to0}\frac{\sin x+xf(x)}{x^3}=\lim_{x\to0}\frac{\sin x-x+x+xf(x)}{x^3}=\frac{1}{2}$，故 $\displaystyle\lim_{x\to0}\frac{1+f(x)}{x^2}=\frac{2}{3}$。由此得

$f(0)=-1$，进而 $\displaystyle\lim_{x\to0}\frac{f'(x)}{2x}=\frac{2}{3}$，故 $f'(0)=0$，于是得 $\dfrac{1}{2}\displaystyle\lim_{x\to0}\frac{f'(x)-f'(0)}{x}=\frac{2}{3}$，即

$f''(0)=\dfrac{4}{3}$。

31. $\dfrac{2t+2}{t+2}$。　　32. 利用导数定义 $f'(0)=(-1)^{n-1}(n-1)!$。

第3章

微分中值定理与导数的应用

3.1 知识点

(1) **罗尔定理** 如果函数 $f(x)$ 满足：

① 在闭区间 $[a,b]$ 上连续，

② 在开区间 (a,b) 内可导，

③ 在区间 $[a,b]$ 端点处的函数值相等，即 $f(a)=f(b)$，

那么在 (a,b) 内至少有一点 ξ，使得 $f'(\xi)=0$。

(2) **拉格朗日中值定理** 如果函数 $f(x)$ 满足：

① 在闭区间 $[a,b]$ 上连续，

② 在开区间 (a,b) 内可导，

那么在 (a,b) 内至少有一点 ξ，使得 $f(b)-f(a)=f'(\xi)(b-a)$，即

$$f'(\xi)=\frac{f(b)-f(a)}{b-a}。$$

注 拉格朗日中值定理的几个重要推论：

① 如果函数 $f(x)$ 在区间 I 上的导数恒为零，那么 $f(x)$ 在区间 I 上是一个常数；

② 如果函数 $f(x)$ 和 $g(x)$ 在区间 I 上满足 $f'(x)\equiv g'(x)$，那么在区间 I 有 $f(x)=g(x)+C$。

(3) **柯西中值定理** 如果函数 $f(x)$，$F(x)$ 满足：

① 在闭区间 $[a,b]$ 上连续，

② 在开区间 (a,b) 内可导，

③ 对任一 $x\in(a,b)$，$F'(x)\neq 0$，

那么在 (a,b) 内至少有一点 ξ，使得 $\dfrac{f(b)-f(a)}{F(b)-F(a)}=\dfrac{f'(\xi)}{F'(\xi)}$。

(4) **泰勒(Taylor)中值定理** 如果函数 $f(x)$ 在含有 x_0 的某个开区间 (a,b) 内具有直到 $n+1$ 阶的导数，那么对任一 $x\in(a,b)$，有

$$f(x) = f(x_0) + f'(x_0)(x - x_0) + \frac{f''(x_0)}{2!}(x - x_0)^2 + \cdots + \frac{f^{(n)}(x_0)}{n!}(x - x_0)^n + R_n(x),$$

其中

$$R_n(x) = \begin{cases} \dfrac{f^{(n+1)}(\xi)}{(n+1)!}(x - x_0)^{n+1}, \xi \text{ 介于 } x_0 \text{ 与 } x \text{ 之间} —— \text{拉格朗日型余项}, \\[2mm] o[(x - x_0)^n] —— \text{佩亚诺型余项}, \\[2mm] \dfrac{1}{n!}f^{(n+1)}(x_0 + \theta(x - x_0))(1 - \theta)^n(x - x_0)^{n+1}, \\[1mm] \quad 0 < \theta < 1 —— \text{柯西型余项(见第 5 章)}, \\[2mm] \dfrac{1}{n!}\displaystyle\int_x^{x_0} f^{(n+1)}(t)(x - t)^n \mathrm{d}t —— \text{积分型余项(见第 5 章)}. \end{cases}$$

(5) 单调函数与极值

① 判定单调性常用定理　设函数 $y = f(x)$ 在 $[a,b]$ 上连续,(a,b) 内可导。

(a) 如果在 (a,b) 内 $f'(x) > 0$,那么函数 $y = f(x)$ 在 $[a,b]$ 上单调增加;

(b) 如果在 (a,b) 内 $f'(x) < 0$,那么函数 $y = f(x)$ 在 $[a,b]$ 上单调减少。

② 极值　设函数 $f(x)$ 在点 x_0 的某邻域 $U(x_0)$ 内有定义,如果对于去心邻域 $\mathring{U}(x_0)$ 内的任一 x 有 $f(x) < f(x_0)$(或 $f(x) > f(x_0)$),那么就称 $f(x_0)$ 是函数 $f(x)$ 的一个极大值(或极小值);使函数取得极值的点称为极值点。

注　极值点可能出现在导数为零或不可导点。

③ 求极值的方法

(a) 求 $f(x)$ 的定义域;

(b) 求 $f'(x)$,令 $f'(x) = 0$,确定驻点;

(c) 对驻点和导数不存在的点逐个利用极值的充分条件(极值第一充分条件或极值第二充分条件)判断,选出极值点;

(d) 求极值点处的函数值,即极值。

(6) 曲线的凸凹性与拐点

① 凸凹性　设 $f(x)$ 在区间 I 上连续,如果对 I 上任意两点 x_1, x_2 恒有 $f\left(\dfrac{x_1 + x_2}{2}\right) < \dfrac{f(x_1) + f(x_2)}{2}$,那么称 $f(x)$ 在区间 I 上的图形是(向上)凹的;如果恒有 $f\left(\dfrac{x_1 + x_2}{2}\right) > \dfrac{f(x_1) + f(x_2)}{2}$,那么称 $f(x)$ 在区间 I 上的图形是(向上)凸的。

图形上的体现　凹弧上任意两点连线所得的弦在这两点之间弧的上方;凸弧上任意两点连线所得的弦在这两点之间弧的下方。

② 判定凸凹性常用定理　设函数 $y = f(x)$ 在 $[a,b]$ 上连续,(a,b) 内具有一阶和二阶导数,那么:

(a) 如果在 (a,b) 内 $f''(x) > 0$,那么函数 $y = f(x)$ 在 $[a,b]$ 上图形是凹的;

(b) 如果在 (a,b) 内 $f''(x) < 0$,那么函数 $y = f(x)$ 在 $[a,b]$ 上图形是凸的。

③ 拐点　如果 $y = f(x)$ 在经过 $(x_0, f(x_0))$ 时,曲线的凹凸性改变,那么就称点

$(x_0, f(x_0))$为曲线的拐点。

④ 求曲线 $y = f(x)$ 的凹凸区间及拐点的方法：

（a）写出函数的定义域；

（b）求出 $f''(x)$，解方程 $f''(x) = 0$；

（c）讨论上面解出的 $f''(x) = 0$ 的点和二阶导数不存在的点将定义域分成若干子区间，在每个子区间上借助 $f''(x)$ 的正负确定 $y = f(x)$ 的凹凸性；

（d）写出凹凸区间，同时凹凸区间的分界点即为拐点。

注 拐点可能出现在二阶导数为零的点或二阶不可导点。

3.2 典型例题

题型一 用罗尔定理证明的命题

方法 多用于证明形为 $f^{(n)}(\xi) = 0$ 的命题形式：如果命题条件只有连续，可考虑应用第 1 章的"零点定理"，如果命题已知条件中涉及可导，而结论形式中出现函数的导数时，可考虑用罗尔定理。证明时需要构造辅助函数时从结论形式出发构造所需辅助函数。

例 1 设 $f(x)$ 在 (a, b) 内有二阶导数，且 $f(x_1) = f(x_2) = f(x_3)$，其中 $a < x_1 < x_2 < x_3 < b$，证明在 (x_1, x_3) 内方程 $f''(x) = 0$ 有根。

证明 因为 $f(x_1) = f(x_2)$，由罗尔定理知必存在 $\xi_1 \in (x_1, x_2)$ 使得 $f'(\xi_1) = 0$。同理由 $f(x_3) = f(x_2)$ 知必存在 $\xi_2 \in (x_2, x_3)$ 使得 $f'(\xi_2) = 0$。显然 $f'(x)$ 在区间 $[\xi_1, \xi_2]$ 上连续，在 (ξ_1, ξ_2) 内可导，而 $f'(\xi_1) = f'(\xi_2)$，由罗尔定理知必存在 $\xi \in (\xi_1, \xi_2) \subset (x_1, x_3)$ 使得 $f''(\xi) = 0$，即结论成立。

*例 2 设 $f(x)$ 在 $[0, 1]$ 上二阶可导，且 $f(0) = f(1)$，证明存在一点 $\xi \in (0, 1)$ 使得
$$f''(\xi) = \frac{2f'(\xi)}{1 - \xi}。$$

分析 结论等价于 $f''(\xi)(1 - \xi) - 2f'(\xi) = 0$，即证 $f''(\xi)(1 - \xi)^2 - 2(1 - \xi)f'(\xi) = 0$，根据这个形式，考虑应用罗尔定理，等号左端可看作为 $(1 - x)^2 f'(x)$ 的导数形式。

证明 因为 $f(0) = f(1)$，即 $f(x)$ 在区间 $[0, 1]$ 上满足罗尔定理条件，因此存在 $\eta \in (0, 1)$ 使得 $f'(\eta) = 0$。设 $g(x) = (1 - x)^2 f'(x)$，显然 $g(x)$ 在区间 $[\eta, 1]$ 上连续，在 $(\eta, 1)$ 内可导，且 $g(\eta) = g(1) = 0$，由罗尔定理知存在 $\xi \in (\eta, 1) \subset (0, 1)$ 使得 $g'(\xi) = 0$，即 $f''(\xi)(1 - \xi)^2 - 2(1 - \xi)f'(\xi) = 0$，整理即得结论。

例 3 设 $f(x), g(x)$ 在区间 $[a, b]$ 上连续，在 (a, b) 内可导，且 $f(a) = f(b) = 0$，证明：至少存在一点 $\xi \in (a, b)$ 使 $f'(\xi) + f(\xi)g'(\xi) = 0$。

证明 令 $h(x) = f(x)e^{g(x)}$，显然 $h(x)$ 在区间 $[a, b]$ 上连续，在 (a, b) 内可导，且 $h(a) = h(b) = 0$，由罗尔定理知至少存在一点 $\xi \in (a, b)$ 使得 $h'(\xi) = 0$，即 $f'(\xi)e^{g(\xi)} + f(\xi)g'(\xi) \cdot e^{g(\xi)} = 0$，整理得 $f'(\xi) + f(\xi)g'(\xi) = 0$，结论成立。

例 4 设 $f(x)$ 在区间 $[0, 1]$ 上连续，在 $(0, 1)$ 内可导，且 $f(0) = f(1) = 0$，$f\left(\frac{1}{2}\right) = 1$，

试证：(1) 存在 $\eta \in \left(\dfrac{1}{2}, 1\right)$ 使得 $f(\eta) = \eta$；

(2) 对于任意 $a \in \mathbb{R}$，必存在 $\xi \in (0, \eta)$ 使得 $f'(\xi) - a[f(\xi) - \xi] = 1$。

证明　(1) 由于要证明的结论形式没有出现导数，因此考虑应用零点定理。

令 $g(x) = f(x) - x$，显然 $g(x)$ 在区间 $\left[\dfrac{1}{2}, 1\right]$ 上连续，且 $g\left(\dfrac{1}{2}\right) = f\left(\dfrac{1}{2}\right) - \dfrac{1}{2} = \dfrac{1}{2} > 0$，

$g(1) = f(1) - 1 = -1 < 0$，由零点定理可知存在 $\eta \in \left(\dfrac{1}{2}, 1\right)$，使得 $g(\eta) = 0$，即 $f(\eta) = \eta$。

(2) 令 $G(x) = \mathrm{e}^{-ax} g(x) = \mathrm{e}^{-ax}[f(x) - x]$，则 $G(x)$ 在区间 $[0, \eta]$ 上连续，在 $(0, \eta)$ 内可导，且 $G(0) = G(\eta) = 0$，由罗尔定理知必存在 $\xi \in (0, \eta)$ 使得 $G'(\xi) = 0$，即

$\mathrm{e}^{-a\xi}[f'(\xi) - 1] - a\mathrm{e}^{-a\xi}[f(\xi) - \xi] = 0$，整理得 $f'(\xi) - a[f(\xi) - \xi] = 1$，结论成立。

例5　设 $f(x)$ 在 $[0, +\infty)$ 上可导。(1) 若 $\lim\limits_{x \to 0^+} f(x) = \lim\limits_{x \to +\infty} f(x)$，证明存在 $\xi \in (0, +\infty)$

使 $f'(\xi) = 0$。(2) 若 $0 \leqslant f(x) \leqslant \dfrac{x}{1+x^2}$，证明存在 $\xi \in (0, +\infty)$ 使 $f'(\xi) = \dfrac{1-\xi^2}{(1+\xi^2)^2}$。

分析　(1) 构造辅助函数 $F(t) = \begin{cases} B, & t = 0, \dfrac{\pi}{2}, \\ f(\tan t), & 0 < t < \dfrac{\pi}{2}, \end{cases}$ 利用罗尔定理可得。

(2) 结论可整理成 $f'(\xi) - \dfrac{1-\xi^2}{(1+\xi^2)^2} = 0$，形式为函数 $f(x) - \dfrac{x}{1+x^2}$ 的导数，因此可根据这个形式构造辅助函数，利用(1)的结论可证。

证明　(1) 设 $\lim\limits_{x \to 0^+} f(x) = \lim\limits_{x \to +\infty} f(x) = B$，构造辅助函数

$$F(t) = \begin{cases} B, & t = 0, \dfrac{\pi}{2}, \\ f(\tan t), & 0 < t < \dfrac{\pi}{2}, \end{cases}$$

可知 $F(t)$ 在 $\left[0, \dfrac{\pi}{2}\right]$ 上连续，在 $\left(0, \dfrac{\pi}{2}\right)$ 内可导，且 $F(0) = F\left(\dfrac{\pi}{2}\right)$，则根据罗尔定理可得存在

$\eta \in \left(0, \dfrac{\pi}{2}\right)$，使得 $F'(\eta) = 0$，即 $f'(\tan \eta) \sec^2 \eta = 0$。因为 $\sec^2 \eta > 0$，则 $f'(\tan \eta) = 0$，即存在

$\xi = \tan \eta \in (0, +\infty)$，使得 $f'(\xi) = 0$。

(2) 令 $g(x) = f(x) - \dfrac{x}{1+x^2}$，显然 $g(x)$ 在 $[0, +\infty)$ 上连续、可导。在已知条件 $0 \leqslant$

$f(x) \leqslant \dfrac{x}{1+x^2}$ 中取 $x = 0$ 得 $f(0) = 0$，因此 $g(0) = 0$。在 $0 \leqslant f(x) \leqslant \dfrac{x}{1+x^2}$ 中令 $x \to +\infty$，

由夹逼准则可知 $\lim\limits_{x \to +\infty} f(x) = 0$，$\lim\limits_{x \to +\infty} g(x) = \lim\limits_{x \to +\infty} \left(f(x) - \dfrac{x}{1+x^2} \right) = 0$，所以 $g(x)$ 满足

(1)的条件，则存在 $\xi \in (0, +\infty)$ 使得 $g'(\xi) = 0$，即 $f'(\xi) = \dfrac{1-\xi^2}{(1+\xi^2)^2}$。

例 6 设 $a_0, a_1, \cdots, a_n$ 是满足 $a_0 + \dfrac{a_1}{2} + \dfrac{a_2}{3} + \cdots + \dfrac{a_n}{n+1} = 0$ 的实数,证明多项式 $f(x) = a_0 + a_1 x + a_2 x^2 + \cdots + a_n x^n$ 在 $(0,1)$ 内至少有一个零点。

证明 令 $F(x) = a_0 x + \dfrac{a_1}{2} x^2 + \cdots + \dfrac{a_n}{n+1} x^{n+1}$,显然 $F(0) = F(1) = 0$,因此 $F(x)$ 满足罗尔定理条件,因此至少存在一点 $\xi \in (0,1)$ 使得 $F'(\xi) = 0$,整理即得结论。

题型二 利用拉格朗日中值定理证明的命题

例 7 设 $b > a > 0, f(x)$ 在区间 $[a,b]$ 上连续,在 (a,b) 内可导,证明至少存在一个 $\xi \in (a,b)$ 使得 $\dfrac{af(b) - bf(a)}{ab(b-a)} = \dfrac{\xi f'(\xi) - f(\xi)}{\xi^2}$。

证明 设 $g(x) = \dfrac{f(x)}{x}$,显然 $x \neq 0$ 时 $g(x)$ 在区间 $[a,b]$ 上连续,在 (a,b) 内可导,由拉格朗日中值定理知必存在一个 $\xi \in (a,b)$ 使得 $g'(\xi) = \dfrac{g(b) - g(a)}{b-a}$,整理得 $\dfrac{af(b) - bf(a)}{ab(b-a)} = \dfrac{\xi f'(\xi) - f(\xi)}{\xi^2}$,结论成立。

例 8 设 $f(x)$ 在区间 $[a,b]$ 上连续,在 (a,b) 内有二阶导数,且 $f(a) = f(b) = 0, f(c) < 0 (a < c < b)$,则至少存在一个 $\xi \in (a,b)$ 使 $f''(\xi) > 0$。

证明 显然 $f(x)$ 在 $[a,c], [c,b]$ 上满足拉格朗日中值定理条件,因此存在 ξ_1 和 ξ_2 使得

$$f'(\xi_1) = \frac{f(c) - f(a)}{c-a} = \frac{f(c)}{c-a} < 0, \quad a < \xi_1 < c,$$

$$f'(\xi_2) = \frac{f(b) - f(c)}{b-c} = \frac{-f(c)}{b-a} > 0, \quad c < \xi_2 < b.$$

又因为 $f(x)$ 在 (a,b) 内有二阶导数,所以 $f'(x)$ 在 $[\xi_1, \xi_2]$ 上满足拉格朗日中值定理条件,因此必存在 $\xi \in (\xi_1, \xi_2) \subset (a,b)$ 使得 $f''(\xi) = \dfrac{f'(\xi_2) - f'(\xi_1)}{\xi_2 - \xi_1} > 0$。

例 9 已知函数 $f(x)$ 在区间 $[0,1]$ 上连续,在 $(0,1)$ 内可导,且 $f(0) = 0, f(1) = 1$,证明:

(1) 存在 $\xi \in (0,1)$,使得 $f(\xi) = 1 - \xi$;

(2) 存在两个不同的 $\eta, \zeta \in (0,1)$,使得 $f'(\eta) f'(\zeta) = 1$。

证明 (1) 设 $g(x) = f(x) - 1 + x$,显然 $g(x)$ 在区间 $[0,1]$ 上连续,且 $g(0) = -1 < 0, g(1) = 1 > 0$,由零点定理知存在 $\xi \in (0,1)$,使得 $g(\xi) = 0$,即 $f(\xi) = 1 - \xi$。

(2) 由于函数 $f(x)$ 在区间 $[0,1]$ 上连续,在 $(0,1)$ 内可导,根据拉格朗日中值定理,存在 $\eta \in (0,\xi), \zeta \in (\xi,1)$ 使得

$$f'(\eta) = \frac{f(\xi) - f(0)}{\xi} = \frac{1-\xi}{\xi}, \quad f'(\zeta) = \frac{f(1) - f(\xi)}{1-\xi} = \frac{\xi}{1-\xi},$$

因此 $f'(\eta) f'(\zeta) = \dfrac{1-\xi}{\xi} \cdot \dfrac{\xi}{1-\xi} = 1$,结论得证。

例10　设函数 $f(x)$ 在 $[a,b]$ 上连续,在 (a,b) 内可导,且 $f(a)=f(b)=1$,试证存在 ξ,$\eta\in(a,b)$,使得 $e^{\eta-\xi}[f(\eta)+f'(\eta)]=1$。

证明　令 $F(x)=e^x f(x)$,显然 $F(x)$ 满足拉格朗日中值定理条件,因此必存在 $\eta\in(a,b)$ 使得 $\dfrac{e^b f(b)-e^a f(a)}{b-a}=e^{\eta}[f(\eta)+f'(\eta)]$。

又因为 $f(a)=f(b)=1$,所以 $\dfrac{e^b-e^a}{b-a}=e^{\eta}[f(\eta)+f'(\eta)]$。再令 $g(x)=e^x$,在 $[a,b]$ 上应用拉格朗日中值定理有 $\dfrac{e^b-e^a}{b-a}=e^{\xi}$。

综上两式相比较有 $e^{\eta-\xi}[f(\eta)+f'(\eta)]=1$。

题型三　利用柯西中值定理证明的命题

例11　设 $f(x)$ 在 $[a,b]$ $(a>0)$ 上可导,证明存在一点 $\xi\in(a,b)$ 使得 $2\xi[f(b)-f(a)]=(b^2-a^2)f'(\xi)$。

分析　结论可整理为 $\dfrac{f(b)-f(a)}{b^2-a^2}=\dfrac{f'(\xi)}{2\xi}$。

证明　令 $g(x)=x^2$,显然 $f(x)$,$g(x)$ 在区间 $[a,b]$ 上连续,在 (a,b) 内可导,且满足柯西中值定理条件,因此必存在一点 $\xi\in(a,b)$ 使得 $\dfrac{f(b)-f(a)}{g(b)-g(a)}=\dfrac{f'(\xi)}{g'(\xi)}$,即 $\dfrac{f(b)-f(a)}{b^2-a^2}=\dfrac{f'(\xi)}{2\xi}$,整理即得结论。

例12　设 $f(x)$ 在区间 $[a,b]$ 上连续,在 (a,b) 内可导,$0<a<b$,证明存在一点 $\xi\in(a,b)$ 使得 $ab[f(b)-f(a)]=\xi^2 f'(\xi)(b-a)$。

分析　结论可整理为 $\dfrac{f(b)-f(a)}{\dfrac{b-a}{ab}}=\dfrac{f'(\xi)}{\dfrac{1}{\xi^2}}$,即证 $\dfrac{f(b)-f(a)}{\dfrac{1}{b}-\dfrac{1}{a}}=\dfrac{f'(\xi)}{-\dfrac{1}{\xi^2}}$。

证明　设 $g(x)=\dfrac{1}{x}$,显然 $f(x)$,$g(x)$ 在区间 $[a,b]$ 上连续,在 (a,b) 内可导,满足柯西中值定理条件,因此必存在一点 $\xi\in(a,b)$ 使得 $\dfrac{f(b)-f(a)}{g(b)-g(a)}=\dfrac{f'(\xi)}{g'(\xi)}$,即 $\dfrac{f(b)-f(a)}{\dfrac{1}{b}-\dfrac{1}{a}}=\dfrac{f'(\xi)}{-\dfrac{1}{\xi^2}}$,整理即得结论。

例13　设 $f(x)$ 在 $[a,b]$ $(a>0)$ 上连续,(a,b) 内可导,且 $f'(x)\neq0$,证明存在 $\xi,\eta\in(a,b)$ 使得 $f'(\xi)=\dfrac{a+b}{2\eta}f'(\eta)$。

分析　结论中同时出现至少两点 $\xi,\eta\in(a,b)$ 满足某种关系式,一般不必构造辅助函数,而是依据结论中各部分的特点考虑分别多次应用中值定理。

证明　设 $g(x)=x^2$,$f(x)$,$g(x)$ 满足柯西中值定理条件,因此存在 $\eta\in(a,b)$ 使得

$$\frac{f(b)-f(a)}{b^2-a^2}=\frac{f'(\eta)}{2\eta}。 \tag{1}$$

而显然函数 $f(x)$ 满足拉格朗日中值定理条件,因此必存在 $\xi\in(a,b)$ 使得

$$\frac{f(b)-f(a)}{b-a}=f'(\xi)。 \tag{2}$$

用(1)式除以(2)式即有 $f'(\xi)=\frac{a+b}{2\eta}f'(\eta)$。

题型四 利用中值定理证明的等式

方法 证明恒等式考虑利用下面定理:如果函数 $f(x)$ 在区间 I 上的导数恒为零,那么 $f(x)$ 在区间 I 上是一个常数. 即构造辅助函数,说明辅助函数导函数在区间 I 上恒为零。

例 14 证明恒等式 $2\arctan x+\arcsin\dfrac{2x}{1+x^2}=\pi(x\geqslant 1)$。

证明 设 $f(x)=2\arctan x+\arcsin\dfrac{2x}{1+x^2}$,易知 $f'(x)=\dfrac{2}{1+x^2}-\dfrac{2}{1+x^2}=0$,因此 $f(x)\equiv C$;特别地取 $x=1$ 可得 $f(1)=2\arctan 1+\arcsin 1=\pi$,因此 $f(x)\equiv\pi$,结论成立。

题型五 利用中值定理和单调性证明不等式

1. 利用拉格朗日中值定理证明不等式

特点 通常要证明的不等式形状为 $g_1(x)<f(x)<g_2(x)$,两端函数形状相似。

方法 构造辅助函数,利用拉格朗日中值定理中 ξ 的取值范围放大缩小证明不等式。

例 15 证明:当 $x>0$ 时,$\dfrac{1}{1+x}<\ln(1+x)-\ln x<\dfrac{1}{x}$。

证明 设 $f(t)=\ln t$,显然 $f(t)$ 在 $[x,x+1]$ 上满足拉格朗日中值定理,所以必存在 $x<\xi<x+1$,使得 $f(x+1)-f(x)=f'(\xi)(x+1-x)$,即 $\ln(1+x)-\ln x=\dfrac{1}{\xi}$。因为 $x<\xi<x+1$,故 $\dfrac{1}{x+1}<\dfrac{1}{\xi}<\dfrac{1}{x}$,综上可得 $\dfrac{1}{1+x}<\ln(1+x)-\ln x<\dfrac{1}{x}$。

例 16 设 $e<a<b<e^2$,证明 $\ln^2 b-\ln^2 a>\dfrac{4}{e^2}(b-a)$。

证明 对函数 $\ln^2 x$ 在 $[a,b]$ 上应用拉格朗日中值定理得

$$\ln^2 b-\ln^2 a=\frac{2\ln\xi}{\xi}(b-a),\quad a<\xi<b。$$

设 $\varphi(t)=\dfrac{\ln t}{t}$,则 $\varphi'(t)=\dfrac{1-\ln t}{t^2}$,当 $t>e$ 时,$\varphi'(t)<0$,因此 $\varphi(t)$ 单调减少,所以 $\varphi(\xi)>\varphi(e^2)$,即 $\dfrac{\ln\xi}{\xi}>\dfrac{\ln e^2}{e^2}=\dfrac{2}{e^2}$,结论成立。

2. 利用单调性证明不等式

特点 多为证明 $f(x)<g(x)$ 型不等式。

方法 将要证明的不等式整理移项(或整理成一端为 0 的形状,或整理成两端形状相似)构造辅助函数,考察导数的正负确定单调性或极值,进而得到结论。

例 17 证明 $\pi > e\ln\pi$。

分析 即证 $\dfrac{\ln\pi}{\pi} < \dfrac{1}{e}$,亦即 $\dfrac{\ln\pi}{\pi} < \dfrac{\ln e}{e}$。

证明 设 $f(x) = \dfrac{\ln x}{x}$,易知 $f'(x) = \dfrac{1-\ln x}{x^2}$,当 $x > e$ 时显然 $f'(x) < 0$,因此 $x > e$ 时函数 $f(x)$ 单调递减,所以 $f(\pi) < f(e)$,即 $\dfrac{\ln\pi}{\pi} < \dfrac{\ln e}{e}$,整理即得结论。

例 18 证明:当 $x \in (0,1)$ 时,$(1+x)\ln^2(1+x) < x^2$。

分析 即证当 $x \in (0,1)$ 时,$f(x) = (1+x)\ln^2(1+x) - x^2 < 0$,也就是证明 $f(x) < f(0)$,$x > 0$。

证明 令 $f(x) = (1+x)\ln^2(1+x) - x^2$,则 $f'(x) = \ln^2(1+x) + 2\ln(1+x) - 2x$,$f'(0) = 0$。又因为当 $x \in (0,1)$ 时,$f''(x) = \dfrac{2}{1+x}[\ln(1+x) - x] < 0$,因此 $f'(x)$ 单调递减,进而有当 $x \in (0,1)$ 时 $f'(x) < f'(0) = 0$,所以 $f(x)$ 单调递减,即当 $x \in (0,1)$ 时 $f(x) < f(0)$,结论成立。

例 19 证明:当 $x < 1$ 时 $e^x \leqslant \dfrac{1}{1-x}$。

分析 即要证明当 $x < 1$ 时,$f(x) = e^x(1-x) \leqslant 1 = f(0)$,说明 $f(0)$ 为 $f(x)$ 的最大值即可。

证明 设 $f(x) = e^x(1-x)$,则 $f'(x) = -e^x + (1-x)e^x = -xe^x$。

显然,当 $x > 0$ 时 $f'(x) < 0$,$f(x)$ 单调递减;当 $x < 0$ 时 $f'(x) > 0$,$f(x)$ 单调递增。因此,$f(0) = 1$ 为 $f(x)$ 的极大值,唯一的极大值即为最大值,因此 $f(x) \leqslant f(0) = 1$,整理即得结论。

例 20 证明:当 $0 < a < b < \pi$ 时,$b\sin b + 2\cos b + \pi b > a\sin a + 2\cos a + \pi a$。

证明 设 $f(x) = x\sin x + 2\cos x + \pi x$,$x \in [0,\pi]$,则

$$f'(x) = \sin x + x\cos x - 2\sin x + \pi = x\cos x - \sin x + \pi,$$
$$f''(x) = \cos x - x\sin x - \cos x = -x\sin x < 0, \quad x \in (0,\pi),$$

因此 $f'(x)$ 在 $[0,\pi]$ 上单调递减,从而 $f'(x) > f'(\pi) = 0$,$x \in (0,\pi)$。所以 $f(x)$ 在 $[0,\pi]$ 上单调增加,当 $0 < a < b < \pi$ 时,$f(b) > f(a)$,结论成立。

题型六 方程实根个数的确定

1. 证明方程有且仅有一个实根的问题

方法 零点定理(解决根的存在性)与单调性(解决根的唯一性)结合,因为在一个单调区间上,若存在实根必唯一。

例 21 证明方程 $2x^7 + 2x - 1 = 0$ 在 $(0,1)$ 内有且只有一个实根。

证明 设 $f(x) = 2x^7 + 2x - 1$,显然 $f(x)$ 在 $[0,1]$ 上连续,$f(0) = -1$,$f(1) = 3$,由零点定理知存在 $c \in (0,1)$ 使得 $f(c) = 0$,因此 $x = c$ 即为方程 $2x^7 + 2x - 1 = 0$ 的实根。

又因为 $f'(x)=14x^6+2>0$，所以 $f(x)$ 为严格单调递增函数，所以实根唯一。

*例 22 设 $f(x)$ 在 $[0,+\infty)$ 内可微，且 $f'(x)\geqslant k>0$（k 为常数），$f(0)<0$，证明 $f(x)$ 在 $(0,+\infty)$ 内有唯一零点。

证明 对于任意的 $x>0$，在 $[0,x]$ 上由拉格朗日中值定理知存在 $\xi\in(0,x)$，使得 $f(x)=f(0)+f'(\xi)x\geqslant f(0)+kx$。又因为 $k>0$，因此存在足够大的 x_0 使得 $f(x_0)>0$，而 $f(0)<0$，由零点定理知 $f(x)$ 在 $(0,+\infty)$ 内必有零点；同时，因为 $f'(x)\geqslant k>0$，所以 $f(x)$ 为单调递增的，零点必唯一，结论得证。

2. 讨论方程实根的个数的问题

方法 步骤：(1) 将方程整理移项，使等号一边为 0，另一边即为辅助函数形状；

(2) 讨论所设函数的单调区间；

(3) 在每个单调区间上讨论区间端点处的函数值正负情况，结合零点定理确定根的个数。

例 23 用分析法讨论方程 $xe^{-x}=a(a>0)$ 有几个实根。

解 设 $f(x)=xe^{-x}-a(a>0)$，则只要讨论 $f(x)=0$ 的实根个数，显然 $f(x)$ 的定义域为 **R**，且 $f'(x)=e^{-x}(1-x)$。因此，当 $x\in(-\infty,1)$ 时，$f'(x)>0$，函数单调递增；当 $x\in(1,+\infty)$ 时，$f'(x)<0$，函数单调递减，且 $f(x)$ 在 $x=1$ 处取得极大值 $f(1)=\dfrac{1}{e}-a$。

(1) 当 $f(1)=\dfrac{1}{e}-a>0$ 时，即 $0<a<\dfrac{1}{e}$ 时，$\lim\limits_{x\to-\infty}f(x)=-\infty<0$，$f(1)>0$，$\lim\limits_{x\to+\infty}f(x)=-a<0$，由零点定理可知，在 $(-\infty,1)$ 和 $(1,+\infty)$ 方程各有一个实根，因此 $xe^{-x}=a(a>0)$ 有两个实根。

(2) 当 $f(1)=\dfrac{1}{e}-a=0$ 时，即 $a=\dfrac{1}{e}$ 时，方程只有一个实根，即为 $x=1$。

(3) 当 $f(1)=\dfrac{1}{e}-a<0$ 时，即 $a>\dfrac{1}{e}$ 时，在 $(-\infty,+\infty)$ 内恒有 $f(x)<0$，因此方程无实根。

例 24 分析方程 $5x^4+4x+1=0$ 在 $(-1,0)$ 内实根的个数。

解 令 $f(x)=5x^4+4x+1$，则 $f'(x)=20x^3+4$。令 $f'(x)=0$ 得 $x=-\dfrac{1}{\sqrt[3]{5}}$，所以当 $x\in\left(-1,-\dfrac{1}{\sqrt[3]{5}}\right)$ 时 $f'(x)<0$，$f(x)$ 单调递减，且有 $f(-1)=2>0$，$f\left(-\dfrac{1}{\sqrt[3]{5}}\right)=1-\dfrac{4}{\sqrt[3]{5}}<0$。由零点定理知在 $\left(-1,-\dfrac{1}{\sqrt[3]{5}}\right)$ 上方程有一个实根。

同理，当 $x\in\left(-\dfrac{1}{\sqrt[3]{5}},0\right)$ 时 $f'(x)>0$，$f(x)$ 单调递增，且有 $f(0)=1>0$，$f\left(-\dfrac{1}{\sqrt[3]{5}}\right)=1-\dfrac{4}{\sqrt[3]{5}}<0$。由零点定理知在 $\left(-\dfrac{1}{\sqrt[3]{5}},0\right)$ 上方程有一个实根。

综上，方程 $5x^4+4x+1=0$ 在 $(-1,0)$ 内有两个实根。

题型七　杂例

例 25　设函数 $f(x)$ 满足方程 $f(x)+4f\left(-\dfrac{1}{x}\right)=\dfrac{1}{x}$，求函数 $f(x)$ 的极大值与极小值。

解　在式子 $f(x)+4f\left(-\dfrac{1}{x}\right)=\dfrac{1}{x}$ 中令 $t=-\dfrac{1}{x}$，则原方程化为 $f\left(-\dfrac{1}{t}\right)+4f(t)=$

$-t$，即 $f\left(-\dfrac{1}{x}\right)+4f(x)=-x$。综合 $\begin{cases} f\left(-\dfrac{1}{x}\right)+4f(x)=-x, \\ f(x)+4f\left(-\dfrac{1}{x}\right)=\dfrac{1}{x}, \end{cases}$ 解得 $f(x)=-\dfrac{1}{15}\left(\dfrac{1}{x}+4x\right)$，

求导可得 $f'(x)=-\dfrac{1}{15}\left(-\dfrac{1}{x^2}+4\right)$，$f''(x)=-\dfrac{2}{15x^3}$. 令 $f'(x)=0$，解得驻点为 $x=\dfrac{1}{2}$ 和

$x=-\dfrac{1}{2}$. 由于 $f''\left(\dfrac{1}{2}\right)=-\dfrac{16}{15}<0$，$f''\left(-\dfrac{1}{2}\right)=\dfrac{16}{15}>0$，因此 $f\left(\dfrac{1}{2}\right)=-\dfrac{4}{15}$ 为极大值；

$f\left(-\dfrac{1}{2}\right)=\dfrac{4}{15}$ 为极小值。

例 26　已知 $f(x)$ 在 $(-\infty,+\infty)$ 内可导，且

$$\lim_{x\to\infty}f'(x)=\mathrm{e}, \quad \lim_{x\to\infty}\left(\dfrac{x+c}{x-c}\right)^x=\lim_{x\to\infty}[f(x)-f(x-1)],$$

求 c 值。

解　显然 $c\neq 0$，$\displaystyle\lim_{x\to\infty}\left(\dfrac{x+c}{x-c}\right)^x=\lim_{x\to\infty}\left[\left(1+\dfrac{2c}{x-c}\right)^{\frac{x-c}{2c}}\right]^{\frac{2cx}{x-c}}=\mathrm{e}^{2c}$，由拉格朗日中值定理有

$f(x)-f(x-1)=f'(\xi),\xi\in(x-1,x)$，则 $\displaystyle\lim_{x\to\infty}[f(x)-f(x-1)]=\lim_{\xi\to\infty}f'(\xi)=\mathrm{e}$. 因此

$c=\dfrac{1}{2}$。

例 27　设 $f(x)$ 在 $[0,a]$ 上连续，在 $(0,a)$ 内可导，且 $f(0)=0,f''(x)>0$，证明 $\dfrac{f(x)}{x}$ 在 $(0,a)$ 内单调增加。

证明　由拉格朗日中值定理可知 $f(x)=f(x)-f(0)=xf'(\xi),0<\xi<x$，其中 $x>0$，而 $f''(x)>0$，因此 $f'(x)>f'(\xi)$（当 $x>\xi$ 时），因此当 $x\in(0,a)$ 时有

$$\left[\dfrac{f(x)}{x}\right]'=\dfrac{xf'(x)-f(x)}{x^2}=\dfrac{xf'(x)-xf'(\xi)}{x^2}=\dfrac{f'(x)-f'(\xi)}{x}>0,$$

结论成立。

3.3　同步训练

1. 设 $f(x)$ 在区间 $[a,b]$ 上连续，在 (a,b) 内可导，$0<a<b$，证明存在一点 $\xi\in(a,b)$ 使
得 $f(b)-f(a)=\xi\left(\ln\dfrac{b}{a}\right)f'(\xi)$。

2. 设 $f(x),g(x)$ 在区间 $[a,b]$ 上连续，在 (a,b) 内可导，且 $f(a)=f(b)=0,g(x)\neq 0$。

证明至少存在一点 $\xi \in (a,b)$ 使得：

(1) $f'(\xi)g(\xi) - f(\xi)g'(\xi) = 0$；

(2) $f'(\xi)g(\xi) + f(\xi)g'(\xi) = 0$。

3. 设 $f(x)$ 在区间 $[a,b]$ 上连续，在 (a,b) 内可导，若 $|f'(x)| \leqslant M(a<x<b)$，$M$ 为常数，证明 $|f(b)-f(a)| \leqslant M(b-a)$。

4. 当 $x \neq 0$ 时，证明 $e^x > 1+x$。

5. 设 $a>0$，试讨论方程 $\ln x = ax$ 有几个实根。

6. 设 $f(x)$ 在 $[0,1]$ 上连续，在 $(0,1)$ 内可导，且 $f(1)=0$，试证：至少存在一点 $\xi \in (0,1)$，使 $f'(\xi) = -\dfrac{2f(\xi)}{\xi}$。

7. 设函数 $f(x)$ 在 $[0,1]$ 上有三阶导数，且 $f(0)=f(1)=0$，再设 $F(x)=x^3 f(x)$，试证：在 $(0,1)$ 内存在一个 ξ，使 $F'''(\xi)=0$。

8. 若方程 $a_0 x^n + a_1 x^{n-1} + \cdots + a_{n-1}x = 0$ 有一个正根 x_0，证明方程 $a_0 n x^{n-1} + a_1(n-1)x^{n-2} + \cdots + a_{n-1} = 0$ 必有一个小于 x_0 的正根。

9. 设 $x>0$，常数 $a>e$，证明：$(a+x)^a < a^{a+x}$。

10. 设函数 $f(x)$ 在 $[0,3]$ 上连续，在 $(0,3)$ 内可导，且 $f(0)+f(1)+f(2)=3$，$f(3)=1$. 试证必存在 $\xi \in (0,3)$，使 $f'(\xi)=0$。

11. 证明：$\dfrac{\tan x}{x} > \dfrac{x}{\sin x}$，$x \in \left(0,\dfrac{\pi}{2}\right)$。

12. 设函数 $f(x)$ 在 $[a,b]$ 上连续，在 (a,b) 内可导，且 $f'(x) \neq 0$，试证存在 $\xi,\eta \in (a,b)$，使得 $\dfrac{f'(\xi)}{f'(\eta)} = \dfrac{e^b - e^a}{b-a}e^{-\eta}$。

13. 证明：当 $x>0$ 时，$(x^2-1)\ln x \geqslant (x-1)^2$。

14. 设 $f'(-x) = x[f'(x)-1]$，且 $f(0)=0$，求 $f(x)$ 的极值。

15. 设 $a_1,a_2,\cdots,a_n$ 满足 $a_1 - \dfrac{a_2}{3} + \dfrac{a_3}{5} + \cdots + (-1)^{n-1}\dfrac{a_n}{2n-1} = 0$，$a_i \in \mathbf{R}$，$i=1,2,\cdots,n$。证明：方程 $a_1\cos x + a_2\cos 3x + \cdots + a_n\cos(2n-1)x = 0$ 在 $\left(0,\dfrac{\pi}{2}\right)$ 内至少有一个实根。

16. 设 $0 \leqslant a < b$，$f(x)$ 在 $[a,b]$ 上连续，在 (a,b) 内可导，证明：必存在 $\xi,\eta \in (a,b)$ 使得 $f'(\xi) = \dfrac{a+b}{2\eta}f'(\eta)$。

17. 证明：$3\arccos x - \arccos(3x-4x^3) = \pi\left(-\dfrac{1}{2}<x<\dfrac{1}{2}\right)$。

18. 设函数 $f(x)$ 在闭区间 $[0,1]$ 上连续，在开区间 $(0,1)$ 内可导，且 $f(0)=0$，$f(1)=\dfrac{1}{3}$，证明：存在 $\xi \in \left(0,\dfrac{1}{2}\right)$，$\eta \in \left(\dfrac{1}{2},1\right)$，使得 $f'(\xi)+f'(\eta) = \xi^2 + \eta^2$。

19. 设 $f(x) = ax^3 - 6ax^2 + b$ 在区间 $[-1,2]$ 上的最大值为 3，最小值为 -29，$a>0$，求 a,b 的值。

20. 已知函数 $y(x)$ 由方程 $x^3 + y^3 - 3x + 3y - 2 = 0$ 确定，求 $y(x)$ 的极值。

21. 设函数 $f(x)$ 在区间 $[0,1]$ 上具有二阶导数，且 $f(1)>0$，$\lim\limits_{x\to 0^+}\dfrac{f(x)}{x}<0$。证明：

(1) 方程 $f(x)=0$ 在区间 $(0,1)$ 内至少存在一个实根；

(2) 方程 $f(x)f''(x)+[f'(x)]^2=0$ 在区间 $(0,1)$ 内至少存在两个不同实根。

22. 已知常数 $k\geqslant\ln2-1$，证明：$(x-1)(x-\ln^2 x+2k\ln x-1)\geqslant0$。

23. 设函数 $y(x)$ 是微分方程 $y'+xy=\mathrm{e}^{-\frac{x^2}{2}}$ 满足条件 $y(0)=0$ 的特解。

(1) 求 $y(x)$；

(2) 求曲线 $y(x)$ 的凹凸区间及拐点。

24. 设函数 $f(x)$ 在 $[0,1]$ 上有二阶导数，且有正常数 A,B 使得 $|f(x)|\leqslant A$，$|f''(x)|\leqslant B$。证明：对于任意 $x\in[0,1]$，有 $|f'(x)|\leqslant 2A+\dfrac{B}{2}$。

25. 设函数 $f(x)$ 在 $[-2,2]$ 上二阶可导，且 $|f(x)|\leqslant1$，$f(-2)=f(0)=f(2)$。又设 $[f(0)]^2+[f'(0)]^2=4$，试证：在 $(-2,2)$ 内至少存在一点 ξ，使 $f(\xi)+f''(\xi)=0$。

26. 求曲线 $y=\dfrac{x^3}{1+x^2}+\arctan(1+x^2)$ 的斜渐近线。

27. 证明：$x>0$ 时，$(x^2-1)\ln x\geqslant(x-1)^2$。

28. 设函数 $f(x)$ 在 $[-1,1]$ 上具有连续的三阶导数，且 $f(-1)=0$，$f(1)=1$，$f'(0)=0$，求证：在 $(-1,1)$ 内至少存在一点 x_0，使 $f'''(x_0)=3$。

3.4 参考答案

1. 提示：令 $g(x)=\ln x$，由柯西中值定理整理即得结论。

2. 提示：(1)设 $F(x)=\dfrac{f(x)}{g(x)}$，利用罗尔定理。(2)同理，令 $F(x)=f(x)g(x)$。

3. 提示：直接利用拉格朗日中值定理。

4. 提示：设 $f(x)=\mathrm{e}^x-1-x$，则 $f(0)=0$ 为 $f(x)$ 为最小值，整理即得结论。

5. 当 $0<a<\dfrac{1}{\mathrm{e}}$ 时，由零点定理，方程有两个实根；当 $a>\dfrac{1}{\mathrm{e}}$ 时，方程无实根；当 $a=\dfrac{1}{\mathrm{e}}$ 时，方程恰有一个实根 $x=\dfrac{1}{a}$。

6. 提示：$g(x)=x^2f(x)$。　7. 提示：三次利用罗尔定理。

8. 提示：令 $F(x)=a_0x^n+a_1x^{n-1}+\cdots+a_{n-1}x$，利用罗尔定理。

9. 提示：即证 $a\ln(a+x)<(a+x)\ln a$，设 $f(x)=(a+x)\ln a-a\ln(a+x)$，利用单调性。

10. 提示：由最值定理知在 $[0,2]$ 上必有最大值 M 和最小值 m，$m\leqslant\dfrac{f(0)+f(1)+f(2)}{3}\leqslant M$，再利用罗尔定理。

11. 提示：利用单调性。

12. 提示：设函数 $g(x)=\mathrm{e}^x$，利用柯西中值定理；再将函数 $f(x)$ 利用拉格朗日中值定理，两者结论相结合即可。

13. 提示：令 $f(x)=(x^2-1)\ln x-(x-1)^2$，显然 $f(1)=0$，即证 $f(1)$ 为 $f(x)$，当 $x>0$ 时的最小值即可。

14. 将 x 换成 $-x$ 可解得 $f'(x)=\dfrac{x^2+x}{x^2+1}$。

15. 提示：设 $F(x)=a_1\sin x+\dfrac{a_2}{3}\sin 3x+\cdots+\dfrac{a_n}{2n-1}\sin(2n-1)x$，利用罗尔定理。

16. 对函数 $f(x)$ 应用拉格朗日中值定理，再令 $F(x)=\dfrac{f(b)-f(a)}{b-a}\cdot\dfrac{x^2}{2}-\dfrac{a+b}{2}f(x)$。

17. 提示：设 $f(x)=3\arccos x-\arccos(3x-4x^3)$，易求 $f'(x)=0$。

18. 提示：设 $F(x)=f(x)-\dfrac{1}{3}x^3$，分别在 $\left[0,\dfrac{1}{2}\right]$，$\left[\dfrac{1}{2},1\right]$ 上应用拉格朗日中值定理。

19. $a=b=3$。　20. 极大值为 $y(1)=1$。

21. **证明** (1) 由极限的局部保号性和 $\lim\limits_{x\to 0^+}\dfrac{f(x)}{x}<0$ 知存在 $\delta>0$，当 $x\in(0,\delta)$ 时，$\dfrac{f(x)}{x}<0$，即 $f(x)<0$。由于 $f(x)$ 在区间 $[0,1]$ 上具有二阶导数，所以 $f(x)$ 在区间 $[0,1]$ 上连续，且 $f(x)f(1)<0$，根据零点定理知，方程 $f(x)=0$ 在区间 $(0,1)$ 内至少存在一个实根 x_0。

(2) 令 $F(x)=f(x)f'(x)$，由 $\lim\limits_{x\to 0^+}\dfrac{f(x)}{x}<0$ 知，$f(0)=0$，$f(x)$ 满足在区间 $[0,x_0]$ 上连续，可导，且 $f(0)=f(x_0)=0$，根据罗尔定理，存在点 $\xi\in(0,x_0)$，使得 $f'(\xi)=0$。

在区间 $[0,\xi]$ 上，$F(x)$ 满足罗尔定理应用条件，即存在 $\xi_1\in(0,\xi)$ 使 $F'(\xi_1)=0$。

在区间 $[\xi,x_0]$ 上，$F(x)$ 满足罗尔定理应用条件，即存在 $\xi_2\in(\xi,x_0)$ 使 $F'(\xi_2)=0$。

而 $F'(x)=f(x)f''(x)+[f'(x)]^2$，所以方程 $f(x)f''(x)+[f'(x)]^2=0$ 在区间 $(0,1)$ 内至少存在两个不同实根。

22. **证明** 分情况讨论。(1) 当 $x=1$ 时，不等式显然成立。

(2) 当 $0<x<1$ 时，只需证明 $x-\ln^2 x+2k\ln x-1\leqslant 0$ 即可。

设 $f(x)=x-\ln^2 x+2k\ln x-1$，则 $f'(x)=\dfrac{x-2\ln x+2k}{x}$。令 $g(x)=x-2\ln x+2k$，则 $g'(x)=1-\dfrac{2}{x}$，故当 $0<x<1$ 时 $g'(x)<0$，$g(x)$ 单调递减，因此当 $0<x<1$ 时，$g(x)>g(1)=1+2k\geqslant 1+\ln 2-1>0$，所以当 $0<x<1$ 时，$f'(x)=\dfrac{x-2\ln x+2k}{x}>0$，即 $f(x)$ 单调递增，所以 $f(x)\leqslant f(1)=0$，故 $(x-1)(x-\ln^2 x+2k\ln x-1)\geqslant 0$。

(3) 当 $x>1$ 时，只需证明 $x-\ln^2 x+2k\ln x-1\geqslant 0$ 即可。证明过程与(2)类似。

综上，不等式成立。

23. (1) $y=x\mathrm{e}^{-\frac{x^2}{2}}$。(2) 拐点为 $(0,0)$，$\left(-\sqrt{3},-\sqrt{3}\mathrm{e}^{-\frac{3}{2}}\right)$，$\left(\sqrt{3},\sqrt{3}\mathrm{e}^{-\frac{3}{2}}\right)$。

x	$(-\infty,-\sqrt{3})$	$-\sqrt{3}$	$(-\sqrt{3},0)$	0	$(0,\sqrt{3})$	$\sqrt{3}$	$(\sqrt{3},+\infty)$
y''	<0	0	>0	0	<0	0	>0
y	凸区间	拐点	凹区间	拐点	凸区间	拐点	凹区间

24. 提示：利用泰勒公式知

$$f(0) = f(x) + f'(x)(0-x) + \frac{1}{2}f''(\xi)(0-x)^2, \xi \in (0,x),$$

$$f(1) = f(x) + f'(x)(1-x) + \frac{1}{2}f''(\eta)(1-x)^2, \eta \in (x,1)。$$

上述两式相减得到

$$f(0) - f(1) = -f'(x) + \frac{1}{2}f''(\xi)x^2 - \frac{1}{2}f''(\eta)(1-x)^2,$$

故 $\qquad f'(x) = f(1) - f(0) + \frac{1}{2}f''(\xi)x^2 - \frac{1}{2}f''(\eta)(1-x)^2。$

由条件 $|f(x)| \leqslant A, |f''(x)| \leqslant B$，得到

$$|f'(x)| \leqslant 2A + \frac{B}{2}[x^2 + (1-x)^2]。$$

由于当 $x \in [0,1]$ 时 $x^2 + (1-x)^2 = 2x^2 - 2x + 1$ 的最大值为 1，所以 $|f'(x)| \leqslant 2A + \frac{B}{2}$。

25. 提示：构造函数 $F(x) = [f(x)]^2 + [f'(x)]^2$，则 $F(x)$ 在 $[-2,2]$ 上可导。由于 $f(x)$ 在 $[-2,2]$ 上二阶可导及 $f(-2) = f(0) = f(2)$，可知必定存在 $a \in (-2,0)$，和 $b \in (0,2)$，使得 $f'(a) = 0, f'(b) = 0$，所以

$$F(a) = [f(a)]^2 + [f'(a)]^2 \leqslant 1, \quad F(b) = [f(b)]^2 + [f'(b)]^2 \leqslant 1。$$

由 $F(0) = [f(0)]^2 + [f'(0)]^2 = 4, F(x)$ 在区间 $[a,b]$ 上的最大值 M 必在 (a,b) 内取得，即存在 $\xi \in (a,b)$，使 $F(\xi) = M$，从而 $F'(\xi) = 0$，即 $f(\xi)[f(\xi) + f''(\xi)] = 0$。由于 $[f(\xi)]^2 + [f'(\xi)]^2 \geqslant F(0) = 4$，而 $|f(x)| \leqslant 1$，所以 $f'(\xi) \neq 0$，从而 $f(\xi) + f''(\xi) = 0, \xi \in (a,b) \subset (-2,2)$。

26. 斜渐近线为 $y = x + \frac{\pi}{2}$。

27. 提示：原式等价于证明

(1) 当 $0 < x \leqslant 1$ 时，$(x+1)\ln x \leqslant x - 1$；　(2) 当 $1 < x$ 时，$(x+1)\ln x \geqslant x - 1$。

设 $f(x) = (x+1)\ln x - x + 1$，则 $f'(x) = \frac{x\ln x + 1}{x}$。设 $g(x) = x\ln x + 1$，则 $g'(x) = \ln x + 1$。令 $g'(x) = 0$，解得 $x = e^{-1}$。当 $x \in (0, e^{-1})$ 时 $g'(x) < 0$；当 $x \in (e^{-1}, 1)$ 时 $g'(x) > 0$。所以 $g(e^{-1}) = 1 - e^{-1} > 0$ 为极小值，即当 $0 < x \leqslant 1$ 时 $f'(x) = \frac{x\ln x + 1}{x} > 0$，这时 $f(x)$ 单调递增，就有当 $0 < x \leqslant 1$ 时 $f(x) = (x+1)\ln x - x + 1 < f(1) = 0$，所以当 $0 < x \leqslant 1$ 时，$(x+1)\ln x \leqslant x - 1$。

当 $1 < x$ 时，$f'(x) = \frac{x\ln x + 1}{x} > 0$，即 $f(x)$ 单调递增，所以 $f(x) \geqslant f(1) = 0$，即 $(x+1)\ln x \geqslant x - 1$。

综上所述，当 $x > 0$ 时，$(x^2 - 1)\ln x \geqslant (x-1)^2$。

28. 提示：利用泰勒公式知

$$f(x)=f(0)+f'(0)x+\frac{1}{2!}f''(0)x^2+\frac{1}{3!}f'''(\xi)x^3, \quad \xi\in(0,x)。$$

在上式中取 $x=-1,x=1$，得

$$1=f(1)=f(0)+\frac{1}{2!}f''(0)+\frac{1}{3!}f'''(\eta_1), \quad \eta_1\in(0,1); \tag{1}$$

$$0=f(-1)=f(0)+\frac{1}{2!}f''(0)-\frac{1}{3!}f'''(\eta_2), \quad \eta_2\in(-1,0)。 \tag{2}$$

(1)$-$(2)得 $f'''(\eta_1)+f'''(\eta_2)=6$。

由于 $f'''(x)$ 在 $[-1,1]$ 上连续，因此 $f'''(x)$ 在区间 $[\eta_2,\eta_1]$ 上连续，则 $f'''(x)$ 在 $[\eta_2,\eta_1]$ 上必定有最大值 M 和最小值 m，所以 $m\leqslant\dfrac{f'''(\eta_1)+f'''(\eta_2)}{2}=3\leqslant M$，根据介值定理知，在 $(\eta_2,\eta_1)\subset(-1,1)$ 内至少存在一点 x_0，使 $f'''(x_0)=3$。

第4章

不定积分

4.1 知识点

1. 定义

定义 如果在区间 I 内,可导函数 $F(x)$ 的导函数为 $f(x)$,即 $\forall x \in I$,都有 $F'(x) = f(x)$ 或 $\mathrm{d}F(x) = f(x)\mathrm{d}x$,那么函数 $F(x)$ 就称为 $f(x)$ 在区间 I 内的原函数。

原函数存在定理:如果函数 $f(x)$ 在区间 I 内连续,那么在区间 I 内存在可导函数 $F(x)$,使 $\forall x \in I$,都有 $F'(x) = f(x)$。

在区间 I 上,函数 $f(x)$ 的带有任意常数项的原函数称为 $f(x)$ 在区间 I 上的不定积分,记作 $\int f(x)\mathrm{d}x$。

关于原函数的说明:

(1) 若 $F'(x) = f(x)$,则对于任意常数 C,$F(x) + C$ 都是 $f(x)$ 的原函数。

(2) 若 $F(x)$ 和 $G(x)$ 都是 $f(x)$ 的原函数,则 $F(x) - G(x) = C(C$ 为任意常数)。

由不定积分的定义,可知

$$\frac{\mathrm{d}}{\mathrm{d}x}\left[\int f(x)\mathrm{d}x\right] = f(x), \quad \mathrm{d}\left[\int f(x)\mathrm{d}x\right] = f(x)\mathrm{d}x,$$

$$\int F'(x)\mathrm{d}x = F(x) + C, \quad \int \mathrm{d}F(x) = F(x) + C。$$

结论:微分运算与求不定积分的运算是互逆的。

2. 不定积分的性质

(1) $\int [f(x) \pm g(x)]\mathrm{d}x = \int f(x)\mathrm{d}x \pm \int g(x)\mathrm{d}x$。

(2) $\int kf(x)\mathrm{d}x = k\int f(x)\mathrm{d}x (k$ 是常数,$k \neq 0)$。

3. 定理

(1) 设 $f(u)$ 具有原函数,$u = \varphi(x)$ 可导,则有第一类换元公式(凑微分法)

$$\int f[\varphi(x)]\varphi'(x)\mathrm{d}x = \left[\int f(u)\mathrm{d}u\right]_{u=\varphi(x)}。$$

说明：使用此公式的关键在于将 $\int g(x)\mathrm{d}x$ 化为 $\int f[\varphi(x)]\varphi'(x)\mathrm{d}x$。

（2）设 $x = \psi(t)$ 是单调的、可导的函数，并且 $\psi'(t) \neq 0$，又设 $f[\psi(t)]\psi'(t)$ 具有原函数，则有第二类换元公式 $\int f(x)\mathrm{d}x = \left[\int f[\psi(t)]\psi'(t)\mathrm{d}t\right]_{t=\psi^{-1}(x)}$，其中 $\psi^{-1}(x)$ 是 $x = \psi(t)$ 的反函数。

4.2 典型例题

例 1 求 $\displaystyle\int \frac{\mathrm{d}x}{2\sin^2 x + 5\cos^2 x}$。

解 原式 $\displaystyle= \int \frac{\frac{1}{\cos^2 x}\mathrm{d}x}{2\tan^2 x + 5} = \int \frac{\mathrm{d}(\tan x)}{2\tan^2 x + 5} = \frac{1}{2}\int \frac{\mathrm{d}(\tan x)}{\tan^2 x + (\sqrt{5/2})^2}$

$\displaystyle= \frac{1}{2\sqrt{5/2}}\arctan\left(\frac{\tan x}{\sqrt{5/2}}\right) + C$。

例 2 求 $\displaystyle\int \frac{\mathrm{d}x}{\sin^4 x \cos^6 x}$。

解 原式 $\displaystyle= \int \frac{\frac{1}{\cos^2 x}\mathrm{d}x}{\sin^4 x \cos^4 x} = \int \frac{(\sin^2 x + \cos^2 x)^2 \mathrm{d}(\tan x)}{\sin^4 x \cos^4 x}$

$\displaystyle= \int \left(\tan^2 x + \frac{1}{\tan^2 x}\right)^2 \mathrm{d}(\tan x)$

$\displaystyle\xlongequal{y=\tan x} \int \left(y^2 + \frac{1}{y^2}\right)^2 \mathrm{d}y = \frac{1}{5}\tan^5 x + 2\tan x - \frac{1}{3\tan^3 x} + C$。

例 3 求 $\displaystyle\int \frac{\mathrm{d}x}{4\sin x + 3\cos x}$。

解 原式 $\displaystyle= \int \frac{\mathrm{d}x}{8\sin\frac{x}{2}\cos\frac{x}{2} + 3\left(\cos^2\frac{x}{2} - \sin^2\frac{x}{2}\right)}$

$\displaystyle= \int \frac{2\mathrm{d}\left(\tan\frac{x}{2}\right)}{8\tan\frac{x}{2} + 3\left(1 - \tan^2\frac{x}{2}\right)} \xlongequal{y=\tan\frac{x}{2}} -2\int \frac{\mathrm{d}y}{3y^2 - 8y - 3}$

$\displaystyle= -2\int \frac{\mathrm{d}y}{(3y+1)(y-3)} = -\frac{1}{5}\int \frac{\mathrm{d}y}{y-3} + \frac{3}{5}\int \frac{\mathrm{d}y}{3y+1}$

$\displaystyle= -\frac{1}{5}\ln|y - 3| + \frac{1}{5}\ln|3y + 1| + C$

$\displaystyle= -\frac{1}{5}\ln\left|\tan\frac{x}{2} - 3\right| + \frac{1}{5}\ln\left|3\tan\frac{x}{2} + 1\right| + C$。

例 4　求 $\displaystyle\int \frac{(x^2+1)\,\mathrm{d}x}{x^4+1}$。

解　原式 $\displaystyle = \int \frac{\left(1+\frac{1}{x^2}\right)\mathrm{d}x}{x^2+\frac{1}{x^2}} = \int \frac{\mathrm{d}\left(x-\frac{1}{x}\right)}{\left(x-\frac{1}{x}\right)^2+(\sqrt{2})^2} = \frac{1}{\sqrt{2}}\arctan \frac{x-\frac{1}{x}}{\sqrt{2}}+C$。

例 5　求 $\displaystyle\int \frac{x\,\mathrm{d}x}{\sqrt{5+x-x^2}}$。

解　原式 $\displaystyle = \int \frac{x\,\mathrm{d}x}{\sqrt{\frac{21}{4}-\left(x-\frac{1}{2}\right)^2}} \xlongequal{y=x-\frac{1}{2}} \int \frac{\left(y+\frac{1}{2}\right)\mathrm{d}y}{\sqrt{\frac{21}{4}-y^2}}$

$\displaystyle = \int \frac{y\,\mathrm{d}y}{\sqrt{\frac{21}{4}-y^2}} + \frac{1}{2}\int \frac{\mathrm{d}y}{\sqrt{\frac{21}{4}-y^2}}$

$\displaystyle = -\frac{1}{2}\int \frac{\mathrm{d}\left(\frac{21}{4}-y^2\right)}{\sqrt{\frac{21}{4}-y^2}} + \frac{1}{2}\int \frac{\mathrm{d}y}{\sqrt{\left(\sqrt{\frac{21}{4}}\right)^2-y^2}}$

$\displaystyle = -\sqrt{\frac{21}{4}-y^2} + \frac{1}{2}\arcsin \frac{2y}{\sqrt{21}}+C$。

例 6　求 $\displaystyle\int \frac{\mathrm{d}x}{\sqrt[3]{(x+1)^2(x-1)^4}}$。

解　原式 $\displaystyle = \int \frac{\mathrm{d}x}{\sqrt[3]{(x+1)^3(x-1)^3\left(\frac{x-1}{x+1}\right)}} = \int \frac{\mathrm{d}x}{(x^2-1)\sqrt[3]{\frac{x-1}{x+1}}}$。

令 $y=\sqrt[3]{\dfrac{x-1}{x+1}}$，则 $x=\dfrac{1+y^3}{1-y^3}$，$\mathrm{d}x=\dfrac{6y^2\,\mathrm{d}y}{(y^3-1)^2}$，于是

原式 $\displaystyle = \int \frac{\frac{6y^2\,\mathrm{d}y}{(y^3-1)^2}}{\frac{4y^3}{(y^3-1)^2}\cdot y} = \frac{3}{2}\int \frac{\mathrm{d}y}{y^2} = -\frac{3}{2y}+C = -\frac{3}{2}\sqrt[3]{\frac{x+1}{x-1}}+C$。

例 7　求 $\displaystyle\int \min\{x,x^2\}\,\mathrm{d}x$。

解　$f(x)=\min\{x,x^2\}=\begin{cases} x^2, & 0 \leqslant x \leqslant 1, \\ x, & x<0, \\ x, & x>1。 \end{cases}$

由于 $f(x)$ 连续，故其原函数 $F(x)$ 也连续，下面我们求 $F(x)$。

$$F(x)=\begin{cases} \dfrac{1}{3}x^3+C_1, & 0\leqslant x\leqslant 1, \\[2mm] \dfrac{1}{2}x^2+C_2, & x<0, \\[2mm] \dfrac{1}{2}x^2+C_3, & x>1, \end{cases}$$

其中 C_1,C_2,C_3 为待定常数。$F(x)$ 在 $x=0$ 连续，所以 $F(0-0)=F(0+0)$，于是 $C_1=C_2$，$F(x)$ 在 $x=1$ 连续，所以 $F(1-0)=F(1+0)$，于是 $\dfrac{1}{3}+C_1=\dfrac{1}{2}+C_3$。综上得

$$F(x)=\begin{cases} \dfrac{1}{3}x^3+C, & 0\leqslant x\leqslant 1, \\[2mm] \dfrac{1}{2}x^2+C, & x<0, \\[2mm] \dfrac{1}{2}x^2-\dfrac{1}{6}+C, & x>1, \end{cases}$$

其中 C 为任意常数。

例 8 $f'(\cos^2 x)=2\sin^2 x-3$，求 $f(x)$。

解 $f'(\cos^2 x)=2(1-\cos^2 x)-3$，故 $f'(x)=-1-2x$，于是

$$f(x)=\int f'(x)\mathrm{d}x=-x-x^2\,(0\leqslant x\leqslant 1)。$$

例 9 设函数 $f(x)$ 满足对任意 x,y，$f(x+y)=f(x)+f(y)$，且 $f'(0)=2$，求 $f(x)$。

解 当 $x=y=0$，则 $f(0+0)=f(0)+f(0)$，故 $f(0)=0$，于是

$$\frac{f(x+\Delta x)-f(x)}{\Delta x}=\frac{f(\Delta x)-f(0)}{\Delta x}。$$

当 $\Delta x\to 0$ 时，得 $f'(x)=f'(0)=2$，于是 $f(x)=2x+C$。又 $f(0)=0$ 得 $f(x)=2x$。

4.3 同步训练

1. 计算下列不定积分：

(1) $\displaystyle\int \frac{x\,\mathrm{d}x}{\sqrt{2x^2-1}}$；

(2) $\displaystyle\int \frac{\mathrm{d}x}{x\sqrt{3-\ln^2 x}}$；

(3) $\displaystyle\int \max\{2x,3-x^2\}\mathrm{d}x$；

(4) $\displaystyle\int \frac{(x^5-x)\mathrm{d}x}{x^8+1}$；

(5) $\displaystyle\int \frac{x^3\,\mathrm{d}x}{3x^8+4}$；

(6) $\displaystyle\int \frac{x\,\mathrm{d}x}{(x^2+9)^3}$；

(7) $\displaystyle\int \frac{\mathrm{d}x}{\sqrt{1+\mathrm{e}^{2x}}}$；

(8) $\displaystyle\int \frac{\mathrm{d}x}{\sin^4 x\cos^2 x}$；

(9) $\displaystyle\int \frac{\sqrt{t^4-1}\,\mathrm{d}t}{t}$；

(10) $\displaystyle\int \frac{\mathrm{d}x}{x^3+4x}$；

(11) $\displaystyle\int x^2\sqrt{7-3x^6}\,\mathrm{d}x$；

(12) $\displaystyle\int \frac{x^5}{\sqrt[5]{7-3x^6}}\mathrm{d}x$；

(13) $\displaystyle\int \frac{x^3}{\sqrt{1+x^2}}\mathrm{d}x$;

(14) $\displaystyle\int \frac{x^4+2x^9}{\sqrt{1+x^{10}}}\mathrm{d}x$;

(15) $\displaystyle\int \frac{\mathrm{e}^x}{\mathrm{e}^{2x}+4}\mathrm{d}x$;

(16) $\displaystyle\int \frac{\mathrm{d}x}{\mathrm{e}^x+4}$;

(17) $\displaystyle\int \frac{x^4\,\mathrm{d}x}{x^2-3x+2}$;

(18) $\displaystyle\int \sin^4 x\cos^3 x\,\mathrm{d}x$;

(19) $\displaystyle\int \frac{\mathrm{d}x}{\sin^4 x}$;

(20) $\displaystyle\int \frac{\sin^2 x\cos^3 x\,\mathrm{d}x}{1+\cos^2 x}$;

(21) $\displaystyle\int \frac{\sin x\,\mathrm{d}x}{1-\sin x}$;

(22) $\displaystyle\int \frac{\mathrm{d}x}{\sin^2 x+3\cos^2 x}$;

(23) $\displaystyle\int \frac{\mathrm{d}x}{\sin^2 x\cos x}$;

(24) $\displaystyle\int \sin^3 x\sqrt{\cos x}\,\mathrm{d}x$;

(25) $\displaystyle\int \frac{\mathrm{d}x}{\sin^2 x\cos^3 x}$;

(26) $\displaystyle\int \frac{(1+\cos x)\,\mathrm{d}x}{1+\sin^2 x}$;

(27) $\displaystyle\int \frac{\mathrm{d}x}{1+\sin x+\cos x}$;

(28) $\displaystyle\int (\mathrm{e}^x\sin 2x)^2\,\mathrm{d}x$;

(29) $\displaystyle\int \frac{x\,\mathrm{e}^x\,\mathrm{d}x}{(1+x)^2}$;

(30) $\displaystyle\int \frac{x^2\,\mathrm{e}^x\,\mathrm{d}x}{(2+x)^2}$;

(31) $\displaystyle\int \frac{x\,\mathrm{e}^x\,\mathrm{d}x}{\sqrt{\mathrm{e}^x-1}}$;

(32) $\displaystyle\int \frac{\arctan \mathrm{e}^x\,\mathrm{d}x}{\mathrm{e}^{2x}}$;

(33) $\displaystyle\int \mathrm{e}^{2x}(1+\tan x)^2\,\mathrm{d}x$;

(34) $\displaystyle\int x\arctan x\ln(1+x^2)\,\mathrm{d}x$;

(35) $\displaystyle\int \frac{\ln x\,\mathrm{d}x}{(1+x)^2}$;

(36) $\displaystyle\int \frac{\arctan x}{x^2(1+x^2)}\mathrm{d}x$;

(37) $\displaystyle\int \frac{x^4\arctan x}{1+x^2}\mathrm{d}x$;

(38) $\displaystyle\int \frac{\sin x\cos x}{\sin^4 x\cos^4 x}\mathrm{d}x$;

(39) $\displaystyle\int \frac{1+x\cos x}{x(1+x\,\mathrm{e}^{\sin x})}\mathrm{d}x$;

(40) $\displaystyle\int xf''(x)\,\mathrm{d}x$ 。

2. 设 $f'(x^2)=\dfrac{1}{x}(x>0)$,求 $f(x)$ 。

3. 设 $f(x)$ 的原函数为 $\dfrac{\sin x}{x}$,求 $\displaystyle\int xf'(x)\,\mathrm{d}x$ 。

4. 若 $f(x)$ 在 $(-1,+\infty)$ 上可导, $f'(x)|_{x=\mathrm{e}^t-1}=1+\mathrm{e}^{2t}$, $f(0)=1$ 的原函数为 $\dfrac{\sin x}{x}$,求 $f(x)$ 。

5. 设 $f'(\sin^2 x)=\cos 2x+\tan^2 x,0<x<1$,求 $f(x)$ 。

6. 设 $f'(\ln x)=\begin{cases}1, & 0<x\leqslant 1,\\ x, & x>1,\end{cases}$ 且 $f(0)=0$,求 $f(x)$ 。

7. 求 $I=\displaystyle\int\left[\dfrac{f(x)}{f'(x)}-\dfrac{f^2(x)f''(x)}{f'^3(x)}\right]\mathrm{d}x$ 。

8. 设 $f'(x)=\dfrac{1}{x}(x>0)$,且 $f(1)=0$,证明:对一切正数 $x,y,f(xy)=f(x)+f(y)$ 成立。

9. 若 $f(x)$ 在 $(-\infty,+\infty)$ 上有定义,在点 $x=0$ 处连续,对任意 $x,y,f(x+y)=f(x)+f(y)$,且 $f'(0)=a$,求证: $f(x)=ax$ 成立。

10. 已知 $f(x)$ 在 $(-\infty,+\infty)$ 上有定义, $f'(0)$ 存在, $f(1)=0$,且对任意 $x,y,f(x+y)=f(x)+f(y)+2xy$,求 $f(x)$。

11. 已知 $f(\ln x)=x+\ln^2 x$,求 $\displaystyle\int f'(2x)\mathrm{d}x$。

12. 已知 $f'(f(x))=f(x)+1$,求 $\displaystyle\int f'(-x)\mathrm{d}x$。

13. 设 $f'(\mathrm{e}^x)=x$,求 $\displaystyle\int x^2 f(x)\mathrm{d}x$。

14. 设 $f(x)$ 的一个原函数为 $\sin x$,求 $\displaystyle\int f'(x)\sin x\,\mathrm{d}x$。

15. 求 $\displaystyle\int \frac{(1-\ln f(x))f'(x)}{f^2(x)}\mathrm{d}x$。

16. 求 $\displaystyle\int \frac{f'(x)}{3+f^2(x)}\mathrm{d}x$。

17. 如果 $\displaystyle\int f(x)\mathrm{e}^{-\frac{1}{x}}\mathrm{d}x=-\mathrm{e}^{-\frac{1}{x}}+C$,求 $f(x)$。

18. 已知 $f'(\cos^2 x)=\sin^2 x$, $f(0)=0$,求 $f(x)$。

19. 求 $\displaystyle\int \frac{f(x)f'(x)}{\sqrt{9-f^4(x)}}\mathrm{d}x$。

20. 已知 $\displaystyle\int xf(x)\mathrm{d}x=\arcsin x+C$,求 $\displaystyle\int \frac{1}{f(x)}\mathrm{d}x$。

21. 已知 $f(x)$ 的一个原函数为 $\ln^2 x$,求 $\displaystyle\int (x+2)f'(2x)\mathrm{d}x$。

22. 已知 $\displaystyle\int x^2 f(x)\mathrm{d}x=\frac{x^2}{4}(2\ln x-1)+C$,求 $\displaystyle\int f(x)\mathrm{d}x$。

23. 设 $f'(\mathrm{e}^x)=x\mathrm{e}^{-x}$, $f(1)=0$,求 $f(x)$。

24. 求 $\displaystyle\int \frac{f'(x)[1-\ln f(x)]\mathrm{d}x}{(f(x)-\ln f(x))^2}$。

4.4　参考答案

1.

(4) $\displaystyle\int \frac{(x^5-x)\mathrm{d}x}{x^8+1}=\frac{1}{2}\int \frac{(x^4-1)\mathrm{d}x}{x^8+1}\xlongequal{y=x^2}\frac{1}{2}\int \frac{(y^2-1)\mathrm{d}y}{y^4+1}$。

(8) $\displaystyle\frac{1}{\sin^4 x\cos^2 x}=\frac{\sin^2 x+\cos^2 x}{\sin^4 x\cos^2 x}=\frac{1}{\sin^2 x\cos^2 x}+\frac{1}{\sin^4 x}$

$\displaystyle\qquad =\frac{4}{\sin^2 2x}+\frac{\sin^2 x+\cos^2 x}{\sin^2 x}\frac{1}{\sin^2 x}=\frac{4}{\sin^2 2x}+(1+\cot^2 x)\frac{1}{\sin^2 x}$。

(9) $\displaystyle\int \frac{\sqrt{t^4-1}}{t}\mathrm{d}t = \frac{1}{4}\int \frac{\sqrt{t^4-1}}{t^4}\mathrm{d}t^4$，利用代换 $y=\sqrt{t^4-1}$。

(10) $\displaystyle\int \frac{\mathrm{d}x}{x^3+4x} = \frac{1}{2}\int \frac{\mathrm{d}x^2}{x^2(x^2+4)}$。

(20) $\displaystyle\frac{(1-\cos^2 x)\cos^3 x}{1+\cos^2 x} = \frac{\cos^3 x-\cos^5 x}{1+\cos^2 x} = \frac{\cos^3 x+\cos x-\cos^5 x+\cos x-2\cos x}{1+\cos^2 x}$

$$= \cos x - \cos x(\cos^2 x-1) - \frac{2\cos x}{2-\sin^2 x}。$$

(25) 利用 $\displaystyle\frac{1}{\sin^2 x\cos^3 x} = \frac{\sin^2 x+\cos^2 x}{\sin^2 x\cos^3 x} = \frac{1}{\cos^3 x} + \frac{1}{\sin^2 x\cos x}$。

(27) 利用

$$\frac{1}{1+\sin x+\cos x} = \frac{\sin x+\cos x-1}{(\sin x+\cos x+1)(\sin x+\cos x-1)}$$

$$= \frac{\sin x+\cos x-1}{2\sin x\cos x} = \frac{1}{2\sin x} + \frac{1}{2\cos x} - \frac{1}{2\sin x\cos x}。$$

(33) $\displaystyle\int \mathrm{e}^{2x}(1+\tan x)^2\,\mathrm{d}x = \int \mathrm{e}^{2x}\,\mathrm{d}x + \int 2\mathrm{e}^{2x}\tan x\,\mathrm{d}x + \int \mathrm{e}^{2x}\tan^2 x\,\mathrm{d}x$

$$= \int \mathrm{e}^{2x}\,\mathrm{d}x + \int \tan x\,\mathrm{d}(\mathrm{e}^{2x}) + \int \mathrm{e}^{2x}(\sec^2 x-1)\,\mathrm{d}x$$

$$= \int \mathrm{e}^{2x}\,\mathrm{d}x + \mathrm{e}^{2x}\tan x - \int \mathrm{e}^{2x}\sec^2 x\,\mathrm{d}x + \int \mathrm{e}^{2x}(\sec^2 x-1)\,\mathrm{d}x$$

$$= \mathrm{e}^{2x}\tan x + C。$$

(34) 利用 $\displaystyle\int x\arctan x\ln(1+x^2)\,\mathrm{d}x = \frac{1}{2}\int \arctan x\,\mathrm{d}\big[(1+x^2)\ln(1+x^2)-(1+x^2)\big]$。

(39) 利用 $\displaystyle\int \frac{1+x\cos x}{x(1+x\mathrm{e}^{\sin x})}\,\mathrm{d}x = \int \frac{\mathrm{e}^{\sin x}(1+x\cos x)}{x\mathrm{e}^{\sin x}(1+x\mathrm{e}^{\sin x})}\,\mathrm{d}x = \int \frac{\mathrm{d}(x\mathrm{e}^{\sin x})}{x\mathrm{e}^{\sin x}(1+x\mathrm{e}^{\sin x})}$。

6. $f'(\ln x) = \begin{cases} 1, & 0<x\leqslant 1, \\ x, & x>1 \end{cases} \Rightarrow f'(\ln \mathrm{e}^x) = \begin{cases} 1, & 0<\mathrm{e}^x\leqslant 1, \\ \mathrm{e}^x, & \mathrm{e}^x>1 \end{cases}$

$\Rightarrow f'(x) = \begin{cases} 1, & x\leqslant 0, \\ \mathrm{e}^x, & x>0 \end{cases} \Rightarrow f(x) = \begin{cases} x+C, & x<0, \\ \mathrm{e}^x+D, & x>0。 \end{cases}$

而 $f(0)=0$ 且 $f(x)$ 在 $x=0$ 连续，于是 $C=0, D=-1$。

7. $I = \dfrac{1}{2}\left[\dfrac{f(x)}{f'(x)}\right]^2 + C$。

10. 取 $x=0, y=0$，则 $f(0+0)=f(0)+f(0)+2\times 0\times 0$，所以 $f(0)=0$，对任意 x，Δx，$f(x+\Delta x)-f(x)=f(\Delta x)+2x\Delta x$，所以

$$\frac{f(x+\Delta x)-f(x)}{\Delta x} = \frac{f(\Delta x)+2x\Delta x}{\Delta x} = \frac{f(\Delta x)}{\Delta x}+2x = \frac{f(0+\Delta x)-f(0)}{\Delta x}+2x。$$

令 $\Delta x\to 0$ 得，$f'(x)=f'(0)+2x$，故 $f(x)=f'(0)x+x^2+C$。由 $f(0)=0, f(1)=0$ 得 $f'(0)=-1, C=0$，故 $f(x)=x^2-x$。

11. $f(\ln x)=x+\ln^2 x \Rightarrow f(x)=\mathrm{e}^x+x^2$，

$$\int f'(2x)\,\mathrm{d}x = \frac{1}{2}\int f'(2x)\,\mathrm{d}(2x) = \frac{1}{2}f(2x)+C = \frac{1}{2}\mathrm{e}^{2x}+2x^2+C。$$

12. $f'(-x)=-x+1, \int f'(-x)\mathrm{d}x=-\dfrac{1}{2}x^2+x+C$。

13. $f'(\mathrm{e}^x)=x, f'(\mathrm{e}^{\ln x})=\ln x \Rightarrow f'(x)=\ln x \Rightarrow f(x)=x(\ln x-1)$，故 $\int x^2 f(x)\mathrm{d}x=$

$\int x^3(\ln x-1)\mathrm{d}x=\dfrac{1}{4}\int(\ln x-1)\mathrm{d}x^4=\dfrac{x^4}{4}(\ln x-1)-\dfrac{1}{4}\int x^3\mathrm{d}x=\dfrac{x^4}{4}(\ln x-1)-\dfrac{x^4}{16}+C$。

14. $f(x)=\cos x+C$，则

$$\int f'(x)\sin x\,\mathrm{d}x=-\int \sin^2 x\,\mathrm{d}x=\int \frac{\cos 2x-1}{2}\mathrm{d}x=\frac{\sin 2x}{4}-\frac{x}{2}+C。$$

15. $\displaystyle\int \frac{(1-\ln f(x))f'(x)}{f^2(x)}\mathrm{d}x=\frac{\ln f(x)}{f(x)}+C$。

16. $\displaystyle\int \frac{f'(x)}{3+f^2(x)}\mathrm{d}x=\frac{1}{\sqrt{3}}\arctan\frac{f(x)}{\sqrt{3}}+C$。

17. $f(x)\mathrm{e}^{-\frac{1}{x}}=-\mathrm{e}^{-\frac{1}{x}}\dfrac{1}{x^2} \Rightarrow f(x)=-\dfrac{1}{x^2}$。

18. $f'(t)=1-t, f(t)=t-\dfrac{1}{2}t^2+C, f(0)=0, f(x)=x-\dfrac{1}{2}x^2$。

19. $\displaystyle\int \frac{f(x)f'(x)}{\sqrt{9-f^4(x)}}\mathrm{d}x=\frac{1}{2}\int \frac{\mathrm{d}(f^2(x))}{\sqrt{9-f^4(x)}}\mathrm{d}x=\frac{1}{2}\arcsin\frac{f^2(x)}{3}+C$。

20. $xf(x)=(\arcsin x)'=\dfrac{1}{\sqrt{1-x^2}}$，故

$$\int \frac{1}{f(x)}\mathrm{d}x=\int x\sqrt{1-x^2}\,\mathrm{d}x=-\frac{1}{2}\int \sqrt{1-x^2}\,\mathrm{d}(1-x^2)$$

$$=-\frac{1}{2}\int \sqrt{1-x^2}\,\mathrm{d}(1-x^2)=-\frac{1}{3}(1-x^2)\sqrt{1-x^2}+C。$$

21. $f(x)=(\ln^2 x)'=\dfrac{2\ln x}{x}$，故

$$\int(x+2)f'(2x)\mathrm{d}x=\frac{1}{2}\int(x+2)\mathrm{d}(f(2x))=\frac{x+2}{2}f(2x)-\frac{1}{2}\int f(2x)\mathrm{d}x$$

$$=\frac{x+2}{2}f(2x)-\frac{1}{4}\int f(2x)\mathrm{d}(2x)=\frac{x+2}{2}\frac{\ln 2x}{x}-\frac{1}{4}\ln^2 2x+C。$$

22. $x^2 f(x)=\left[\dfrac{x^2}{4}(2\ln x-1)\right]'=x\ln x$，故 $\displaystyle\int f(x)\mathrm{d}x=\int \frac{\ln x}{x}\mathrm{d}x=\ln|\ln x|+C$。

23. 由题设得 $f'(\mathrm{e}^x)\mathrm{e}^x=x$，故 $\displaystyle\int f'(\mathrm{e}^x)\mathrm{e}^x\mathrm{d}x=\int x\mathrm{d}x \Rightarrow f(\mathrm{e}^x)=\frac{1}{2}x^2+C$。而 $f(1)=$

$0 \Rightarrow f(\mathrm{e}^x)=\dfrac{1}{2}x^2 \Rightarrow f(x)=\dfrac{1}{2}\ln^2 x$。

24. $\displaystyle\int \frac{f'(x)[1-\ln f(x)]\mathrm{d}x}{(f(x)-\ln f(x))^2} \xrightarrow{y=f(x)} \int \frac{(1-\ln y)\mathrm{d}y}{(y-\ln y)^2}=\int \frac{\dfrac{(1-\ln y)}{y^2}\mathrm{d}y}{\left(1-\dfrac{\ln y}{y}\right)^2}$

$$=\int \frac{\mathrm{d}\left[1-\dfrac{\ln y}{y}\right]}{\left(1-\dfrac{\ln y}{y}\right)^2}=-\frac{1}{1-\dfrac{\ln y}{y}}+C=\frac{f(x)}{\ln f(x)-f(x)}+C。$$

第5章

定 积 分

5.1 知识点

1. 定义

设函数 $f(x)$ 在 $[a,b]$ 上有界,在 $[a,b]$ 中任意插入若干个分点

$$a = x_0 < x_1 < x_2 < \cdots < x_{n-1} < x_n = b$$

把区间 $[a,b]$ 分成 n 个小区间,各小区间的长度依次为 $\Delta x_i = x_i - x_{i-1}(i=1,2,\cdots,n)$,在各小区间上任取一点 $\xi_i(\xi_i \in \Delta x_i)$,作乘积 $f(\xi_i)\Delta x_i(i=1,2,\cdots,n)$ 并作和 $S = \sum_{i=1}^{n} f(\xi_i)\Delta x_i$,记 $\lambda = \max\{\Delta x_1,\Delta x_2,\cdots,\Delta x_n\}$,如果不论对 $[a,b]$ 怎样的分法,也不论在小区间 $[x_{i-1},x_i]$ 上点 ξ_i 怎样的取法,只要当 $\lambda \to 0$ 时,和 S 总趋于确定的极限 I,那么称这个极限 I 为函数 $f(x)$ 在区间 $[a,b]$ 上的定积分,记为 $\int_a^b f(x)\mathrm{d}x = I = \lim_{\lambda \to 0} \sum_{i=1}^{n} f(\xi_i)\Delta x_i$。

2. 存在定理

(1) 若函数 $f(x)$ 在区间 $[a,b]$ 上连续,则 $f(x)$ 在区间 $[a,b]$ 上可积。

(2) 若函数 $f(x)$ 在区间 $[a,b]$ 上有界,且只有有限个间断点,则 $f(x)$ 在区间 $[a,b]$ 上可积。

3. 性质

(1) $\int_a^b [f(x) \pm g(x)]\mathrm{d}x = \int_a^b f(x)\mathrm{d}x \pm \int_a^b g(x)\mathrm{d}x$。

(此性质可以推广到有限多个函数作和的情况)

(2) $\int_a^b kf(x)\mathrm{d}x = k\int_a^b f(x)\mathrm{d}x$ (k 为常数)。

(3) 假设 $a < c < b$,$\int_a^b f(x)\mathrm{d}x = \int_a^c f(x)\mathrm{d}x + \int_c^b f(x)\mathrm{d}x$。

补充：不论 a,b,c 的相对位置如何，上式总成立。

若 $a < b < c$，则 $\int_a^c f(x)\mathrm{d}x = \int_a^b f(x)\mathrm{d}x + \int_b^c f(x)\mathrm{d}x$。

(4) $\int_a^b 1 \cdot \mathrm{d}x = \int_a^b \mathrm{d}x = b - a$。

(5) 若在区间 $[a,b]$ 上 $f(x) \geqslant 0$，则 $\int_a^b f(x)\mathrm{d}x \geqslant 0 \ (a < b)$。

推论：

① 若在区间 $[a,b]$ 上 $f(x) \leqslant g(x)$，则 $\int_a^b f(x)\mathrm{d}x \leqslant \int_a^b g(x)\mathrm{d}x \ (a < b)$。

② $\left| \int_a^b f(x)\mathrm{d}x \right| \leqslant \int_a^b |f(x)|\,\mathrm{d}x \ (a < b)$。

(6) 设 M 及 m 分别是函数 $f(x)$ 在区间 $[a,b]$ 上的最大值及最小值，则

$$m(b-a) \leqslant \int_a^b f(x)\mathrm{d}x \leqslant M(b-a)。$$

(7)（定积分中值定理）若函数 $f(x)$ 在闭区间 $[a,b]$ 上连续，则在积分区间 $[a,b]$ 上至少存在一个 ξ，使 $\int_a^b f(x)\mathrm{d}x = f(\xi)(b-a) \quad (a \leqslant \xi \leqslant b)$（积分中值公式）。

4. 积分上限函数的性质

定理 1　若 $f(x)$ 在 $[a,b]$ 上连续，则积分上限的函数 $\Phi(x) = \int_a^x f(t)\mathrm{d}t$ 在 $[a,b]$ 上具有导数，且它的导数是 $\Phi'(x) = \dfrac{\mathrm{d}}{\mathrm{d}x}\int_a^x f(t)\mathrm{d}t = f(x)(a \leqslant x \leqslant b)$。

若 $f(t)$ 连续，$a(x),b(x)$ 可导，则 $F(x) = \int_{a(x)}^{b(x)} f(t)\mathrm{d}t$ 的导数 $F'(x)$ 为

$$F'(x) = \frac{\mathrm{d}}{\mathrm{d}x}\int_{a(x)}^{b(x)} f(t)\mathrm{d}t = f[b(x)]b'(x) - f[a(x)]a'(x)。$$

定理 2（原函数存在定理）　若 $f(x)$ 在 $[a,b]$ 上连续，则积分上限的函数 $\Phi(x) = \int_a^x f(t)\mathrm{d}t$ 就是 $f(x)$ 在 $[a,b]$ 上的一个原函数。

5. 牛顿—莱布尼茨公式

定理 3（微积分基本公式）　若 $F(x)$ 是连续函数 $f(x)$ 在区间 $[a,b]$ 上的一个原函数，则 $\int_a^b f(x)\mathrm{d}x = F(b) - F(a)$。

定理 4　若 (1) $f(x)$ 在 $[a,b]$ 上连续，(2) $x = \varphi(t)$ 在 $[\alpha,\beta]$ 上是单值的且有连续导数；(3) 当 t 在区间 $[\alpha,\beta]$ 上变化时，$x = \varphi(t)$ 的值在 $[a,b]$ 上变化，且 $\varphi(\alpha) = a, \varphi(\beta) = b$，则有

$$\int_a^b f(x)\mathrm{d}x = \int_\alpha^\beta f[\varphi(t)]\varphi'(t)\mathrm{d}t。$$

6. 分部积分公式

若函数 $u(x),v(x)$ 在区间 $[a,b]$ 上具有连续导数，则有 $\int_a^b u\,\mathrm{d}v = [uv]_a^b - \int_a^b v\,\mathrm{d}u$。

5.2　典型例题

题型一　计算极限

例 1　求 $\lim\limits_{n\to\infty}\left(\dfrac{1^2}{n^3+1^3}+\dfrac{2^2}{n^3+2^3}+\cdots+\dfrac{n^2}{n^3+n^3}\right)$。

解　利用定积分的定义,有

$$\lim_{n\to\infty}\left(\frac{1^2}{n^3+1^3}+\frac{2^2}{n^3+2^3}+\cdots+\frac{n^2}{n^3+n^3}\right)$$

$$=\lim_{n\to\infty}\sum_{k=1}^{n}\frac{(k/n)^2}{1+(k/n)^3}\frac{1}{n}=\int_0^1\frac{x^2}{1+x^3}\mathrm{d}x=\frac{1}{3}\ln2。$$

例 2　求 $\lim\limits_{x\to0}\dfrac{\displaystyle\int_0^{\sin x}\ln[1+(\arctan t)^5]\mathrm{d}t}{\displaystyle\int_0^{\tan x^3}(2^t-1)\mathrm{d}t}$。

$$原式=\lim_{x\to0}\frac{\ln[1+(\arctan(\sin x))^5]\cos x}{(2^{\tan x^3}-1)\cdot\sec^2x^3\cdot3x^2}=\lim_{x\to0}\frac{(\arctan(\sin x))^5}{\tan x^3\cdot\ln2\cdot3x^2}\cdot\lim_{x\to0}\frac{\cos x}{\sec^2x^3}$$

$$=\lim_{x\to0}\frac{x^5}{x^3\cdot\ln2\cdot3x^2}\cdot\lim_{x\to0}\cos x=\frac{1}{3\ln2}。$$

例 3　证明: $\lim\limits_{n\to\infty}\displaystyle\int_0^1\dfrac{x\cos x\sin x^n}{1+\cos^2 2nx}\mathrm{d}x=0$。

证明　当 $x\in[0,1]$ 时, $0\leqslant\cos x\leqslant1$, $\sin x^n\leqslant x^n$,所以 $0\leqslant\dfrac{x\cos x\sin x^n}{1+\cos^2 2nx}\leqslant x^{n+1}$。

进而 $0\leqslant\displaystyle\int_0^1\dfrac{x\cos x\sin x^n}{1+\cos^2 2nx}\mathrm{d}x\leqslant\int_0^1 x^{n+1}\mathrm{d}x=\dfrac{1}{n+2}$。于是 $\lim\limits_{n\to\infty}\displaystyle\int_0^1\dfrac{x\cos x\sin x^n}{1+\cos^2 2nx}\mathrm{d}x=0$。

例 4　设函数 $f(x)$ 在区间 $[0,+\infty)$ 上连续且单调递减非负, $a_n=\sum\limits_{k=1}^{n}f(k)-\displaystyle\int_1^n f(x)\mathrm{d}x(n=1,2,\cdots)$。证明数列 $\{a_n\}$ 的极限存在。

证明　$a_{n+1}-a_n=f(n+1)-\displaystyle\int_n^{n+1}f(x)\mathrm{d}x$,而 $f(x)$ 单调递减,所以

$$f(n+1)=\int_n^{n+1}f(n+1)\mathrm{d}x\leqslant\int_n^{n+1}f(x)\mathrm{d}x\leqslant\int_n^{n+1}f(n)\mathrm{d}x=f(n),$$

进而 $a_{n+1}-a_n\leqslant0(n=1,2,\cdots)$,即数列 $\{a_n\}$ 单调递减。又

$$\int_1^n f(x)\mathrm{d}x=\sum_{k=1}^{n-1}\int_k^{k+1}f(x)\mathrm{d}x\leqslant\sum_{k=1}^{n-1}f(k),\quad 所以\quad a_n=\sum_{k=1}^{n}f(k)-\int_1^n f(x)\mathrm{d}x\geqslant$$

$f(n)\geqslant0$。

综上 $0\leqslant a_n\leqslant a_1$,即数列 $\{a_n\}$ 单调递减且有界,所以数列 $\{a_n\}$ 的极限存在。

题型二 积分上限函数求导

例 5 设 $g(x)=\int_{x+x^2}^{x}(x+u)f(u-x)\mathrm{d}u$，$f(x)$ 可导，求 $g''(x)$。

解 $g(x)\xrightarrow{u-x=t}\int_{x^2}^{0}(2x+t)f(t)\mathrm{d}t=-2x\int_{x^2}^{0}f(t)\mathrm{d}t-\int_{x^2}^{0}tf(t)\mathrm{d}t$，故

$$g'(x)=-2\int_{x^2}^{0}f(t)\mathrm{d}t-2x[-f(x^2)(2x)]+x^2f(x^2)(2x)$$

$$=-2\int_{x^2}^{0}f(t)\mathrm{d}t+[4x^2+2x^3]f(x^2),$$

$$g''(x)=4xf(x^2)+(8x+6x^2)f(x^2)+(8x^3+4x^4)f'(x^2)$$

$$=(12x+6x^2)f(x^2)+(8x^3+4x^4)f'(x^2)。$$

例 6 设 $F(x)=\int_{0}^{\tan x}f(tx^2)\mathrm{d}t$，其中 $f(x)$ 为连续函数，求 $F'(x)$，并讨论 $F'(x)$ 的连续性。

解 显然 $F(0)=0$，当 $x\neq0$ 时，$F(x)=\dfrac{\int_{0}^{x^2\tan x}f(y)\mathrm{d}y}{x^2}$（变换 $y=tx^2$）。而

$$F'(0)=\lim_{x\to0}\frac{\dfrac{\int_{0}^{x^2\tan x}f(y)\mathrm{d}y}{x^2}-0}{x}=\lim_{x\to0}\frac{\int_{0}^{x^2\tan x}f(y)\mathrm{d}y}{x^3}$$

$$=\lim_{x\to0}\frac{f(x^2\tan x)(2x\tan x+x^2\sec^2x)}{3x^2}$$

$$=\lim_{x\to0}f(x^2\tan x)\left[\frac{2}{3}\frac{\tan x}{x}+\frac{\sec^2x}{3}\right]=f(0)。$$

求导数得

$$F'(x)=\frac{f(x^2\tan x)(2\tan x+x\sec^2x)x^2-2\int_{0}^{x^2\tan x}f(y)\mathrm{d}y}{x^3},$$

故

$$\lim_{x\to0}F'(x)=\lim_{x\to0}\frac{f(x^2\tan x)(2\tan x+x\sec^2x)x^2}{x^3}-\lim_{x\to0}\frac{2\int_{0}^{x^2\tan x}f(y)\mathrm{d}y}{x^3}。$$

由 $F'(0)$ 的计算知，$\lim_{x\to0}\dfrac{2\int_{0}^{x^2\tan x}f(y)\mathrm{d}y}{x^3}=2f(0)$，而

$$\lim_{x\to0}\frac{f(x^2\tan x)(2\tan x+x\sec^2x)x^2}{x^3}=\lim_{x\to0}f(x^2\tan x)\left[2\frac{\tan x}{x}+\sec^2x\right]=3f(0)。$$

从而 $\lim_{x\to0}F'(x)=F'(0)$，所以 $F'(x)$ 的连续性。

题型三 应用积分上限函数证明

例 7 设函数 $f(x),g(x)$ 在 $[a,b]$ 上连续，证明

$$\left[\int_a^b f(x)g(x)\mathrm{d}x\right]^2 \leqslant \int_a^b f^2(x)\mathrm{d}x \cdot \int_a^b g^2(x)\mathrm{d}x。$$

证明 令 $F(t) = \left[\int_a^t f(x)g(x)\mathrm{d}x\right]^2 - \int_a^t f^2(x)\mathrm{d}x \cdot \int_a^t g^2(x)\mathrm{d}x$,则

$$F'(t) = 2\left[\int_a^t f(x)g(x)\mathrm{d}x\right]f(t)g(t) - f^2(t)\int_a^t g^2(x)\mathrm{d}x - g^2(t)\int_a^t f^2(x)\mathrm{d}x$$

$$= \int_a^t 2f(x)g(x)f(t)g(t)\mathrm{d}x - \int_a^t f^2(t)g^2(x)\mathrm{d}x - \int_a^t f^2(x)g^2(t)\mathrm{d}x$$

$$= \int_a^t [2f(x)g(x)f(t)g(t) - f^2(t)g^2(x) - f^2(x)g^2(t)]\mathrm{d}x$$

$$= -\int_a^t [f(t)g(x) - f(x)g(t)]^2 \mathrm{d}x \leqslant 0,$$

所以 $F(t)$ 在 $[a,b]$ 上单调递减,而 $F(a)=0$,所以,对 $b>a$,有 $F(b) \leqslant F(a) = 0$,故

$$\left[\int_a^b f(x)g(x)\mathrm{d}x\right]^2 \leqslant \int_a^b f^2(x)\mathrm{d}x \cdot \int_a^b g^2(x)\mathrm{d}x。$$

例 8 设函数 $f(x)$ 在 $[a,b]$ 上有连续一阶导数,且 $f(a)=f(b)=0$,证明:

$$\left|\int_a^b f(x)\mathrm{d}x\right| \leqslant \frac{(b-a)^2}{4}\max_{x\in[a,b]}|f'(x)|。$$

证明 令 $F(t) = \int_a^t f(x)\mathrm{d}x$,则 $F(a) = F'(a) = F'(b) = 0$,于是存在

$$c \in \left[a, \frac{a+b}{2}\right], \quad d \in \left[\frac{a+b}{2}, b\right]$$

使得

$$F\left(\frac{a+b}{2}\right) = F(a) + F'(a)\left(\frac{a+b}{2} - a\right) + \frac{F'(c)}{2}\left(\frac{a+b}{2} - a\right)^2 = \frac{F'(c)}{2}\left(\frac{a+b}{2} - a\right)^2,$$

$$F\left(\frac{a+b}{2}\right) = F(b) + F'(b)\left(\frac{a+b}{2} - b\right) + \frac{F'(d)}{2}\left(\frac{a+b}{2} - b\right)^2$$

$$= F(b) + \frac{F'(d)}{2}\left(\frac{a+b}{2} - b\right)^2。$$

上面两个式子相减得

$$F(b) = \frac{F'(c)}{2}\left(\frac{a+b}{2} - a\right)^2 - \frac{F'(d)}{2}\left(\frac{a+b}{2} - b\right)^2。$$

于是

$$|F(b)| \leqslant \frac{\max\limits_{x\in[a,b]}|f'(x)|}{2}\left[\left(\frac{a+b}{2} - a\right)^2 + \left(\frac{a+b}{2} - b\right)^2\right] = \frac{(a-b)^2}{4}\max_{x\in[a,b]}|f'(x)|,$$

即 $\left|\int_a^b f(x)\mathrm{d}x\right| \leqslant \frac{(b-a)^2}{4}\max\limits_{x\in[a,b]}|f'(x)|。$

题型四 特殊定积分求法

例 9 求 $\int_0^1 \frac{\ln(1+x)}{1+x^2}\mathrm{d}x。$

解 $a = \int_0^1 \dfrac{\ln(1+x)}{1+x^2}dx = \int_1^0 \dfrac{\ln\left(1+\dfrac{1-t}{1+t}\right)}{1+\left(\dfrac{1-t}{1+t}\right)^2} \dfrac{-2dt}{(1+t)^2} = \int_0^1 \dfrac{\ln2 - \ln(1+t)}{1+t^2}dt$

$\qquad = \int_0^1 \dfrac{\ln2}{1+t^2}dt - \int_0^1 \dfrac{\ln(1+t)}{1+t^2}dt = \dfrac{\pi}{4}\ln2 - a$,

于是 $a = \dfrac{\pi}{4}\ln2 - a$ ，故 $a = \dfrac{\pi}{8}\ln2$。

例 10 求 $\displaystyle\int_0^{\frac{\pi}{2}} \dfrac{dx}{1+(\tan x)^{\sqrt{2011}}}$。

解 $a = \int_0^{\frac{\pi}{2}} \dfrac{dx}{1+(\tan x)^{\sqrt{2011}}} \xlongequal{t=\frac{\pi}{2}-x} \int_{\frac{\pi}{2}}^0 \dfrac{-dt}{1+(\tan t)^{-\sqrt{2011}}}$

$\qquad = \int_0^{\frac{\pi}{2}} \dfrac{(\tan t)^{\sqrt{2011}}dt}{1+(\tan t)^{\sqrt{2011}}} = \int_0^{\frac{\pi}{2}} dt - \int_0^{\frac{\pi}{2}} \dfrac{dt}{1+(\tan t)^{\sqrt{2011}}} = \dfrac{\pi}{2} - a$,

所以 $2a = \int_0^{\frac{\pi}{2}} dt = \dfrac{\pi}{2}$ ，故 $a = \dfrac{\pi}{4}$。

于是 $\displaystyle\int_0^{\frac{\pi}{2}} \dfrac{dx}{1+(\tan x)^{\sqrt{2011}}} = \dfrac{\pi}{4}$。

例 11 计算 $I_n = \displaystyle\int_0^{n\pi} x \mid \sin x \mid dx$ ，其中 n 为正整数。

解 $I_n = \int_0^{n\pi} x \mid \sin x \mid dx = \displaystyle\sum_{k=0}^{n-1} \int_{k\pi}^{(k+1)\pi} x \mid \sin x \mid dx = \displaystyle\sum_{k=0}^{n-1} \int_{k\pi}^{(k+1)\pi} x \mid \sin x \mid dx$ ，而

$\displaystyle\int_{k\pi}^{(k+1)\pi} x \mid \sin x \mid dx = \int_0^\pi (y+k\pi) \mid \sin y \mid dy = \int_0^\pi (y+k\pi)\sin y\,dy$

$\qquad = \int_0^\pi (y+k\pi)d(-\cos y) = (y+k\pi)(-\cos y)\Big|_0^\pi + \int_0^\pi \cos y\,dy$

$\qquad = (2k+1)\pi$,

故 $I_n = \displaystyle\sum_{k=0}^{n-1} (2k+1)\pi = n^2\pi$。

题型五 定积分保号性的应用

例 12 设函数 $f(x)$ 在 $[a,b]$ 上连续，且 $\displaystyle\int_a^b f(x)dx = \int_a^b xf(x)dx = 0$ ，证明 $f(x)$ 在 (a,b) 内至少有两个零点。

证明 由积分中值定理得 $\displaystyle\int_a^b f(x)dx = f(c)(b-a) = 0$ ，如果 $f(x)$ 在 (a,b) 内无零点，则 $f(x)$ 在 $[a,b]$ 上有 $f(x) \geqslant 0$ 或 $f(x) \leqslant 0$ ，这与 $\displaystyle\int_a^b f(x)dx = 0$ 矛盾，从而 $f(x)$ 在 (a,b) 内至少有一个零点 x_1 ，进而 $\displaystyle\int_a^b (x-x_1)f(x)dx = 0$ ，从而

$$\int_a^b (x-x_1)f(x)dx = \int_a^{x_1} (x-x_1)f(x)dx + \int_{x_1}^b (x-x_1)f(x)dx = 0。$$

如果 $f(x)$ 除 x_1 外在 (a,b) 内无零点，则不妨设在 $[a,x_1)$ 内 $f(x)>0$，在 $(x_1,b]$ 内 $f(x)<0$，从而在 $[a,x_1)$ 内 $(x-x_1)f(x)<0$，在 $(x_1,b]$ 内 $(x-x_1)f(x)<0$，进而

$$\int_a^b (x-x_1)f(x)\mathrm{d}x<0.$$

这与 $\int_a^b (x-x_1)f(x)\mathrm{d}x=0$ 矛盾，于是 $f(x)$ 在 (a,b) 至少有两个零点。

题型六　定积分等式不等式的证明

例 13　设函数 $f(x)$ 在区间 $[0,1]$ 上连续且单调递减，$a,b\in(0,1)$，$a<b$，证明

$$b\int_0^a f(x)\mathrm{d}x \geqslant a\int_0^b f(x)\mathrm{d}x.$$

证明一　经过变量代换 $b\int_0^a f(x)\mathrm{d}x=ab\int_0^1 f(at)\mathrm{d}t(t=x/a)$。

同理 $a\int_0^b f(x)\mathrm{d}x=ab\int_0^1 f(bt)\mathrm{d}t(t=x/b)$。

由于 $t\in(0,1)$，故 $at<bt$。因 $f(x)$ 在区间 $[0,1]$ 上单调递减，所以 $f(at)>f(bt)$，进而 $ab\int_0^1 f(at)\mathrm{d}t>ab\int_0^1 f(bt)\mathrm{d}t$，所以 $b\int_0^a f(x)\mathrm{d}x\geqslant a\int_0^b f(x)\mathrm{d}x$。

证明二　经过变量代换 $b\int_0^a f(x)\mathrm{d}x=\int_0^{ab} f(t/b)\mathrm{d}t(t=bx)$。同理 $a\int_0^b f(x)\mathrm{d}x=\int_0^{ab} f(t/a)\mathrm{d}t(t=ax)$。

由于 $t\in(0,1)$，故 $t/b<t/a$，因 $f(x)$ 在区间 $[0,1]$ 上单调递减，所以 $f(t/b)>f(t/a)$，所以 $b\int_0^a f(x)\mathrm{d}x\geqslant a\int_0^b f(x)\mathrm{d}x$。

证明三　$a\int_0^b f(x)\mathrm{d}x-b\int_0^a f(x)\mathrm{d}x=a\left[\int_0^a f(x)\mathrm{d}x+\int_a^b f(x)\mathrm{d}x\right]-b\int_0^a f(x)\mathrm{d}x$

$$=(a-b)\int_0^a f(x)\mathrm{d}x+a\int_a^b f(x)\mathrm{d}x=(a-b)f(c)a+af(d)(b-a)$$

$$=(a-b)a[f(c)-f(d)](c\in[0,a],d\in[a,b]).$$

因 $f(x)$ 在区间 $[0,1]$ 上单调递减，所以 $f(c)>f(d)$，故 $b\int_0^a f(x)\mathrm{d}x\geqslant a\int_0^b f(x)\mathrm{d}x$。

证明四　设 $g(t)=\dfrac{\int_0^t f(x)\mathrm{d}x}{t}(t\in(0,1))$，则

$$g'(t)=\frac{tf(t)-\int_0^t f(x)\mathrm{d}x}{t^2}=\frac{tf(t)-tf(c)}{t^2}(c\in(0,t)).$$

因 $f(x)$ 在区间 $(0,1)$ 上单调递减，所以 $f(c)>f(t)$，故 $g(t)$ 在区间 $(0,1)$ 上单调递减，而 $a<b$，所以 $g(a)>g(b)$，故 $b\int_0^a f(x)\mathrm{d}x\geqslant a\int_0^b f(x)\mathrm{d}x$。

例 14　设函数 $f(x)$ 在区间 $[a,b]$ 上连续，$f(x)>0$，$g(x)$ 在 $[a,b]$ 上二阶可导，且 $g''(x)<0$。证明：

$$g\left[\frac{1}{b-a}\int_a^b f(x)\mathrm{d}x\right]\geqslant\frac{1}{b-a}\int_a^b g(f(x))\mathrm{d}x\,。$$

证明 因 $g(x)$ 在 $[a,b]$ 上二阶可导,且 $g''(x)<0$,由泰勒公式有

$$g(y)=g(y_0)+g'(y_0)(y-y_0)+\frac{g''(\xi)}{2}(y-y_0)^2\,,$$

所以 $g(y)\leqslant g(y_0)+g'(y_0)(y-y_0)$。取 $y=f(x)$,$y_0=\dfrac{1}{b-a}\int_a^b f(x)\mathrm{d}x$,从而上式变为

$$g[f(x)]\leqslant g\left[\frac{1}{b-a}\int_a^b f(x)\mathrm{d}x\right]+g'(y_0)\left[f(x)-\frac{1}{b-a}\int_a^b f(x)\mathrm{d}x\right]\,。$$

在 $[a,b]$ 上对上式两端积分,由于 $\int_a^b\left[f(x)-\dfrac{1}{b-a}\int_a^b f(x)\mathrm{d}x\right]\mathrm{d}x=0$,所以

$$(b-a)g\left[\frac{1}{b-a}\int_a^b f(x)\mathrm{d}x\right]\geqslant\int_a^b g[f(x)]\mathrm{d}x\,,$$

即

$$g\left[\frac{1}{b-a}\int_a^b f(x)\mathrm{d}x\right]\geqslant\frac{1}{b-a}\int_a^b g[f(x)]\mathrm{d}x\ \text{成立}。$$

5.3 同步训练

计算极限

1. $\displaystyle\lim_{n\to\infty}\left(\frac{1}{n+1}+\frac{1}{n+2}+\cdots+\frac{1}{n+n}\right)$。

2. $\displaystyle\lim_{n\to\infty}n\left(\frac{1}{n^2+1^2}+\frac{1}{n^2+2^2}+\cdots+\frac{1}{n^2+n^2}\right)$。

3. $\displaystyle\lim_{n\to\infty}\left(\frac{\cos a+\cos\left(a+\dfrac{b}{n}\right)+\cdots+\cos\left(a+\dfrac{n-1}{n}b\right)}{n}\right)$。

4. $\displaystyle\lim_{n\to\infty}\left(\frac{\sin\dfrac{\pi}{n}}{n+1}+\frac{\sin\dfrac{2\pi}{n}}{n+\dfrac{1}{2}}+\cdots+\frac{\sin\pi}{n+\dfrac{1}{n}}\right)$。

5. 证明:$\displaystyle\lim_{n\to\infty}\int_n^{n+p}\frac{\sin\pi x}{x}\mathrm{d}x=0\quad(p>0)$。

6. 求 $\displaystyle\lim_{x\to0}\frac{\displaystyle\int_0^{x^2}(\sqrt{1+\sin2t}-1)^2\left(1+\dfrac{t}{1+t}\right)^{\frac{1+t}{3t}}\mathrm{d}t}{x^2(\mathrm{e}^{x^2}-1)}$。

证明不等式

7. $\dfrac{1}{2}\leqslant\displaystyle\int_{\frac{\pi}{4}}^{\frac{\pi}{2}}\frac{\sin x}{x}\mathrm{d}x\leqslant\dfrac{\sqrt{2}}{2}$。

8. $\ln n! > \int_1^n \ln x \, dx \, (n \geqslant 2)$。

9. $\dfrac{1}{2} < \int_0^1 \dfrac{dx}{\sqrt{4 - x^2 + x^3}} < \dfrac{\pi}{6}$。

10. $\int_a^b e^{\arctan x^2} \, dx \cdot \int_a^b e^{-\arctan y^2} \, dy \geqslant (b - a)^2$。

11. 设 $\Phi(x) = \int_0^x (x - u) f(u) \, du$，$f(u)$ 可导，求 $\Phi''(x)$。

12. 设函数 $g(u)$ 是连续的正值函数，证明 $f(x) = \int_{-c}^c |x - u| g(u) \, du$ 在 $[-c, c]$ 上是凹的。

13. 设 $f(x) = x^x + \int_x^{x^2} e^{-xt^2} \, dt$，求 $f'(1)$。

14. 设 $f(x)$ 在 $x = 12$ 的邻域内可导，$\lim\limits_{x \to 12} f(x) = 0$，$\lim\limits_{x \to 12} f'(x) = 998$，求：

$$\lim_{x \to 12} \dfrac{\displaystyle\int_x^{12} \left[t \int_t^{12} f(u) \, du \right] dt}{(12 - x)^3}。$$

15. 设 $0 < a < b$，求 $\lim\limits_{t \to 0} \left\{ \int_0^1 [bx + a(1 - x)]^t \, dx \right\}^{\frac{1}{t}}$。

16. 设 $f(x)$ 在 $[0, 1]$ 上的一阶导数连续，且 $f(1) - f(0) = 1$，证明：$1 \leqslant \int_a^b [f'(x)]^2 \, dx$。

17. 设 $f(x)$ 在区间 $[a, b]$ 上有连续的导数，证明 $\lim\limits_{\lambda \to \infty} \int_a^b f(x) \cos \lambda x \, dx = 0$。

18. 设 $f(x)$ 在区间 $(-\infty, +\infty)$ 上连续，$F(x) = \dfrac{1}{2a} \int_{x-a}^{x+a} f(t) \, dt \, (a > 0)$，$G(x) = \int_0^x f(t) \, dt$，解答下列问题：

(1) 用 $G(x)$ 表示 $F(x)$；(2) 求 $F'(x)$；(3) 求证：$\lim\limits_{a \to 0} F(x) = f(x)$；

(4) 设 $f(x)$ 在 $[x - a, x + a]$ 上的最大值和最小值分别是 M, m，求证：

$$|F(x) - f(x)| \leqslant M - m。$$

计算定积分

19. $\int_0^{\frac{3\pi}{2}} \arcsin(\cos x) \, dx$。

20. $\int_{-2}^3 |x^2 - 2x - 3| \, dx$。

21. $\int_0^a \dfrac{dx}{x + \sqrt{a^2 - x^2}} \, (a > 0)$。

22. $\int_1^2 \left(1 - \dfrac{1}{x^2} \right) \sin\left(x + \dfrac{1}{x} \right) dx$。

23. $\int_0^\pi \dfrac{x \, |\sin x \cos x|}{1 + \sin^4 x} \, dx$。

24. $\int_0^{+\infty} \dfrac{1}{(1 + x^2)(1 + x^{\sqrt{2011}})} \, dx$。

25. $\int_{\frac{1}{a}}^a \left(1 - \dfrac{1}{x^2} \right) f\left(x + \dfrac{1}{x} \right) dx$。

26. $\int_{\frac{1}{2}}^2 \left(1 + x - \dfrac{1}{x} \right) e^{x + \frac{1}{x}} \, dx$。

27. $\int_2^4 \dfrac{\sqrt{\ln(9 - x)}}{\sqrt{\ln(9 - x)} + \sqrt{\ln(x + 3)}} \, dx$。

28. $\int_0^\pi x \ln(\sin x) \, dx$。

29. $\displaystyle\int_{-e^e}^{-e^{\sqrt{e}}}\frac{\ln\ln\ln|x|}{x\ln|x|}\mathrm{d}x$。

30. $\displaystyle\int_0^\pi\frac{\pi+\cos x}{x^2-\pi x+2004}\mathrm{d}x$。

31. $\displaystyle\int_0^1 e^{x^2}(x^3+x)\mathrm{d}x$。

32. $\displaystyle\int_2^4\frac{x}{\sqrt{|x^2-9|}}\mathrm{d}x$。

33. 当 a,b 满足什么条件时，$\displaystyle\int\frac{x^2+ax+b}{(x+1)^2(x^2+1)}\mathrm{d}x$：(1) 无反正切函数 (2) 无对数函数。

34. 设 $f(x)$ 为连续函数，且 $g(x)=\displaystyle\int_a^b f(x+t)\cos t\,\mathrm{d}t$，求 $g'(x)$。

35. 设 $\displaystyle\int_0^1 f(tx)\mathrm{d}t=\frac{1}{2}f(x)+1$，求 $f(x)$。

36. 设 $f(x)$ 在 $[0,+\infty)$ 上连续且 $f\geqslant 0$，如果
$$f(x)f(y)f(z)\leqslant x^2 yf(z)+y^2 zf(x)+z^2 xf(y)，求证：\int_0^a f(x)\mathrm{d}x\leqslant\frac{\sqrt{2}}{2}a^{\frac{5}{2}}。$$

37. 设 $f(x)$ 为连续函数，证明 $\displaystyle\int_0^{2\pi}f(a\cos x+b\sin x)\mathrm{d}x=2\int_{-\frac{\pi}{2}}^{\frac{\pi}{2}}f(\sqrt{a^2+b^2}\sin x)\mathrm{d}x$。

38. 设函数 $f(x)$ 连续，$\displaystyle\int_0^x tf(2x-t)\mathrm{d}t=\frac{1}{2}\arctan x^2$. 已知 $f(1)=1$，求 $\displaystyle\int_1^2 f(t)\mathrm{d}t$ 的值。

39. 设函数 $f(x)$ 的二阶导数 $f''(x)$ 在 $[0,1]$ 上连续，证明：
$$\int_0^1 f(x)\mathrm{d}x=\frac{f(0)+f(1)}{2}-\frac{1}{2}\int_0^1 x(1-x)f''(x)\mathrm{d}x。$$

40. 已知 $f(x)=x^2-x\displaystyle\int_0^2 f(x)\mathrm{d}x+2\int_0^1 f(x)\mathrm{d}x$，求 $f(x)$。

41. 以 yOz 坐标上的平面曲线段 $y=f(z)(0\leqslant z\leqslant h)$ 绕 z 轴旋转所构成的旋转曲面和 xOy 坐标面围成一个无盖容器，已知它的底面积为 $16\pi(\mathrm{cm}^3)$，如果以 $3(\mathrm{cm}^3/\mathrm{s})$ 的速度把水注入容器内，水表面的面积以 $\pi(\mathrm{cm}^2/\mathrm{s})$ 增大，试求曲线 $y=f(x)$ 的方程。

42. 设 $f'(x)=\arcsin(x-1)^2$ 及 $f(0)=0$，求 $\displaystyle\int_0^1 f(x)\mathrm{d}x$。

43. 设函数 $f(x)$ 在区间 $[0,1]$ 上连续，$\displaystyle\int_0^1 f(x)\mathrm{d}x=I\neq 0$。证明：存在 $a,b\in(0,1)$，$a\neq b$ 使得 $\dfrac{1}{f(a)}+\dfrac{1}{f(b)}=\dfrac{2}{I}$。

44. 设函数 $f(x)$ 在 $[-a,a](a>0)$ 上连续，在 $x=0$ 处可导，且 $f'(0)\neq 0$。

(1) 求证：$\forall x\in(0,a)$，存在 $\theta\in(0,1)$，使等式 $\displaystyle\int_0^x f(t)\mathrm{d}t+\int_0^{-x}f(t)\mathrm{d}t=x[f(\theta x)-f(-\theta x)]$ 成立。

(2) 求 $\displaystyle\lim_{x\to 0^+}\theta$。

45. 设 $f(x)$ 在 $[-\pi,\pi]$ 上连续，且 $f(x)=\dfrac{x}{1+\cos^2 x}+\displaystyle\int_{-\pi}^\pi f(x)\sin x\,\mathrm{d}x$，求 $f(x)$。

46. 设 $f(x)$ 在 $[0,1]$ 上连续且单调减少,证明: $\int_0^1 f(x)\mathrm{d}x - \dfrac{1}{n}\sum_{k=1}^n f\left(\dfrac{k}{n}\right) \leqslant \dfrac{f(0)-f(1)}{n}$。

47. 设函数 $f(x)$ 在 $a \leqslant x \leqslant b$ 上连续,且 $f(x) > 0$,$g(x) = \int_a^x f(t)\mathrm{d}t + \int_b^x \dfrac{1}{f(t)}\mathrm{d}t$。证明:(1) $g'(x) \geqslant 2$;(2) $g(x)$ 在 $[a,b]$ 上恰有一根。

48. 设 $f(x)$ 以 π 为周期,证明: $\int_0^{2\pi}(\sin x + x)f(x)\mathrm{d}x = \int_0^{\pi}(2x+\pi)f(x)\mathrm{d}x$。

49. 设 $F(x) = \int_1^x \dfrac{\mathrm{e}^t}{t}\mathrm{d}t$,求证: $\int_1^x \dfrac{\mathrm{e}^t}{t+a}\mathrm{d}t = \mathrm{e}^{-a}\left[F(x+a) - F(1+a)\right]$。

50. 求 $\int_0^{\frac{\pi}{2}} \ln\sin x\,\mathrm{d}x$。

51. 设函数 $f(x)$ 满足 $f(1) = 1$,且当 $x \geqslant 1$ 时,有 $f'(x) = \dfrac{1}{x^2 + f^2(x)}$,证明:

(1) $\lim\limits_{x\to\infty} f(x)$ 存在;(2) $\lim\limits_{x\to\infty} f(x) \leqslant 1 + \dfrac{\pi}{4}$。

52. 证明 $\lim\limits_{n\to\infty} \sqrt[3]{n}\int_n^{n+1} \dfrac{\sin 2019\pi x}{\sqrt{x + \cos x}}\mathrm{d}x = 0$。

53. 已知曲线 $y = f(x)$ 与 $y = \int_0^{\arctan x} \mathrm{e}^{-t^2}\mathrm{d}t$ 在点 $(0,0)$ 处的切线相同,写出切线方程并求 $\lim\limits_{n\to\infty} nf\left(\dfrac{2}{n}\right)$。

54. 设函数 $f(x)$ 在闭区间 $[0,1]$ 上可微,且满足 $f(1) = 3\int_0^{\frac{1}{3}} xf(x)\mathrm{d}x$,求证在 $(0,1)$ 内至少存在一点 ξ,使得 $f'(\xi) = \dfrac{f(\xi)}{\xi}$。

55. 求 $f(x) = \int_0^x \dfrac{2t-1}{t^2 - t + 1}\mathrm{d}t$ 在 $[0,1]$ 上的最大值与最小值。

56. 求 $f(x) = \int_1^{x^2}(x^2 - t)\mathrm{e}^{-t^2}\mathrm{d}t$ 的单调区间和极值。

57. 已知 $f(x)$ 是以 2 为周期的连续函数,证明: $g(x) = 2\int_0^x f(t)\mathrm{d}t - x\int_0^2 f(t)\mathrm{d}t$ 也是以 2 为周期的连续函数。

58. 设 $f(x)$ 存在二阶导数,且 $f'(x) > 0$,$f''(x) > 0$. 证明:

$$f(a) < \dfrac{\int_a^b f(x)\mathrm{d}x}{b-a} < \dfrac{f(a)+f(b)}{2}。$$

59. 设函数 $f(x)$ 在区间 $(0,1)$ 内可微,且 $0 \leqslant f(x) < 1$,$f(0) = 0$. 证明:

$$\left(\int_0^1 f(x)\mathrm{d}x\right)^2 \geqslant \int_0^1 f^3(x)\mathrm{d}x。$$

60. 设函数 $f(x)$ 在区间 $[0,1]$ 上连续且单调递减,$f(1) > 0$,求证:

$$\dfrac{\int_0^1 xf^2(x)\mathrm{d}x}{\int_0^1 xf(x)\mathrm{d}x} \leqslant \dfrac{\int_0^1 f^2(x)\mathrm{d}x}{\int_0^1 f(x)\mathrm{d}x}。$$

61. 设函数 $f(x)$ 在区间 $[0,1]$ 上连续且单调递减,$\alpha \in (0,1)$,证明:

$$\int_0^\alpha f(x)\mathrm{d}x \geqslant \alpha \int_0^1 f(x)\mathrm{d}x\,。$$

62. 设 $f'(x)$ 在 $[0,2\pi]$ 上连续,$f'(x) \geqslant 0$,n 为自然数,证明:

$$\left|\int_0^{2\pi} f(x)\sin nx\,\mathrm{d}x\right| \leqslant \frac{2}{n}[f(2\pi) - f(0)]\,。$$

63. 设 $F(x) = \begin{cases} \dfrac{\displaystyle\int_0^x tf(t)\mathrm{d}t}{x^2}, & x \neq 0, \\ c, & x = 0, \end{cases}$ 其中 $f(x)$ 具有连续导数且 $f(0) = 0$。

(1) 试确定 c 使 $F(x)$ 连续;

(2) 在(1)的结果下问 $F'(x)$ 是否连续(要求过程)。

64. 设 $f(x)$ 连续,且 $\lim\limits_{x \to 0} \dfrac{f(x)}{x} = A$($A$ 为常数),$\varphi(x) = \int_0^1 f(xt)\mathrm{d}t$,求 $\varphi'(x)$,并讨论 $\varphi'(x)$ 是否连续。

65. 设 $f(x) = \begin{cases} \dfrac{1}{1+x}, & x \geqslant 0, \\ \dfrac{1}{1+\mathrm{e}^x}, & x < 0, \end{cases}$ 求 $\int_0^2 f(x-1)\mathrm{d}x$。

66. 试确定常数 a,b,使得 $\lim\limits_{x \to 0}\left(\dfrac{a}{x^2} + \dfrac{1}{x^4} + \dfrac{b}{x^5}\int_0^x \mathrm{e}^{-t^2}\mathrm{d}t\right)$ 为有限值,并求此极限。

67. 设 $f(x)$ 在 $[a,b]$ 上有连续二阶导数,则在 (a,b) 内存在 ζ 使

$$\int_a^b f(x)\mathrm{d}x = (b-a)f\left(\frac{a+b}{2}\right) + \frac{1}{24}(b-a)^3 f''(\zeta)\,。$$

68. 已知 $I_k = \int_0^{k\pi} \mathrm{e}^{x^2}\sin x\,\mathrm{d}x\,(k=1,2,3)$,比较 I_1,I_2,I_3。

69. 设 $a(x),b(x)$ 是多项式函数,证明

$$f(x) = \left(\int_1^x a(t)\mathrm{d}t\right)\left(\int_1^x b(t)\mathrm{d}t\right) - (x-1)\left(\int_1^x a(t)b(t)\mathrm{d}t\right)$$ 能被 $(x-1)^4$ 整除。

70. 求 $\lim\limits_{n \to \infty} \sin\dfrac{1}{n^2 - 2020\sin n}\sum\limits_{k=1}^n k\mathrm{e}^{\frac{k}{n}}$。

71. 设函数 $f(x)$ 在区间 $(-1,+\infty)$ 内连续且满足 $f(x)\left(\int_0^x f(t)\mathrm{d}t + 1\right) = \dfrac{x\mathrm{e}^x}{2(1+x)^2}$,求 $f(x)$。

72. 设函数 $f(x)$ 在区间 $(-\infty,+\infty)$ 上连续且满足 $\int_0^x (x-u)f(u)\mathrm{d}u = \mathrm{e}^x(x^2-2x)$,求 $f(x)$ 的极值。

5.4 参考答案

1. 原式 $= \displaystyle\int_0^1 \frac{1}{1+x}\mathrm{d}x = \ln 2$。   2. 原式 $= \displaystyle\int_0^1 \frac{1}{1+x^2}\mathrm{d}x = \frac{\pi}{4}$。

3. 原式 $= \displaystyle\int_0^1 \cos(a+x)\mathrm{d}x = \sin(a+1) - \sin a$。

4. 利用夹逼定理

$$\frac{\sin\dfrac{\pi}{n}+\sin\dfrac{2\pi}{n}+\cdots+\dfrac{\sin n\pi}{n}}{n+1}\leqslant\frac{\sin\dfrac{\pi}{n}}{n+1}+\frac{\sin\dfrac{2\pi}{n}}{n+\dfrac{1}{2}}+\cdots+\frac{\sin\pi}{n+\dfrac{1}{n}}\leqslant\frac{\sin\dfrac{\pi}{n}+\sin\dfrac{2\pi}{n}+\cdots+\dfrac{\sin n\pi}{n}}{n+\dfrac{1}{n}},$$

$$\lim_{n\to\infty}\left[\frac{\sin\dfrac{\pi}{n}+\sin\dfrac{2\pi}{n}+\cdots+\dfrac{\sin n\pi}{n}}{n+1}\right]$$

$$=\lim_{n\to\infty}\frac{1}{n}\left(\sin\frac{\pi}{n}+\sin\frac{2\pi}{n}+\cdots+\frac{\sin n\pi}{n}\right)\frac{1}{1+\dfrac{1}{n}}=\int_0^\pi\sin x\,\mathrm{d}x=2。$$

同理 $\displaystyle\lim_{n\to\infty}\left[\frac{\sin\dfrac{\pi}{n}+\sin\dfrac{2\pi}{n}+\cdots+\dfrac{\sin n\pi}{n}}{n+\dfrac{1}{n}}\right]$

$$=\lim_{n\to\infty}\frac{1}{n}\left(\sin\frac{\pi}{n}+\sin\frac{2\pi}{n}+\cdots+\frac{\sin n\pi}{n}\right)\frac{1}{1+\dfrac{1}{n^2}}$$

$$=\lim_{n\to\infty}\frac{1}{n}\left(\sin\frac{\pi}{n}+\sin\frac{2\pi}{n}+\cdots+\frac{\sin n\pi}{n}\right)\lim_{n\to\infty}\frac{1}{1+\dfrac{1}{n^2}}=\int_0^\pi\sin x\,\mathrm{d}x=2。$$

5. 原式 $=0$,利用 $\displaystyle\int_n^{n+p}\frac{\sin\pi x}{x}\mathrm{d}x=\frac{\sin\pi\zeta}{\zeta}\cdot p=(p\sin\pi\zeta)\cdot\frac{1}{\zeta}(n\leqslant\zeta\leqslant n+p)$。

6. 原式 $=\dfrac{1}{2}\mathrm{e}^{\frac{1}{3}}$。利用 $y=x^2$,则

$$原式=\lim_{y\to0}\frac{\displaystyle\int_0^y(\sqrt{1+\sin2t}-1)^2\left(1+\frac{t}{1+t}\right)^{\frac{1+t}{3t}}\mathrm{d}t}{y(\mathrm{e}^y-1)}$$

$$=\lim_{y\to0}\frac{\displaystyle\int_0^y(\sqrt{1+\sin2t}-1)^2\left(1+\frac{t}{1+t}\right)^{\frac{1+t}{3t}}\mathrm{d}t}{y^2},$$

然后利用洛必达法则和特殊极限。

7. 利用导数求 $f(x)=\dfrac{\sin x}{x}$ 在 $\left[\dfrac{\pi}{4},\dfrac{\pi}{2}\right]$ 上的最大值、最小值。

8. $\ln n!=\displaystyle\sum_{k=2}^n\ln k$,$\displaystyle\int_1^n\ln x\,\mathrm{d}x=\sum_{k=2}^n\int_{k-1}^k\ln x\,\mathrm{d}x$,比较 $\ln k$ 与 $\displaystyle\int_{k-1}^k\ln x\,\mathrm{d}x$。

9. 利用 $\sqrt{4-x^2+x^3}=\sqrt{4-x^2(1-x)}$ 及 $\sqrt{4-x^2}\leqslant\sqrt{4-x^2(1-x)}\leqslant2$。

10. 利用例 7 的结论。

11. 利用 $\varPhi(x)=\displaystyle\int_0^x(x-u)f(u)\mathrm{d}u=x\int_0^xf(u)\mathrm{d}u-\int_0^xuf(u)\mathrm{d}u$。

12. 原式 $= \displaystyle\int_{-c}^{x}(x-u)g(u)\mathrm{d}u + \int_{x}^{c}(u-x)g(u)\mathrm{d}u$

$\quad = x\displaystyle\int_{-c}^{x}g(u)\mathrm{d}u - \int_{-c}^{x}ug(u)\mathrm{d}u + \int_{x}^{c}ug(u)\mathrm{d}u - x\int_{x}^{c}g(u)\mathrm{d}u$，然后求 $f''(x)$。

13. 略。　　14. 利用洛必达法则。

15. 令 $y=bx+a(1-x)$，则

$$\int_{0}^{1}[bx+a(1-x)]^{t}\mathrm{d}x = \frac{1}{b-a}\int_{a}^{b}y^{t}\mathrm{d}y = \frac{1}{(b-a)(t+1)}(b^{t+1}-a^{t+1}),$$

$$\lim_{t\to 0}\left\{\int_{0}^{1}[bx+a(1-x)]^{t}\mathrm{d}x\right\}^{\frac{1}{t}} = \lim_{t\to 0}\left[\frac{1}{(b-a)(t+1)}(b^{t+1}-a^{t+1})\right]^{\frac{1}{t}}$$

$$=\lim_{t\to 0}\frac{1}{(t+1)^{\frac{1}{t}}}\left(\frac{b^{t+1}-a^{t+1}}{b-a}\right)^{\frac{1}{t}},$$

$$\lim_{t\to 0}\left(\frac{b^{t+1}-a^{t+1}}{b-a}\right)^{\frac{1}{t}} = \mathrm{e}^{\lim_{t\to 0}\frac{\ln\left(\frac{b^{t+1}-a^{t+1}}{b-a}\right)}{t}},$$

然后利用洛必达法则。

16. $\left[\displaystyle\int_{0}^{1}f'(x)\times 1\mathrm{d}x\right]^{2} \leqslant \int_{0}^{1}[f'(x)]^{2}\mathrm{d}x \cdot \int_{0}^{1}1^{2}\mathrm{d}x$，而 $\displaystyle\int_{0}^{1}f'(x)\mathrm{d}x = f(1)-f(0)=1$，
于是 $1 \leqslant \displaystyle\int_{a}^{b}[f'(x)]^{2}\mathrm{d}x$。

17. $\displaystyle\int_{a}^{b}f(x)\cos\lambda x\,\mathrm{d}x = \frac{1}{\lambda}\int_{a}^{b}f(x)\mathrm{d}(\sin\lambda x)$

$$= \frac{1}{\lambda}\left[f(b)\sin\lambda b - f(a)\sin\lambda a - \int_{a}^{b}\sin\lambda x f'(x)\mathrm{d}x\right]。$$

注意 $f(b)\sin\lambda b - f(a)\sin\lambda a$ 有界；利用 $\left|\displaystyle\int_{a}^{b}\sin\lambda x f'(x)\mathrm{d}x\right| \leqslant \int_{a}^{b}|f'(x)|\mathrm{d}x$。

18. (1) 利用 $G'(x)=f(x)$。(2)(3) 略。

(4) $|F(x)-f(x)| = \dfrac{1}{2a}\left|\displaystyle\int_{x-a}^{x+a}[f(t)-f(x)]\mathrm{d}t\right| \leqslant \dfrac{1}{2a}\left|\displaystyle\int_{x-a}^{x+a}|M-m|\mathrm{d}t\right| = |M-m|$。

19. 利用 $\arcsin(\cos x)+\arccos(\cos x)=\dfrac{\pi}{2}$ 得 $\arcsin(\cos x)+x=\dfrac{\pi}{2}$。

22. 利用 $\displaystyle\int_{1}^{2}\left(1-\frac{1}{x^{2}}\right)\sin\left(x+\frac{1}{x}\right)\mathrm{d}x = \int_{1}^{2}\sin\left(x+\frac{1}{x}\right)\mathrm{d}\left(x+\frac{1}{x}\right)$。

23. 利用 $\displaystyle\int_{0}^{\pi}xf(\sin x)\mathrm{d}x = \frac{\pi}{2}\int_{0}^{\pi}f(\sin x)\mathrm{d}x$；再将区间分成 $\left[0,\dfrac{\pi}{2}\right]$，$\left[\dfrac{\pi}{2},\pi\right]$。

24. 利用 $y=\dfrac{1}{x}$ 得到的结果与原式相加。　　25. 方法同 22。

26. $\displaystyle\int_{\frac{1}{2}}^{2}\left(1+x-\frac{1}{x}\right)\mathrm{e}^{x+\frac{1}{x}}\mathrm{d}x = \int_{\frac{1}{2}}^{2}\mathrm{e}^{x+\frac{1}{x}}\mathrm{d}x + \int_{\frac{1}{2}}^{2}\left(x-\frac{1}{x}\right)\mathrm{e}^{x+\frac{1}{x}}\mathrm{d}x$。

用分部积分得 $\displaystyle\int_{\frac{1}{2}}^{2}\mathrm{e}^{x+\frac{1}{x}}\mathrm{d}x = x\mathrm{e}^{x+\frac{1}{x}}\Big|_{\frac{1}{2}}^{2} - \int_{\frac{1}{2}}^{2}\left(x-\frac{1}{x}\right)\mathrm{e}^{x+\frac{1}{x}}\mathrm{d}x$。

27. 利用 $y=6-x$ 得到的结果与原式相加。　　28. 方法同 23。

30. 利用 $y=\pi-x$ 得到的结果与原式相加。

31. $\int_0^1 e^{x^2}(x^3+x)dx = \frac{1}{2}\int_0^1 (x^2+1)de^{x^2}$，然后利用分部积分。

33. $\dfrac{x^2+ax+b}{(x+1)^2(x^2+1)} = \dfrac{A}{(x+1)} + \dfrac{B}{(x+1)^2} + \dfrac{Cx+D}{x^2+1}$。

(1) 当 $D=0$ 时无反正切函数，利用待定系数讨论 a,b 关系；

(2) 当 $A=C=0$ 时无对数函数，利用待定系数讨论 a,b 关系。

34. 利用 $y=x+t$ 及 $\cos(y-x) = \cos y \cos x + \sin y \sin x$，则

$$g(x) = \cos x \int_{a+x}^{b+x} f(y)\cos y\, dy + \sin x \int_{a+x}^{b+x} f(y)\sin y\, dy，再求导。$$

35. 显然可得 $f(0)=2$，当 $x \neq 0$ 时，$x\int_0^1 f(tx)dt = \frac{1}{2}xf(x)+x$，从而

$$\int_0^1 f(tx)dt\, x = \frac{1}{2}xf(x)+x = \int_0^x f(y)dy(变换\ y=tx)，再求导。$$

36. 令 $m = \int_0^a f(x)dx$，由已知条件积分三次得不等式，即可得结论。

37. $\displaystyle\int_0^{2\pi} f(a\cos x + b\sin x)dx = \int_0^{2\pi} f(\sqrt{a^2+b^2}\sin(x+\varphi))dx$

$$= \int_{\varphi}^{2\pi+\varphi} f(\sqrt{a^2+b^2}\sin x)dx \left(变换\ \tan\varphi = \frac{b}{a}\right)。$$

根据周期性证明 $\displaystyle\int_{\varphi}^{2\pi+\varphi} f(\sqrt{a^2+b^2}\sin x)dx = \int_0^{2\pi} f(\sqrt{a^2+b^2}\sin x)dx$，然后分成区间证明。

38. 由变量代换得

$$\int_0^x tf(2x-t)dt \xrightarrow{y=2x-t} \int_{2x}^x (2x-y)f(y)(-dy)$$

$$= \int_x^{2x}(2x-y)f(y)dy = 2x\int_x^{2x}f(y)dy - \int_x^{2x}yf(y)dy。$$

两边求导得

$$2x[f(2x)2-f(x)] + 2\int_x^{2x}f(y)dy - [2xf(2x)2-xf(x)] = \frac{x}{1+x^4},$$

整理得

$$-xf(x) + 2\int_x^{2x}f(y)dy = \frac{x}{1+x^4}。$$

代入 $x=1$ 得 $\int_1^2 f(y)dy = \dfrac{3}{4}$。

39. $\displaystyle\int_0^1 x(1-x)f''(x)dx = \int_0^1 x(1-x)df'(x)$

$$= x(1-x)f'(x)\Big|_0^1 - \int_0^1 f'(x)(1-2x)dx,$$

再用一次分部积分即可。

40. 令 $a = \int_0^2 f(x)dx, b = \int_0^1 f(x)dx$，则 $f(x) = x^2 - ax + 2b$。

两边在区间 $[0,1]$ 上积分得，$b = 1/3 - a/2 + 2b$。两边在区间 $[0,2]$ 上再积分得，$a =$

$8/3 - 2a + 4b$。解得 $a = 4/3, b = 1/3$。所以 $f(x) = x^2 - \dfrac{4}{3}x + \dfrac{2}{3}$。

42. $\displaystyle\int_0^1 f(x)\mathrm{d}x = \int_0^1 f(x)\mathrm{d}(x-1) = f(x)(x-1)\Big|_0^1 - \int_0^1 (x-1)f'(x)\mathrm{d}x$，再作代换 $y = x - 1$。

43. 令 $g(x) = \left(\displaystyle\int_0^x f(t)\mathrm{d}t\right)/I$，从而 $g(0) = 0, g(1) = 1$，于是，存在 $c \in [0,1]$，使得 $g(c) = 1/2$。再由介值定理得存在 $a \in (0,c), b \in (c,1)$ 使得

$$\frac{g(c) - g(0)}{c - 0} = g'(a), \qquad \frac{g(1) - g(c)}{1 - c} = g'(b)。$$

整理得 $f(a) = \dfrac{I}{2c}, f(b) = \dfrac{I}{2(1-c)}$，于是 $\dfrac{1}{f(a)} + \dfrac{1}{f(b)} = \dfrac{2}{I}$。

44. 化 $\displaystyle\int_0^x f(t)\mathrm{d}t + \int_0^{-x} f(t)\mathrm{d}t = \int_0^x [f(t) - f(-t)]\mathrm{d}t$，再用积分中值定理。

45. 令 $\displaystyle\int_{-\pi}^{\pi} f(x)\sin x\,\mathrm{d}x = a$，则 $f(x)\sin x = \dfrac{x\sin x}{1 + \cos^2 x} + a\sin x$。再积分，然后利用 23 题解答中的结论。

46. 利用 $\displaystyle\int_0^1 f(x)\mathrm{d}x - \frac{1}{n}\sum_{k=1}^n f\left(\frac{k}{n}\right) = \sum_{k=1}^n \int_{\frac{k-1}{n}}^{\frac{k}{n}} f(x)\mathrm{d}x - \frac{1}{n}\sum_{k=1}^n f\left(\frac{k}{n}\right)$。

50. 利用 $\displaystyle\int_0^{\frac{\pi}{2}} f(\sin x)\mathrm{d}x = \int_0^{\frac{\pi}{2}} f(\cos x)\mathrm{d}x$ 得

$$A = \int_0^{\frac{\pi}{2}} \ln\sin x\,\mathrm{d}x = \int_0^{\frac{\pi}{2}} \ln\cos x\,\mathrm{d}x，\text{故 } 2A = \int_0^{\frac{\pi}{2}} \ln\sin x\,\mathrm{d}x + \int_0^{\frac{\pi}{2}} \ln\cos x\,\mathrm{d}x$$

$$= \int_0^{\frac{\pi}{2}} \ln\sin x\cos x\,\mathrm{d}x = \int_0^{\frac{\pi}{2}} [\ln\sin 2x - \ln 2]\mathrm{d}x = \int_0^{\frac{\pi}{2}} \ln\sin 2x\,\mathrm{d}x - \frac{\pi}{2}\ln 2，$$

然后作代换 $y = 2x$。

51. 由题意知 $f'(x) \geqslant 0$，所以当 $x \geqslant 1$ 时，$f(x) \geqslant 1$，故 $f'(x) \leqslant \dfrac{1}{x^2 + 1}$。

$$f(x) - f(1) = \int_1^x f'(t)\mathrm{d}t \leqslant \int_1^x \frac{1}{t^2 + 1}\mathrm{d}t = \arctan x - \frac{\pi}{4}，\text{利用广义积分比较判别法得}$$

$\displaystyle\lim_{x \to \infty} f(x)$ 存在，且 $\displaystyle\lim_{x \to \infty} f(x) \leqslant 1 + \frac{\pi}{4}$。

52. 若 $x \in [n, n+1]$，则 $\left|\dfrac{\sin 2019\pi x}{\sqrt{x + \cos x}}\right| \leqslant \dfrac{1}{\sqrt{n-1}}$，从而

$$\left|\sqrt[3]{n}\int_n^{n+1} \frac{\sin 2019\pi x}{\sqrt{x + \cos x}}\mathrm{d}x\right| \leqslant \frac{\sqrt[3]{n}}{\sqrt{n-1}}，\text{即 } \lim_{n\to\infty}\sqrt[3]{n}\int_n^{n+1} \frac{\sin 2019\pi x}{\sqrt{x + \cos x}}\mathrm{d}x = 0。$$

53. 利用在点 $(0,0)$ 处相切，所以 $f(0) = 0$。$f'(x)\big|_{x=0} = \mathrm{e}^{-(\arctan x)^2}\dfrac{1}{1+x^2}\Big|_{x=0}$，即

$$f'(0) = 1, \lim_{n\to\infty} nf(2/n) = \lim_{n\to\infty} nf(2/n) = 2\lim_{n\to\infty}\frac{f(2/n) - f(0)}{\dfrac{2}{n}} = 2f'(0) = 2。$$

54. 令 $g(x)=xf(x)$，则 $g(1)=3\int_0^{\frac{1}{3}}g(x)\mathrm{d}x=3\left(\frac{1}{3}-0\right)g(c)=g(c)\left(0\leqslant c\leqslant\frac{1}{3}\right)$，

再利用罗尔定理。

56. $f(x)=x^2\int_1^{x^2}\mathrm{e}^{-t^2}\mathrm{d}t-\int_1^{x^2}t\mathrm{e}^{-t^2}\mathrm{d}t$，求导得极值及单调区间。

57. $g(x+2)=2\int_0^{x+2}f(t)\mathrm{d}t-(x+2)\int_0^2f(t)\mathrm{d}t$

$$=2\int_0^2f(t)\mathrm{d}t+2\int_2^{x+2}f(t)\mathrm{d}t-x\int_0^2f(t)\mathrm{d}t-2\int_0^2f(t)\mathrm{d}t$$

$$=2\int_2^{x+2}f(t)\mathrm{d}t-x\int_0^2f(t)\mathrm{d}t,$$

利用 $f(x)$ 的周期性得 $\int_2^{x+2}f(t)\mathrm{d}t=\int_0^xf(t)\mathrm{d}t$。

58. 设 $g(x)=f(a)(x-a)-\int_a^xf(x)\mathrm{d}x,h(x)=\int_a^xf(x)\mathrm{d}x-(x-a)\dfrac{f(x)+f(a)}{2}$，

利用函数的导数及单调性证明。

59. 设 $g(x)=\left(\int_0^xf(t)\mathrm{d}t\right)^2-\int_0^xf^3(t)\mathrm{d}t$，则

$$g'(x)=2f(x)\int_0^xf(t)\mathrm{d}t-f^3(x)=f(x)\left[2\int_0^xf(t)\mathrm{d}t-f^2(x)\right]。$$

设 $h(x)=2\int_0^xf(t)\mathrm{d}t-f^2(x)$，则

$$h'(x)=2f(x)-2f(x)f'(x)=2f(x)[1-f'(x)]。$$

利用 $h(x),g(x)$ 的单调性。

60. 设 $g(t)=\int_0^txf^2(x)\mathrm{d}x\int_0^tf(x)\mathrm{d}x-\int_0^txf(x)\mathrm{d}x\int_0^tf^2(x)\mathrm{d}x$，利用例 7 的方法和

函数的导数及单调性证明。

61. 利用例 13 的方法。　62. 利用 $\int_0^{2\pi}f(x)\sin nx\,\mathrm{d}x=-\dfrac{1}{n}\int_0^{2\pi}f(x)\mathrm{d}(\cos nx)$，分部积分。

63. 利用例 6 的方法。

64. $\varphi(0)=0$，当 $x\neq0$ 时，$\varphi(x)=\dfrac{\displaystyle\int_0^xf(y)\mathrm{d}y}{x}$（变换 $y=tx$），然后利用上题的方法。

66. $\lim\limits_{x\to0}\left(\dfrac{a}{x^2}+\dfrac{1}{x^4}+\dfrac{b}{x^5}\int_0^x\mathrm{e}^{-t^2}\mathrm{d}t\right)=\lim\limits_{x\to0}\dfrac{ax^3+x+b\displaystyle\int_0^x\mathrm{e}^{-t^2}\mathrm{d}t}{x^5}$，然后利用洛必达法则。

67. 用例 8 的方法。

68. $I_2=\int_0^\pi\mathrm{e}^{x^2}\sin x\,\mathrm{d}x+\int_\pi^{2\pi}\mathrm{e}^{x^2}\sin x\,\mathrm{d}x=I_1+\int_\pi^{2\pi}\mathrm{e}^{x^2}\sin x\,\mathrm{d}x$。

由于 $x\in[\pi,2\pi]$ 时，$\sin x\leqslant0$，所以，$I_2<I_1$。又由于

$$I_3=\int_0^\pi\mathrm{e}^{x^2}\sin x\,\mathrm{d}x+\int_\pi^{3\pi}\mathrm{e}^{x^2}\sin x\,\mathrm{d}x=I_1+\int_\pi^{3\pi}\mathrm{e}^{x^2}\sin x\,\mathrm{d}x,$$

而

$$\int_{\pi}^{3\pi} e^{x^2} \sin x \, dx = \int_{\pi}^{2\pi} e^{x^2} \sin x \, dx + \int_{2\pi}^{3\pi} e^{x^2} \sin x \, dx,$$

$$\int_{\pi}^{2\pi} e^{x^2} \sin x \, dx \xlongequal{2\pi - x = y} -\int_{0}^{\pi} e^{(2\pi - y)^2} \sin y \, dy, \quad \int_{2\pi}^{3\pi} e^{x^2} \sin x \, dx \xlongequal{3\pi - x = y} \int_{0}^{\pi} e^{(3\pi - y)^2} \sin y \, dy,$$

$$I_3 = \int_{0}^{\pi} e^{x^2} \sin x \, dx + \int_{\pi}^{3\pi} e^{x^2} \sin x \, dx = I_1 + \int_{0}^{\pi} e^{(3\pi - y)^2} \sin y \, dy - \int_{0}^{\pi} e^{(2\pi - y)^2} \sin y \, dy$$

$$= I_1 + \int_{0}^{\pi} \left[e^{(3\pi - y)^2} - e^{(2\pi - y)^2} \right] \sin y \, dy > I_1,$$

所以 $I_3 > I_1 > I_2$。

69. 首先 $f(1) = 0$。而

$$f'(x) = b(x)\left(\int_{1}^{x} a(t) \, dt\right) + a(x)\left(\int_{1}^{x} b(t) \, dt\right) - (x-1)a(x)b(x) - \int_{1}^{x} a(t)b(t) \, dt,$$

从而 $f'(1) = 0$,而

$$f''(x) = b'(x)\left(\int_{1}^{x} a(t) \, dt\right) + b(x)a(x) + a(x)b(x) + a'(x)\left(\int_{1}^{x} b(t) \, dt\right) -$$

$$(x-1)(a(x)b(x))' - a(x)b(x) - a(x)b(x)$$

$$= b'(x)\left(\int_{1}^{x} a(t) \, dt\right) + a'(x)\left(\int_{1}^{x} b(t) \, dt\right) - (x-1)(a(x)b(x))',$$

从而 $f''(1) = 0$,而

$$f'''(x) = b'(x)a(x) + b''(x)\left(\int_{1}^{x} a(t) \, dt\right) + a''(x)\left(\int_{1}^{x} b(t) \, dt\right) +$$

$$a'(x)b(x) - (x-1)(a(x)b(x))'' - (a(x)b(x))'$$

$$= b''(x)\left(\int_{1}^{x} a(t) \, dt\right) + a''(x)\left(\int_{1}^{x} b(t) \, dt\right) - (x-1)(a(x)b(x))'',$$

从而 $f'''(1) = 0$,故能被 $(x-1)^4$ 整除。

70. 利用定积分的定义

$$原式 = \lim_{n \to \infty} \frac{1}{n^2} \sum_{k=1}^{n} k \, e^{\frac{k}{n}} = \lim_{n \to \infty} \frac{1}{n} \sum_{k=1}^{n} \frac{k}{n} e^{\frac{k}{n}} = \int_{0}^{1} x \, e^x \, dx = 1。$$

71. 设 $g(x) = \int_{0}^{x} f(t) \, dt + 1$,则 $g(0) = 1$,且由题设知 $2g(x)g'(x) = \dfrac{x \, e^x}{(1+x)^2}$,积分

得 $\displaystyle\int_{0}^{x} 2g(t)g'(t) \, dt = \int_{0}^{x} \dfrac{t \, e^t}{(1+t)^2} \, dt$,进而

$$g^2(x) - 1 = \int_{0}^{x} \frac{(1+t-1)e^t}{(1+t)^2} \, dt = \int_{0}^{x} \frac{e^t}{1+t} \, dt - \int_{0}^{x} \frac{e^t}{(1+t)^2} \, dt$$

$$= \int_{0}^{x} \frac{e^t}{1+t} \, dt + \int_{0}^{x} e^t \, d\left(\frac{1}{1+t}\right) = \frac{e^x}{1+x} - 1,$$

故 $g(x) = \dfrac{e^{\frac{x}{2}}}{\sqrt{1+x}}$,从而,$f(x) = g'(x) = \dfrac{x \, e^{\frac{x}{2}}}{2(1+x)\sqrt{1+x}}$。

72. $x\displaystyle\int_0^x f(u)\mathrm{d}u - \int_0^x uf(u)\mathrm{d}u = \mathrm{e}^x(x^2-2x)$,求导得

$$\int_0^x f(u)\mathrm{d}u = \mathrm{e}^x(x^2-2x+2x-2) = \mathrm{e}^x(x^2-2)。$$

继续求导得

$$f(x) = \mathrm{e}^x(x^2-2+2x),$$

$$f'(x) = \mathrm{e}^x(x^2-2+2x+2x+2) = \mathrm{e}^x(x^2+4x),$$

$$f''(x) = \mathrm{e}^x(x^2+4x+2x+2) = \mathrm{e}^x(x^2+6x+2)。$$

令 $f'(x)=0$ 得 $x=0,x=-4$. $f''(0)=2>0,f''(-4)=-6\mathrm{e}^{-4}<0$,故极大值为 $f(-4)=6\mathrm{e}^{-4}$,极小值为 $f(0)=-2$。

第6章

定积分的应用

6.1　知识点

1. 元素法

理解元素法(即微元法)的思想,掌握用微元法解决实际问题的步骤:

(1) 把$[a,b]$分成 n 个小区间,任取一小区间记作$[x,x+\mathrm{d}x]$;

(2) 求出这个小区间上部分量 ΔU 的近似值 $\mathrm{d}U=f(x)\mathrm{d}x$;

(3) $U=\displaystyle\int_a^b f(x)\mathrm{d}x$。

2. 定积分在几何上的应用

(1) 平面图形的面积

直角坐标系下:

X-型:形如 $D_A:\begin{cases}a\leqslant x\leqslant b,\\ f_1(x)\leqslant y\leqslant f_2(x),\end{cases}$　　面积为:$A=\displaystyle\int_a^b(f_2(x)-f_1(x))\mathrm{d}x$。

Y-型:形如 $D_A:\begin{cases}c\leqslant y\leqslant d,\\ g_1(y)\leqslant x\leqslant g_2(y),\end{cases}$　　面积为:$A=\displaystyle\int_c^d(g_2(y)-g_1(y))\mathrm{d}y$。

极坐标系下:

形如 $D_A:\begin{cases}\alpha\leqslant\theta\leqslant\beta,\\ 0\leqslant\rho\leqslant\rho(\theta),\end{cases}$　　面积为:$A=\displaystyle\int_\alpha^\beta\frac{1}{2}\rho^2(\theta)\mathrm{d}\theta$。

(2) 旋转体的体积

平面图形　　$D_A:\begin{cases}a\leqslant x\leqslant b,\\ 0\leqslant y\leqslant f(x),\end{cases}$

绕 x 轴旋转所得体积:$V=\displaystyle\int_a^b\pi f^2(x)\mathrm{d}x$;绕 y 轴旋转所得体积:$V=\displaystyle\int_a^b 2\pi x f(x)\mathrm{d}x$。

平面图形 D_A : $\begin{cases} c \leqslant y \leqslant d, \\ 0 \leqslant x \leqslant g(y), \end{cases}$

绕 y 轴旋转所得体积：$V = \int_c^d \pi g^2(y) \mathrm{d}y$。

(3) 平行截面面积为已知的立体体积

已知垂直于 x 轴的平面截立体所得截面面积为 $A(x)$，立体又被夹于 $x=a$ 和 $x=b$ 两平面间，则

$$V = \int_a^b A(x) \mathrm{d}x。$$

已知垂直于 y 轴的平面截立体所得截面面积为 $A(y)$，立体又被夹于 $y=c$ 和 $y=d$ 两平面间，则

$$V = \int_c^d A(y) \mathrm{d}y。$$

(4) 平面曲线的弧长

直角坐标 L：$y = f(x), x \in [a,b]$，则 $\mathrm{d}s = \sqrt{1 + y'^2}\, \mathrm{d}x, s = \int_a^b \sqrt{1 + y'^2}\, \mathrm{d}x$。

参数方程 L：$\begin{cases} x = \varphi(t), \\ y = \psi(t) \end{cases} (\alpha \leqslant t \leqslant \beta)$，则 $\mathrm{d}s = \sqrt{\varphi'^2(t) + \psi'^2(t)}\, \mathrm{d}t, s = \int_\alpha^\beta \sqrt{\varphi'^2(t) + \psi'^2(t)}\, \mathrm{d}t$。

极坐标 L：$\rho = \rho(\theta), \alpha \leqslant \theta \leqslant \beta$，则 $\mathrm{d}s = \sqrt{\rho^2(\theta) + \rho'^2(\theta)}\, \mathrm{d}\theta, s = \int_\alpha^\beta \sqrt{\rho^2(\theta) + \rho'^2(\theta)}\, \mathrm{d}\theta$。

(5) 旋转体的侧面积

光滑曲线 $y = f(x)(a \leqslant x \leqslant b)$ 绕 x 轴旋转而成的旋转体的侧面积

$$S = 2\pi \int_a^b |y| \sqrt{1 + y'^2}\, \mathrm{d}x。$$

光滑曲线 $\begin{cases} x = x(t), \\ y = y(t) \end{cases} (\alpha \leqslant t \leqslant \beta)$ 绕 x 轴旋转而成的旋转体的侧面积

$$S = 2\pi \int_\alpha^\beta |y(t)| \sqrt{[x'(t)]^2 + [y'(t)]^2}\, \mathrm{d}t。$$

3. 定积分在物理学上的应用

定积分在物理中的应用主要包括变力做功、引力、液体的静压力、重心及转动惯量等。解此类应用题首先是把实际问题化为数学问题，并把合力分解为投影到坐标轴的分力后，分别进行积分计算。

对于物理学中的实际问题，定积分元素法提供了一个解决问题的很好途径。在利用元素法的过程中，先选取合适的积分变量及相应的积分区间，然后确定所求量 U 的积分元素 $\mathrm{d}U = f(x)\mathrm{d}x$（以取 x 做积分变量为例）的具体表达式，这是最重要的两点。特别是在确定积分元素的表达式时，需先把最简单的情况下如何计算相应的量弄清楚。比如变力做功的计算，就要先弄清楚质点沿直线运动时常力所做的功为 $\boldsymbol{F} \cdot \boldsymbol{S}$，这样才清楚变力在小曲线段上做功的近似值为 $\boldsymbol{F} \cdot \boldsymbol{n}\mathrm{d}s$，其中 n 为曲线的切向量，其他如引力、压力等都是如此。

下表归纳了以上内容。

名称	主 要 内 容		
定积分的元素法	定积分的元素法是一种简单记忆定积分 $\left(A=\displaystyle\int_a^b f(x)\mathrm{d}x\right)$ 的方法: 1. 将 $\Delta A_i \approx f(\xi_i)\Delta x_i$ 记为 $\mathrm{d}A=f(x)\mathrm{d}x$。 2. 将 $\displaystyle\lim_{\lambda\to 0}\sum_{i=1}^{n}$ 写为 $\displaystyle\int_a^b$		
平面图形的面积	直角坐标系	**X 型** $D_A:\begin{cases} a\leqslant x\leqslant b \\ f_1(x)\leqslant y\leqslant f_2(x)\end{cases}$ $A=\displaystyle\int_a^b (f_2(x)-f_1(x))\mathrm{d}x$	**Y 型** $D_A:\begin{cases} c\leqslant y\leqslant d \\ g_1(y)\leqslant x\leqslant g_2(y)\end{cases}$ $A=\displaystyle\int_c^d (g_2(y)-g_1(y))\mathrm{d}y$
	极坐标系	$D_A=\begin{cases} \alpha\leqslant\theta\leqslant\beta \\ 0\leqslant\rho\leqslant\rho(\theta)\end{cases}$	$A=\displaystyle\int_\alpha^\beta \frac{1}{2}\rho^2(\theta)\mathrm{d}\theta$
体积	**旋转体体积**		**已知平行截面面积的立体体积**
	$D_A:\begin{cases} a\leqslant x\leqslant b \\ 0\leqslant y\leqslant f(x)\end{cases}$	绕 x 轴旋转: $V=\displaystyle\int_a^b \pi f^2(x)\mathrm{d}x$ 绕 y 轴旋转: $V=\displaystyle\int_a^b 2\pi x f(x)\mathrm{d}x$	已知垂直于 x 轴的平面截立体所得截面面积为 $A(x)$,立体又被夹于 $x=a$ 和 $x=b$ 两平面间,则 $V=\displaystyle\int_a^b A(x)\mathrm{d}x$ 已知垂直于 y 轴的平面截立体所得截面面积为 $A(y)$,立体又被夹于 $y=c$ 和 $y=d$ 两平面间,则 $V=\displaystyle\int_c^d A(y)\mathrm{d}y$
	$D_A:\begin{cases} c\leqslant y\leqslant d \\ 0\leqslant x\leqslant g(y)\end{cases}$	绕 y 轴旋转: $V=\displaystyle\int_c^d \pi g^2(y)\mathrm{d}y$	
平面曲线的弧长	**直角坐标** $L:y=f(x),x\in[a,b]$ $\mathrm{d}s=\sqrt{1+y'^2}\,\mathrm{d}x$: $s=\displaystyle\int_a^b \sqrt{1+y'^2}\,\mathrm{d}x$	**参数方程** $L:\begin{cases} x=\varphi(t), \\ y=\psi(t)\end{cases}(\alpha\leqslant t\leqslant\beta)$ $\mathrm{d}s=\sqrt{\varphi'^2(t)+\psi'^2(t)}\,\mathrm{d}t$ $s=\displaystyle\int_\alpha^\beta \sqrt{\varphi'^2(t)+\psi'^2(t)}\,\mathrm{d}t$	**极坐标** $L:\rho=\rho(\theta),\alpha\leqslant\theta\leqslant\beta$: $\mathrm{d}s=\sqrt{\rho^2(\theta)+\rho'^2(\theta)}\,\mathrm{d}\theta$; $s=\displaystyle\int_\alpha^\beta \sqrt{\rho^2(\theta)+\rho'^2(\theta)}\,\mathrm{d}\theta$
物理应用:1. 变力沿直线做功 2. 水压力 3. 引力			

6.2 典型例题

1. 直角坐标系下利用定积分求平面图形的面积

例 1 曲线 $y=x(x-1)(2-x)$ 与 x 轴所围图形的面积可表示为_____。

A. $-\displaystyle\int_1^2 x(x-1)(2-x)\mathrm{d}x$ B. $\displaystyle\int_0^1 x(x-1)(2-x)\mathrm{d}x-\int_1^2 x(x-1)(2-x)\mathrm{d}x$

C. $\displaystyle\int_0^2 x(x-1)(2-x)\mathrm{d}x$ D. $-\displaystyle\int_0^1 x(x-1)(2-x)\mathrm{d}x+\int_1^2 x(x-1)(2-x)\mathrm{d}x$

解　曲线 $y=x(x-1)(2-x)$ 与 x 轴交点为 $x=0,x=1,x=2$。

当 $0\leqslant x\leqslant 1$ 时,$y\leqslant 0$;当 $1\leqslant x\leqslant 2$ 时,$y>0$。于是

$$A=\int_0^2 |y|\,\mathrm{d}x=-\int_0^1 x(x-1)(2-x)\mathrm{d}x+\int_1^2 x(x-1)(2-x)\mathrm{d}x。$$

故应选 D。

例 2　求由曲线 $y=x^2,4y=x^2$ 及直线 $y=1$ 所围图形的面积。

解　如图 6-1 所示,所围图形关于 y 轴对称,而且在第一象限内的图形表达为 Y-型时,解法较简单。

因为第一象限所围区域 D_1 表达为 Y- 型: $\begin{cases}0\leqslant y\leqslant 1,\\ \sqrt{y}\leqslant x\leqslant 2\sqrt{y},\end{cases}$ 所以 $S_D=2S_{D_1}=$

$2\int_0^1(2\sqrt{y}-\sqrt{y})\mathrm{d}y=2\times\dfrac{2}{3}y^{\frac{3}{2}}\Big|_0^1=\dfrac{4}{3}$。

例 3　求位于曲线 $y=\mathrm{e}^x$ 下方、x 轴上方及过原点的该曲线切线的左方之间图形的面积。

解　先求切线方程,$y=\mathrm{e}^x$,$y'=\mathrm{e}^x$,所以在任一点 $x=x_0$ 处的切线方程为 $y-\mathrm{e}^{x_0}=\mathrm{e}^{x_0}(x-x_0)$。由于切线方程过 $(0,0)$ 点,则 $0-\mathrm{e}^{x_0}=\mathrm{e}^{x_0}(0-x_0)$,解得 $x_0=1$,故所求切线方程为 $y=\mathrm{e}x$。

做出所求区域图形,如图 6-2 所示。所求图形区域为 $D=D_1\bigcup D_2$,X-型下的 D_1: $\begin{cases}-\infty\leqslant x\leqslant 0,\\ 0\leqslant y\leqslant \mathrm{e}^x,\end{cases}$ D_2: $\begin{cases}0\leqslant x\leqslant 1,\\ \mathrm{e}x\leqslant y\leqslant \mathrm{e}^x,\end{cases}$

$$S_D=\int_{-\infty}^0 \mathrm{e}^x\,\mathrm{d}x+\int_0^1(\mathrm{e}^x-\mathrm{e}x)\mathrm{d}x=\mathrm{e}^x\Big|_{-\infty}^1-\dfrac{\mathrm{e}}{2}x^2\Big|_0^1=\mathrm{e}-\dfrac{\mathrm{e}}{2}=\dfrac{\mathrm{e}}{2}。$$

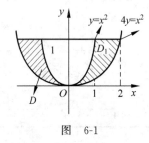

图 6-1

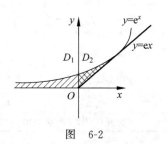

图 6-2

例 4　从点 $(2,0)$ 引两条直线与曲线 $y=x^3$ 相切,求由此两条切线与曲线 $y=x^3$ 所围图形的面积 S。

解　如图 6-3 所示,设切点为 (a,a^3),则过切点的切线方程为

$$y-a^3=3a^2(x-a)。$$

因为它通过点 $(2,0)$,即满足

$$0-a^3=3a^2(2-a),\quad 即\quad a^3+3a^2(2-a)=0。$$

可得 $a=0$ 或 $a=3$,即两切点坐标为 $(0,0)$ 与 $(3,27)$。相应的两条切线方程为

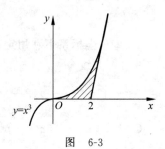

图　6-3

$$y=0 \text{ 与 } 27x-y-54=0 \text{。}$$

选取 y 为积分变量，则有

$$S=\int_0^{27}\left(\frac{y}{27}+2-\sqrt[3]{y}\right)\mathrm{d}y=\left(\frac{y^2}{54}+2y-\frac{3}{4}y^{\frac{4}{3}}\right)\Big|_0^{27}=\frac{27}{4}\text{。}$$

例 5 求由摆线 $x=a(t-\sin t),y=a(1-\cos t)(0\leqslant t\leqslant 2\pi)$ 及 x 轴所围图形的面积。

解 如图 6-4 所示，所围区域（$y=y(x)$ 为摆线）D：$\begin{cases}0<x<2\pi a,\\ 0<y<y(x),\end{cases}$

所以 $S_D=\int_0^{2\pi a}y(x)\mathrm{d}x$，作代换 $x=a(t-\sin t)$，

$$S_D=\int_0^{2\pi}a(1-\cos t)\mathrm{d}[a(t-\sin t)]$$

$$=\int_0^{2\pi}a^2(1-\cos t)^2\mathrm{d}t=\frac{3}{2}a^2\times 2\pi=3\pi a^2\text{。}$$

例 6 在第一象限内，求曲线 $y=-x^2+1$ 上的一点，使过该点曲线的切线与所给曲线及两坐标轴围成的图形面积为最小，并求此最小面积。

解 设所求点 $P(x_0,y_0)$，因为 $y'=-2x(x>0)$，故过点 $P(x_0,y_0)$ 的切线方程为

$$y-y_0=-2x_0(x-x_0)\text{。}$$

当 $x=0$ 时，得切线在 y 轴上的截距 $b=x_0^2+1$；当 $y=0$ 时，得切线在 x 轴上的截距 $a=\dfrac{x_0^2+1}{2x_0}$。如图 6-5 所示，所求面积为

$$S(x_0)=\frac{1}{2}ab-\int_0^1(-x^2+1)\mathrm{d}x=\frac{1}{4}\left(x_0^3+2x_0+\frac{1}{x_0}\right)-\frac{2}{3},$$

$$\frac{\mathrm{d}S(x_0)}{\mathrm{d}x_0}=\frac{1}{4}\left(3x_0-\frac{1}{x_0}\right)\left(x_0+\frac{1}{x_0}\right),$$

令 $\dfrac{\mathrm{d}S(x_0)}{\mathrm{d}x_0}=0$，得 $x_0=\dfrac{1}{\sqrt{3}}$。

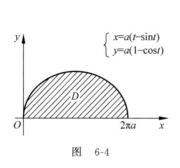

图 6-4

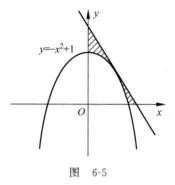

图 6-5

再由 $S''\left(\dfrac{1}{\sqrt{3}}\right)>0$ 知，$S(x_0)$ 取得极小值，且在 $(0,1)$ 内仅有此一个极小值点，所以此极小值点为 $S(x_0)$ 在 $(0,1)$ 内的最小值点，即该点处取此区间上的最小值。这时

$$x_0 = \frac{1}{\sqrt{3}}, \quad y_0 = \frac{2}{3}, \quad S\left(\frac{1}{\sqrt{3}}\right) = \frac{2}{9}(2\sqrt{3}-3) \text{。}$$

故所求点为 $\left(\dfrac{1}{\sqrt{3}}, \dfrac{2}{3}\right)$，所求最小面积为 $\dfrac{2}{9}(2\sqrt{3}-3)$。

例 7 已知曲线 $y = a\sqrt{x}$ $(a>0)$ 与曲线 $y = \ln\sqrt{x}$ 在点 (x_0, y_0) 处有公共切线，求：

(1) 常数 a 及切点 (x_0, y_0)；

(2) 两曲线与 x 轴围成的平面图形的面积 S。

解 (1) 分别对 $y = a\sqrt{x}$ 和 $y = \ln\sqrt{x}$ 求导，得

$$y' = \frac{a}{2\sqrt{x}} \quad \text{和} \quad y' = \frac{1}{2x} \text{。}$$

由于两曲线在 (x_0, y_0) 处有公共切线，可见

$$\frac{a}{2\sqrt{x_0}} = \frac{1}{2x_0}, \quad \text{得 } x_0 = \frac{1}{a^2} \text{。}$$

将 $x_0 = \dfrac{1}{a^2}$ 分别代入两曲线方程，有 $y_0 = a\sqrt{\dfrac{1}{a^2}} = \dfrac{1}{2}\ln\dfrac{1}{a^2}$。于是 $a = \dfrac{1}{e}$，$x_0 = \dfrac{1}{a^2} = e^2$，

$y_0 = a\sqrt{x_0} = \dfrac{1}{e}$。$\sqrt{e^2} = 1$。从而切点为 $(e^2, 1)$。

(2) 如图 6-6 所示，两曲线与 x 轴围成的平面图形的面积

$$S = \int_0^1 (e^{2y} - e^2 y^2)\mathrm{d}y = \frac{1}{2}e^{2y}\Big|_0^1 - \frac{1}{3}e^2 y^2\Big|_0^1 = \frac{1}{6}e^2 - \frac{1}{2} \text{。}$$

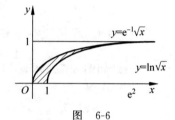

图　6-6

2. 极坐标系下求平面图形的面积

例 8 求三叶玫瑰线 $\rho = a\sin 3\theta$ 所围图形的面积 S。

解 三叶玫瑰线所围图形由三瓣面积相等的叶片组成。

如图 6-7 所示，图形为三叶玫瑰线所围图形中的一叶，而

一叶图形又关于 $\theta = \dfrac{\pi}{6}$ 对称，因此选择其中一叶的一半区域 D_1 求其面积。又因为

$$D_1 : \begin{cases} 0 \leqslant \theta \leqslant \dfrac{\pi}{6}, \\ 0 \leqslant \rho \leqslant a\sin 3\theta, \end{cases}$$

所以，$S_D = 6S_{D_1} = 6\displaystyle\int_0^{\frac{\pi}{6}} \frac{1}{2}(a\sin 3\theta)^2 \mathrm{d}\theta = 3a^2\left(\frac{1}{2}\theta - \frac{1}{6}\sin 6\theta\right)\Big|_0^{\frac{\pi}{6}} = \frac{1}{4}\pi a^2$。

例 9 求由曲线 $\rho = 3\cos\theta$ 及 $\rho = 1+\cos\theta$ 所围图形的公共部分的面积。

解 如图 6-8 所示，设此两条曲线围成图形的重叠部分为 D，联立求交点

$$\begin{cases} \rho = 3\cos\theta, \\ \rho = 1+\cos\theta, \end{cases}$$

得交点为 $\left(\dfrac{3}{2}, \pm\dfrac{\pi}{3}\right)$，再由对称性可得

$$S_D = 2\left[\int_0^{\frac{\pi}{3}} \frac{1}{2}(1+\cos\theta)^2 \mathrm{d}\theta + \int_{\frac{\pi}{3}}^{\frac{\pi}{2}} \frac{1}{2}(3\cos\theta)^2 \mathrm{d}\theta\right]$$

$$= 2\left[\frac{\pi}{2} + \left(2\sin\theta + \frac{1}{4}\sin 2\theta\right)\Big|_0^{\frac{\pi}{3}} + \frac{9}{2}\left(\frac{1}{2}\times\frac{\pi}{6} + \frac{1}{4}\sin 2\theta\Big|_{\frac{\pi}{3}}^{\frac{\pi}{2}}\right)\right] = \frac{5}{4}\pi \text{。}$$

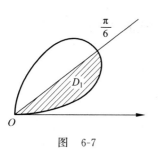

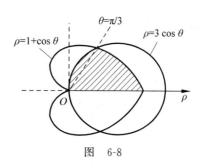

图 6-7   图 6-8

例 10 求由曲线 $\rho=\sqrt{2}\sin\theta$ 及 $\rho^2=\cos2\theta$ 所围图形的公共部分的面积。

解 设两条闭曲线重叠部分为 D，在 $\left(0,\dfrac{\pi}{2}\right)$ 围成的区域为 D_1。则由 D 关于射线 $\theta=\dfrac{\pi}{2}$ 对称，可知 $S_D=2S_{D_1}$。

如图 6-9 所示，两条曲线 $\rho=\sqrt{2}\sin\theta$ 与 $\rho^2=\cos2\theta$ 交于 $\theta=\dfrac{\pi}{6}$ 及 $\theta=\dfrac{5\pi}{6}$，因此分割区域 $D_1=D_a+D_b$，其中

$$D_a:\begin{cases}0\leqslant\theta\leqslant\dfrac{\pi}{6},\\[2mm]0\leqslant\rho\leqslant\sqrt{2}\sin\theta;\end{cases}\qquad D_b:\begin{cases}\dfrac{\pi}{6}\leqslant\theta\leqslant\dfrac{\pi}{2},\\[2mm]0\leqslant\rho\leqslant\sqrt{\cos2\theta}.\end{cases}$$

则所围图形面积为

$$S_D=2S_{D_1}=2\left[\int_0^{\frac{\pi}{6}}\frac{1}{2}(\sqrt{2}\sin\theta)^2\mathrm{d}\theta+\int_{\frac{\pi}{6}}^{\frac{\pi}{2}}\frac{1}{2}\cos2\theta\mathrm{d}\theta\right]$$

$$=2\left(\frac{1}{2}\times\frac{\pi}{6}-\frac{1}{4}\sin2\theta\Big|_0^{\frac{\pi}{6}}+\frac{1}{4}\sin2\theta\Big|_{\frac{\pi}{6}}^{\frac{\pi}{2}}\right)=\frac{\pi}{6}-\frac{\sqrt{3}}{2}\text{。}$$

3. 绕坐标轴旋转所得旋转体的体积

例 11 求摆线 $x=a(t-\sin t)$，$y=a(1-\cos t)$ 的一拱与 $y=0$ 所围图形绕直线 $y=2a$ 轴旋转而成的旋转体的体积。

解 如图 6-10 所示，若设所围区域为 D，则该平面图形绕 $y=2a$ 旋转而成体积 $V=V_1-V_2$。

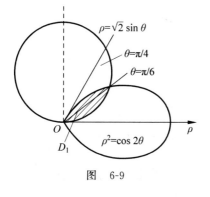

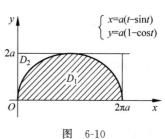

图 6-9   图 6-10

V_1 为矩形区域 D_1：$\begin{cases}0\leqslant x\leqslant2\pi a,\\0\leqslant y\leqslant2a\end{cases}$ 绕 $y=2a$ 旋转而成的体积，V_2 为区域 D_2：

$$\begin{cases} 0 \leqslant x \leqslant 2\pi a , \\ y(x) \leqslant y \leqslant 2a \end{cases}$$ 绕 $y=2a$ 旋转而成的体积，$y(x)$ 表示摆线的函数式。

$$V = V_1 - V_2 = \pi(2a)^2 \times 2\pi a - \int_0^{2\pi a} \pi(2a-y)^2 \mathrm{d}x。$$

作代换 $x=a(t-\sin t),y=a(1-\cos t)$，则

$$V = 8a^3\pi^2 - \int_0^{2\pi} \pi(a+a\cos t)^2 a\,\mathrm{d}(t-\sin t)$$

$$= 8a^3\pi^2 - \int_0^{2\pi} \pi a^3 \sin^2 t(1+\cos t)\mathrm{d}t$$

$$= 8a^3\pi^2 - \pi a^3\left(\int_0^{2\pi} \frac{1-\cos 2t}{2}\mathrm{d}t + \int_0^{2\pi} \sin^2 t\,\mathrm{d}\sin t \right) = 7\pi^2 a^3。$$

例 12　设直线 $y=ax+b$ 与直线 $x=0,x=1$，及 $y=0$ 所围成的梯形面积等于 A，试求 a、b 使这个梯形绕 x 轴旋转所得旋转体的体积最小（$a>0,b>0$）。

解　如图 6-11 所示，先求出以 a,b 为变量的旋转体的体积，再求最小值。梯形区域 D：$0 \leqslant x \leqslant 1, 0 \leqslant y \leqslant ax+b$，所以

$$V = \int_0^1 \pi(ax+b)^2 \mathrm{d}x = \pi\left(\frac{a^2}{3} + ab + b^2 \right)。$$

由条件 $\frac{1}{2}(b+a+b)=A$，所以 $V(b)=\pi\left(\frac{4}{3}A^2 - \frac{2}{3}Ab + \frac{1}{3}b^2 \right)$。令 $V'(b)=\frac{2}{3}\pi(b-A)=0$，得 $b=A$，进而 $a=0$。则当 $a=0,b=A$ 时，所得旋转体体积最小，$V_{\min}=\pi b^2$。

4. 绕平行于坐标轴的直线旋转所得旋转体的体积

例 13　过坐标原点作曲线 $y=\ln x$ 的切线，该切线与曲线 $y=\ln x$ 及 x 轴围成平面图形 D。求：

（1）D 的面积 A；

（2）D 绕直线 $x=\mathrm{e}$ 旋转一周所得旋转体的体积 V。

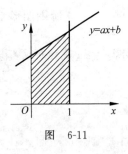

图　6-11

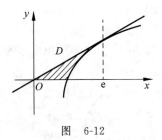

图　6-12

解　（1）设切点横坐标为 x_0，则切点坐标为 $(x_0,\ln x_0)$。

曲线 $y=\ln x$ 在 $(x_0,\ln x_0)$ 处的切线方程为 $y=\ln x_0 + \frac{1}{x_0}(x-x_0)$。

又由该切线过原点知 $\ln x_0 - 1 = 0$，从而 $x_0=\mathrm{e}$，所以得此切线方程为 $y=\frac{1}{\mathrm{e}}x$（图 6-12）。

平面图形 D 的面积

$$A = \int_0^1 (\mathrm{e}^y - \mathrm{e}y)\mathrm{d}y = \left[\mathrm{e}^y - \frac{\mathrm{e}}{2}y^2 \right]_0^1 = \frac{\mathrm{e}}{2} - 1。$$

(2) 如图 6-12 所示,切线 $y = \dfrac{1}{\mathrm{e}}x$ 与 x 轴及直线 $x = \mathrm{e}$ 围成的三角形绕直线 $x = \mathrm{e}$ 旋转所得的圆锥体体积为 $V_1 = \dfrac{1}{3}\pi\mathrm{e}^2$。

曲线 $y = \ln x$ 与 x 轴及直线 $x = \mathrm{e}$ 围成的曲边三角形绕直线 $x = \mathrm{e}$ 旋转所得的旋转体体积为

$$V_2 = \int_0^1 \pi(\mathrm{e} - \mathrm{e}^y)^2\,\mathrm{d}y。$$

因此,所求旋转体体积为

$$V = V_1 - V_2 = \frac{1}{3}\pi\mathrm{e}^2 - \int_0^1 \pi(\mathrm{e} - \mathrm{e}^y)^2\,\mathrm{d}y = \frac{5}{6}\pi\mathrm{e}^2 - 2\pi\mathrm{e} + \frac{\pi}{2}。$$

例 14 设平面图形 A 由 $x^2 + y^2 \leqslant 2x$ 与 $y \geqslant x$ 所确定,求图形 A 绕直线 $x = 2$ 旋转一周所得旋转体的体积。

解 A 的图形如图 6-13 所示。取 y 为积分变量,则变动区间为 $[0,1]$,易见 A 的两条边界曲线方程分别为

$$x = 1 - \sqrt{1 - y^2} \quad \text{及} \quad x = y \quad (0 \leqslant y \leqslant 1)。$$

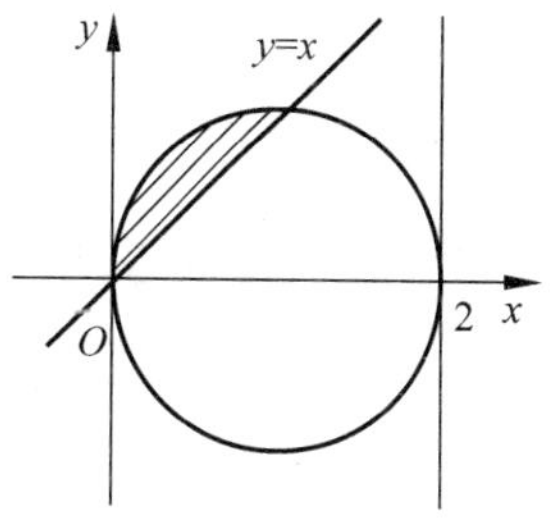

相应于区间 $[0,1]$ 上任一小区间 $[y, y + \mathrm{d}y]$ 薄片的体积元素为

$$\{\pi[2 - (1 - \sqrt{1 - y^2})]^2 - \pi(2 - y)^2\}\mathrm{d}y$$
$$= 2\pi[\sqrt{1 - y^2} - (1 - y)^2]\mathrm{d}y,$$

图 6-13

即有

$$\mathrm{d}V = 2\pi[\sqrt{1 - y^2} - (1 - y)^2]\mathrm{d}y。$$

于是所求体积为

$$V = \int_0^1 2\pi[\sqrt{1 - y^2} - (1 - y)^2]\mathrm{d}y$$
$$= 2\pi\left[\frac{y}{2}\sqrt{1 - y^2} + \frac{1}{2}\arcsin y + \frac{(1 - y)^3}{3}\right]\Bigg|_0^1$$
$$= 2\pi\left(\frac{\pi}{4} - \frac{1}{3}\right) = \frac{\pi^2}{2} - \frac{2\pi}{3}。$$

例 15 求 $x^2 + y^2 \leqslant a^2$ 绕 $x = -b \, (b > a > 0)$ 旋转而成的旋转体的体积。

解 如图 6-14 所示,由图形的对称性可知,所求体积 $V = 2V_1$,V_1 是由 $x^2 + y^2 \leqslant a^2 \, (y \geqslant 0)$ 部分绕 $x = -b$ 旋转而成的旋转体的体积。

由元素法,V_1 是由图形中的线段 $y \, (0 \leqslant y \leqslant \sqrt{a^2 - x^2})$ 绕 $x = -b$ 旋转一周所得的圆柱面叠加而成,则旋转体体积

$$V = 2V_1 = 2\int_{-a}^{a} 2\pi(x + b)\sqrt{a^2 - x^2}\,\mathrm{d}x = 4\pi b\int_{-a}^{a}\sqrt{a^2 - x^2}\,\mathrm{d}x = 2\pi^2 a^2 b。$$

5. 求平面曲线的弧长

例 16 求曲线 $y = \ln(1 - x^2)$ 上相应于 $0 \leqslant x \leqslant \dfrac{1}{2}$ 的一段弧的弧长。

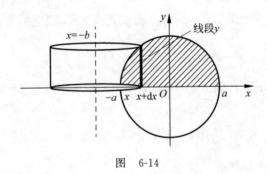

图   6-14

解 $l = \int_0^{\frac{1}{2}} \sqrt{1 + f'^2(x)}\,dx = \int_0^{\frac{1}{2}} \sqrt{1 + \left(\frac{-2x}{1-x^2}\right)^2}\,dx = \int_0^{\frac{1}{2}} \frac{1+x^2}{1-x^2}\,dx$

$$= 2 \times \frac{1}{2} \int_0^{\frac{1}{2}} \left[\frac{1}{1-x} + \frac{1}{1+x}\right]dx - \frac{1}{2} = \ln \frac{1+x}{1-x}\bigg|_0^{\frac{1}{2}} - \frac{1}{2} = \ln 3 - \frac{1}{2}.$$

例 17   在摆线 $\begin{cases} x = a(t - \sin t), \\ y = a(1 - \cos t) \end{cases}$ 上，求分割摆线第一拱成 $1:3$ 的点的坐标。

解   第一拱总长为

$$S = \int_0^{2\pi} a\sqrt{(1-\cos t)^2 + \sin^2 t}\,dt = \sqrt{2}\,a \int_0^{2\pi} \sqrt{1 - \cos t}\,dt = 2a \int_0^{2\pi} \sin \frac{t}{2}\,dt = 8a.$$

设点 $M(x_0, y_0)$ 为摆线第一拱弧长为 $1:3$ 的分割点，显然 $\overset{\frown}{OM} = 2a$，即

$$2a \int_0^{t_0} \sin \frac{t}{2}\,dt = 2a,$$

解得 $t_0 = \frac{2}{3}\pi$，则可得 $x_0 = a\left(\frac{2}{3}\pi - \frac{\sqrt{3}}{2}\right)$，$y_0 = \frac{3}{2}a$，所求点坐标为 $\left[a\left(\frac{2}{3}\pi - \frac{\sqrt{3}}{2}\right), \frac{3}{2}a\right]$。

例 18   设位于第一象限的曲线 $y = f(x)$ 过点 $\left(\frac{\sqrt{2}}{2}, \frac{1}{2}\right)$，其上任一点 $P(x, y)$ 处的法线与 y 轴的交点为 Q，且线段 PQ 被 x 轴平分。

(1) 求曲线 $y = f(x)$ 的方程；

(2) 已知曲线 $y = \sin x$ 在 $[0, \pi]$ 上的弧长为 l，试用 l 表示曲线 $y = f(x)$ 的弧长 s。

解   (1) 曲线 $y = f(x)$ 在点 $P(x, y)$ 处的法线方程为 $Y - y = -\frac{1}{y'}(X - x)$，其中 (X, Y) 为法线上任意一点的坐标。令 $X = 0$，则 $Y = y + \frac{x}{y'}$，故 Q 点坐标为 $\left(0, y + \frac{x}{y'}\right)$。由题设知 $y + y + \frac{x}{y'} = 0$，即 $2y\,dy + x\,dx = 0$，积分得 $x^2 + 2y^2 = C$（C 为任意常数）。

由 $y\big|_{x=\frac{\sqrt{2}}{2}} = \frac{1}{2}$ 知 $C = 1$，故曲线 $y = f(x)$ 的方程为 $x^2 + 2y^2 = 1$。

(2) 曲线 $y = \sin x$ 在 $[0, \pi]$ 上的弧长为 $l = 2\int_0^{\frac{\pi}{2}} \sqrt{1 + \cos^2 x}\,dx$。

曲线 $y = f(x)$ 的参数方程为 $\begin{cases} x = \cos\theta, \\ y = \sqrt{2}\sin\theta/2, \end{cases}$ 故

$$s = \int_0^{\frac{\pi}{2}} \sqrt{\sin^2\theta + \frac{1}{2}\cos^2\theta}\, \mathrm{d}\theta = \frac{1}{\sqrt{2}} \int_0^{\frac{\pi}{2}} \sqrt{1 + \sin^2\theta}\, \mathrm{d}\theta.$$

令 $\theta = \dfrac{\pi}{2} - t$，则

$$s = \frac{1}{\sqrt{2}} \int_{\frac{\pi}{2}}^0 \sqrt{1 + \cos^2 t}\, (-\mathrm{d}t) = \frac{1}{\sqrt{2}} \int_0^{\frac{\pi}{2}} \sqrt{1 + \cos^2 t}\, \mathrm{d}t = \frac{l}{2\sqrt{2}} = \frac{\sqrt{2}}{4} l.$$

6. 求旋转体的侧面积

例 19　过原点作曲线 $y = \sqrt{x-1}$ 的切线，求由此曲线、切线及 x 轴围成的平面图形绕 x 轴旋转一周所得到的旋转体的表面积。

解　如图 6-15 所示，设切点为 $(x_0, \sqrt{x_0-1})$，则过原点的切线方程为

$$y = \frac{1}{2\sqrt{x_0-1}} x.$$

再将点 $(x_0, \sqrt{x_0-1})$ 代入上式，解得 $x_0 = 2$，$y_0 = \sqrt{x_0-1} = 1$，所以切线方程为 $y = \dfrac{1}{2} x$。

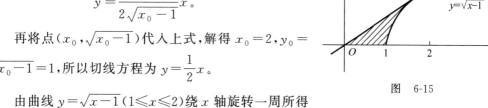

图　6-15

由曲线 $y = \sqrt{x-1}\ (1 \leqslant x \leqslant 2)$ 绕 x 轴旋转一周所得到的旋转体表面积为

$$S_1 = \int_1^2 2\pi y \sqrt{1 + y'^2}\, \mathrm{d}x = \pi \int_1^2 \sqrt{4x-3}\, \mathrm{d}x = \frac{\pi}{6}(5\sqrt{5} - 1).$$

由直线段 $y = \dfrac{1}{2} x\ (0 \leqslant x \leqslant 2)$ 绕 x 轴旋转一周所得到的旋转体表面积为

$$S_2 = \int_0^2 2\pi \frac{1}{2} x \frac{\sqrt{5}}{2}\, \mathrm{d}x = \sqrt{5}\, \pi.$$

因此，所求旋转体表面积为

$$S = S_1 + S_2 = \frac{\pi}{6}(11\sqrt{5} - 1).$$

例 20　求星形线 $\begin{cases} x = a\cos^3 t, \\ y = a\sin^3 t \end{cases}$ $(0 \leqslant t \leqslant 2\pi)$ 围成图形的面积 S，全长 l，绕 x 轴旋转体的体积 V_x，侧面积 A_x。

解　如图 6-16 所示，由图形的对称性，只考察第一象限部分。

$$S = 4\int_0^a y\, \mathrm{d}x = 4\int_{\frac{\pi}{2}}^0 a\sin^3 t \cdot 3a\cos^2 t \cdot (-\sin t)\, \mathrm{d}t = 12a^2 \int_0^{\frac{\pi}{2}} (\sin^4 t - \sin^6 t)\, \mathrm{d}t$$

$$= 12a^2 \left(\frac{3}{4} \cdot \frac{1}{2} \cdot \frac{\pi}{2} - \frac{5}{6} \cdot \frac{3}{4} \cdot \frac{1}{2} \cdot \frac{\pi}{2} \right) = \frac{3\pi}{8} a^2,$$

$$l = 4\int_0^{\frac{\pi}{2}} \sqrt{[x'(t)]^2 + [y'(t)]^2}\, \mathrm{d}t$$

$$= 4\int_0^{\frac{\pi}{2}} 3a\cos t \sin t\, \mathrm{d}t = 6a (\sin t)^2 \Big|_0^{\frac{\pi}{2}} = 6a.$$

绕 x 轴旋转体的体积 V_x 为

$$V_x = 2\int_0^a \pi y^2 \mathrm{d}x = 2\int_{\frac{\pi}{2}}^0 \pi a^2 \sin^6 t \cdot 3a\cos^2 t \cdot (-\sin t)\mathrm{d}t$$

$$= 6\pi a^3 \int_0^{\frac{\pi}{2}} \sin^7 t \cdot (1-\sin^2 t)\mathrm{d}t = 6\pi a^3\left[\frac{6}{7}\cdot\frac{4}{5}\cdot\frac{2}{3}\cdot\left(1-\frac{8}{9}\right)\right] = \frac{32}{105}\pi a^3.$$

侧面积 A_x 为

$$A_x = 2\int_0^a 2\pi y\sqrt{1+y'^2_x}\,\mathrm{d}x = 4\pi\int_0^{\frac{\pi}{2}} a\sin^3 t \cdot 3a\cos t\cdot\sin t\,\mathrm{d}t = 12\pi a^2\left.\frac{1}{5}\sin^5 t\right|_0^{\frac{\pi}{2}} = \frac{12}{5}\pi a^2.$$

7. 定积分在物理学上的应用

例 21　由抛物线 $y=x^2$ 及 $y=4x^2$ 绕 y 轴旋转一周构成旋转抛物面容器(剖面图如图 6-17 所示),高为 H,现在其中盛水,水高为 $\dfrac{H}{2}$,问要将水全部抽出,外力做多少功。

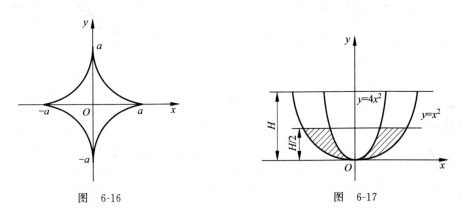

图　6-16　　　　　　　　　　　　图　6-17

解　设水的密度为 ρ,图中阴影部分的水重量为

$$\pi\left(y-\frac{y}{4}\right)\mathrm{d}y\cdot\rho = \frac{3}{4}\pi\rho g y\,\mathrm{d}y,$$

抽出这部分水外力需做功为

$$\mathrm{d}W = \frac{3}{4}\pi\rho g y(H-y)\mathrm{d}y$$

故抽出全部水外力需做功

$$W = \frac{3}{4}\pi\rho g\int_0^{\frac{H}{2}} y(H-y)\mathrm{d}y = \frac{1}{16}\pi\rho g H^3.$$

例 22　为清除井底的污泥,用缆绳将抓斗放入井底,抓起污泥后提出井口(如图 6-18 所示)。已知井深 30m,抓斗自重 400N,缆绳每米重 50N,抓斗抓起的污泥重 2000N,提升速度为 3m/s,在提升过程中,污泥以 20N/s 的速率从抓斗缝隙中漏掉。现将抓起污泥的抓斗提升至井口,问克服重力需做多少焦耳的功。

(说明:(1)1N×1m=1J;m,N,s,J 分别表示米,牛顿,秒,焦耳。(2)抓斗的高度及位于井口上方的缆绳长度忽略不计。)

解　作 x 轴,如图 6-18 所示,将抓起污泥的抓斗提升至井口需做功

$$W = W_1 + W_2 + W_3$$

其中,W_1 是克服抓斗自重所做功;W_2 是克服缆绳重力所做功;W_3 是提出污泥所做功。由题意

$$W_1 = 400 \times 30 = 12000,$$

将抓斗由 x 提升至 $x+\mathrm{d}x$,克服缆绳重力做功为

$$\mathrm{d}W_2 = 50(30-x)\mathrm{d}x,$$

从而

$$W_2 = \int_0^{30} 50(30-x)\mathrm{d}x = 22500。$$

在时间间隔 $[t,t+\mathrm{d}t]$ 内提升污泥需做功为

$$\mathrm{d}W_3 = 3(2000-20t)\mathrm{d}t,$$

将污泥从井底提升至井口共需时间 $\dfrac{30}{3} = 10(\mathrm{s})$,所以

$$W_3 = \int_0^{10} 3(2000-20t)\mathrm{d}t = 57000。$$

因此,共需做功 $W = 12000 + 22500 + 57000 = 91500(\mathrm{J})$。

图　6-18

例 23　某闸门的形状与大小如图 6-19(a)所示,其中直线 l 为对称轴,闸门的上部为矩形 $ABCD$,下部由二次抛物线与线段 AB 所围成,当水面与闸门的上端平行时,欲使闸门矩形部分承受的水压力与闸门下部承受的水压力之比为 $5:4$,闸门矩形部分的高 h,应为多少米(m)。

解　建立坐标系如图 6-19(b)所示,则抛物线方程为 $y = x^2$。闸门矩形部分承受的水压力

$$P_1 = 2\int_1^{h+1} \rho g(h+1-y)\mathrm{d}y = 2\rho g\left[(h+1)y - \frac{y^2}{2}\right]_1^{h+1} = \rho g h^2,$$

其中,ρ 为水的密度,g 为重力加速度。闸门下部承受的水压力

$$P_2 = 2\int_0^1 \rho g(h+1-y)\sqrt{y}\,\mathrm{d}y = 2\rho g\left[\frac{2}{3}(h+1)y^{\frac{3}{2}} - \frac{2}{5}y^{\frac{5}{2}}\right]_0^1 = 4\rho g\left(\frac{1}{3}h + \frac{2}{15}\right)。$$

由题意知

$$\frac{P_1}{P_2} = \frac{5}{4},\ \text{即}\ \frac{h^2}{4\left(\dfrac{1}{3}h + \dfrac{2}{15}\right)} = \frac{5}{4},\ \text{解得}\ h = 2,\ h = -\frac{1}{3}(\text{舍去}),$$

即闸门矩形部分的高应为 $2(\mathrm{m})$。

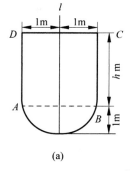

(a)

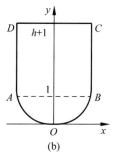

(b)

图　6-19

例 24   某建筑工地打地基时,需用汽锤将桩打进土层。汽锤每次打击,都将克服土层对桩的阻力而做功。设土层对桩的阻力的大小与桩被打进地下的深度成正比(比例系数为 k, $k>0$),汽锤第一次击打将桩打进地下 a(m)。根据设计方案,要求汽锤每次击打桩时所做的功之比为常数 r($0<r<1$)。问:

(1) 汽锤击打桩 3 次后,可将桩打进地下多深。

(2) 若击打次数不限,汽锤至多能将桩打进地下多深。(注:m 表示长度单位米。)

解   (1) 记 x_n 是第 n 次击打将桩打进地下的深度,W_n 是第 n 次击打所做的功,则

$$x_1 = a, \quad W_1 = \int_0^a kx \, dx = \frac{1}{2}ka^2 \, .$$

由于 $W_2 = rW_1$,即 $\int_{x_1}^{x_2} kx \, dx = r \cdot \frac{1}{2}ka^2$,所以 $x_2 = \sqrt{1+r} \, a$。

由于 $W_3 = rW_2 = r^2 W_1$,即 $\int_{x_2}^{x_3} kx \, dx = r^2 \cdot \frac{1}{2}ka^2$,所以 $x_3 = \sqrt{1+r+r^2} \, a$。

(2) 以此类推可得 $x_n = \sqrt{1+r+r^2+\cdots+r^{n-1}} \, a$,所以

$$\lim_{n \to \infty} x_n = \lim_{n \to \infty} \sqrt{1+r+r^2+\cdots+r^{n-1}} \, a = \lim_{n \to \infty} \sqrt{\frac{1-r^n}{1-r}} \, a = \sqrt{\frac{1}{1-r}} \, a \, ,$$

即当击打次数不限时,汽锤至多能将桩打进地下 $\sqrt{\dfrac{1}{1-r}} \, a$(m)。

6.3   同步训练

1. 求由曲线 $y = e^x$, $y = e^{-x}$ 与直线 $x = 1$ 所围图形的面积。

2. 抛物线 $y^2 = 2x$ 分圆 $x^2 + y^2 = 8$ 的面积为两部分,求这两部分的面积。

3. 求曲线 $y = \ln x$ 在 $[2, 6]$ 上的一条切线,使该切线与 $x = 2$, $x = 6$ 及 $y = \ln x$ 所围成图形的面积最小。

4. 求通过点 $(0, 0)$, $(1, 2)$ 的抛物线,要求它具有以下性质:

(1) 它的对称轴平行于 y 轴,且向下弯;

(2) 它与 x 轴所围图形面积最小。

5. 求由曲线 $\rho = 2a(2+\cos\theta)$ 所围图形的面积。

6. 求对数螺线 $\rho = ae^\theta$($-\pi \leqslant \theta \leqslant \pi$)及射线 $\theta = \pi$ 所围图形的面积。

7. 由心形线 $\rho = 4(1+\cos\theta)$ 和射线 $\theta = 0$ 及 $\theta = \dfrac{\pi}{2}$ 所围图形绕极轴旋转而成的旋转体的体积。

8. 求曲线 $\rho\theta = 1$ 相应于自 $\theta = \dfrac{3}{4}$ 至 $\theta = \dfrac{4}{3}$ 的一段弧的弧长。

9. 求曲线 $\begin{cases} x = \arctan t, \\ y = \dfrac{1}{2}\ln(1+t^2) \end{cases}$ 相应于自 $t = 0$ 至 $t = 1$ 的一段弧的弧长。

10. 设抛物线 $y = ax^2 + bx + 2\ln c$ 过原点，当 $0 \leqslant x \leqslant 1$ 时，$y \geqslant 0$。又已知该抛物线与 x 轴及直线 $x = 1$ 所围图形的面积为 $\dfrac{1}{3}$。试确定 a, b, c，使此图形绕 x 轴旋转一周而成的旋转体的体积 V 最小。

11. 求 $x^2 + y^2 \leqslant a^2$ 绕 $x = -b\,(b > a > 0)$ 旋转而成的旋转体的体积。

12. 从抛物线 $y = x^2 - 1$ 上的点 P 引抛物线 $y = x^2$ 的切线，证明该切线与 $y = x^2$ 所围成的面积与 P 点的位置无关。

13. 椭球面 S_1 是椭圆 $\dfrac{x^2}{4} + \dfrac{y^2}{3} = 1$ 绕 x 轴旋转而成，圆锥面 S_2 是由过点 $(4, 0)$ 且与椭圆 $\dfrac{x^2}{4} + \dfrac{y^2}{3} = 1$ 相切的直线绕 x 轴旋转而成。

(1) 求 S_1 及 S_2 的方程；

(2) 求 S_1 与 S_2 之间的立体体积。

14. 设 $F(x) = \begin{cases} e^{2x}, & x \leqslant 0, \\ e^{-2x}, & x > 0, \end{cases}$ S 表示夹在 x 轴与曲线 $y = F(x)$ 之间的面积。对任何 $t > 0$，$S_1(t)$ 表示矩形 $-t \leqslant x \leqslant t$，$0 \leqslant y \leqslant F(t)$ 的面积，$S(t) = S - S_1(t)$，求 $S(t)$ 的最小值。

15. 设函数 $f(x)$ 在 $[a, b]$ 上连续且单调增加，证明在 (a, b) 内存在点 ξ，使曲线 $y = f(x)$ 与两直线 $y = f(\xi)$，$x = a$ 所围平面图形面积 S_1 是曲线 $y = f(x)$ 与两直线 $y = f(\xi)$，$x = b$ 所围图形面积 S_2 的三倍。

16. 设函数 $f(x)$ 在闭区间 $[0, 1]$ 上连续，在开区间 $(0, 1)$ 内大于零，并满足 $xf'(x) = f(x) + \dfrac{3a}{2}x^2$（$a$ 为常数），曲线 $y = f(x)$ 与 $x = 1$，$y = 0$ 所围图形 S 的面积值为 2，求函数 $y = f(x)$，并求 a 为何值时，图形 A 绕 x 轴旋转一周所得的旋转体的体积最小。

17. 求由曲线 $y^3 = x^2$ 及 $y = \sqrt{2 - x^2}$ 所围图形边界的周长。

18. 以等腰梯形闸门与铅直平面倾斜 $30°$ 角置于水中，其闸门顶部位于水面处，上下底宽分别为 $100\mathrm{m}$ 和 $10\mathrm{m}$，高为 $70\mathrm{m}$，求此闸门一侧面所受到的水的静压力。（水的密度为 ρ）

19. 铁锤将一铁钉击入木板，设木板对铁钉的阻力与铁钉击入木板的深度成正比。在铁锤击第一次时将铁钉击入木板 $1\mathrm{cm}$，如果铁锤每次打击铁钉所做的功相等，问铁锤第二次能把铁钉击入多少厘米。

20. 设有一半径为 R，长度为 l 圆柱体平放在深度为 $2R$ 的水池中（圆柱体的侧面与水面相切），设圆柱体的密度为 $\rho\,(\rho > 1)$，现将圆柱体从水中移出水面，问需要做多少功。

21. 设 D 是曲线 $y = 2x - x^2$ 与 x 轴围成的平面图形，直线 $y = 1 < x$ 把 D 分成 D_1 和 D_2 两部分，若 D_1 的面积 S_1 与 D_2 的面积 S_2 之比 $S_1 : S_2 = 1 : 7$，求平面图形 D_1 的周长以及 D_1 绕 y 轴旋转一周所得旋转体的体积。

22. 设非负函数 $f(x)$ 在 $[0, 1]$ 上连续，且单调上升，$t \in [0, 1]$，$y = f(x)$ 与直线 $y = f(1)$ 及 $x = t$ 围成图形的面积为 $S_1(t)$，$y = f(x)$ 与直线 $y = f(0)$ 及 $x = t$ 围成图形的面积为 $S_2(t)$。

（1）证明：存在唯一的 $t \in (0,1)$，使得 $S_1(t) = S_2(t)$。

（2）t 取何值时两部分面积之和取最小值？

23. 设 D 是曲线 $y = 2x - x^2$ 与 x 轴围成的平面图形，直线 $y = 1 < x$ 把 D 分成 D_1 和 D_2 两部分，若 D_1 的面积 S_1 与 D_2 的面积 S_2 之比 $S_1 : S_2 = 1 : 7$，求平面图形 D_1 的周长以及 D_1 绕 y 轴旋转一周所得旋转体的体积。

24. 求曲线 $y = x e^{-x} (x \geqslant 0)$ 绕 x 轴旋转一周延伸到无穷远的旋转体的体积。

25. 设 $f(x)$ 在 $[a,b]$ 上连续，且在 (a,b) 内有 $f'(x) > 0$。证明存在唯一的 $\xi \in (a,b)$ 使得 $y = f(x)$，$y = f(\xi)$，$x = a$ 所围成的平面图形 S_1 与 $y = f(x)$，$y = f(\xi)$，$x = b$ 所围成的平面图形 S_2 相等。

26. 求双纽线 $(x^2 + y^2)^2 = 2a^2 xy (a > 0)$ 围成图形的面积。

27. 设直线 $L_1 : y = ax (0 < a < 1)$ 与抛物线 $L_2 : y = x^2$ 所围成的图形的面积为 S_1。又设 L_1, L_2 与直线 $x = 1$ 所围成的图形的面积为 S_2。

（1）试确定 a 的值及使 $S_1 + S_2$ 达到最小，并求出最小值。

（2）求由该最小值所对应的平面图形绕 x 轴旋转一周所得的旋转体的体积。

6.4　参考答案

1. $S_D = e + e^{-1} - 2$。　　2. $S_{D_1} = 2\pi - \dfrac{4}{3}, S_{D_2} = 6\pi + \dfrac{4}{3}$。

3. 最小面积为 $S_{\min} = 12 - 6\ln 6 + 2\ln 2$，切线方程为 $y = \dfrac{1}{4} x + 1$。

4. 唯一极值点 $a = -4$，所求抛物线为 $y = -4x^2 + 6x$。　　5. 图形面积为 $S_D = = 18\pi a^2$。

6. 面积为 $S_D = = \dfrac{a^2}{4} (e^{2\pi} - e^{-2\pi})$。　　7. $V = 160\pi$。

8. $s = \dfrac{5}{12} + \ln \dfrac{3}{2}$。$\left(\text{其中} \displaystyle\int \dfrac{\sqrt{1 + \theta^2}}{\theta^2} \mathrm{d}\theta \xlongequal{\theta = \tan t} \int \dfrac{\sec t}{\tan^2 t} \sec^2 t\, \mathrm{d}t = \int \dfrac{1}{\sin^2 t \cdot \cos t} \mathrm{d}t = \right.$

$\left. \displaystyle\int \dfrac{\sin^2 t + \cos^2 t}{\sin^2 t \cdot \cos t} \mathrm{d}t \right)$

9. $s = \ln(1 + \sqrt{2})$。　　10. 当 $a = -\dfrac{5}{4}, b = \dfrac{3}{2}, c = 1$ 时，体积最小。　　11. $V = 2\pi^2 a^2 b$。

12. 提示：先求出切线 PQ_1, PQ_2 的方程，再求出所围图形面积为固定值 $S = \dfrac{2}{3}$。

13. （1）椭球面 S_1 的方程为 $\dfrac{x^2}{4} + \dfrac{y^2 + z^2}{3} = 1$，圆锥面 S_2 的方程为 $y^2 + z^2 = \dfrac{1}{4}(x - 4)^2$，即 $(x - 4)^2 - 4y^2 - 4z^2 = 0$。（2）所求体积为 π。

14. $t = \dfrac{1}{2}$。

15. 只要证明函数 $S_1(t) - 3S_2(t)$ 在 (a, b) 内有零点即可。构造函数

$$F(t) = \int_a^t [f(t) - f(x)] \, dx - 3 \int_t^b [f(x) - f(t)] \, dx。$$

16. 当 $a = -5$ 时，该旋转体的体积为最小。体积为 $V(a) = \dfrac{1}{30} a^2 + \dfrac{1}{3} a + \dfrac{16}{3} \pi$。

17. $s = 2\left(\dfrac{13\sqrt{13} - 8}{27} + \dfrac{\sqrt{2}}{4} \pi \right)$。   18. $P = \displaystyle\int_0^{70} \rho g \sqrt{3} \left(-\dfrac{9}{14} x + 50 \right) x \, dx = 8.379 \times 10^4 \rho g$。

19. 铁锤第二次能把铁钉击入 $\sqrt{2} - 1 \approx 0.414 (\text{cm})$。   20. $W = \pi R^3 l (2\rho - 1) g$。

26. $(x^2 + y^2)^2 = 2a^2 x y$；$x = r\cos\theta$，$y = r\sin\theta$ 得 $r^2 = a^2 \sin 2\theta$ 图形在一、三象限，是第一象限面积的 2 倍，$S = 2S_1 = 2 \dfrac{1}{2} \displaystyle\int_0^{\frac{\pi}{4}} a^2 \sin 2\theta \, d\theta = \dfrac{a^2}{2}$。

第7章

微 分 方 程

7.1　知识点

1. 微分方程的基本概念

（1）微分方程的定义　表示未知函数、未知函数的导数或微分与自变量之间关系的方程。未知函数是一元函数的微分方程称为常微分方程。

其一般形式为 $\qquad F(x,y,y',\cdots,y^{(n)})=0,$ $\qquad\qquad$ (1)

标准形式为 $\qquad y^{(n)}=f(x,y,y',\cdots,y^{(n-1)})。$ $\qquad\qquad$ (2)

（2）微分方程的阶的定义　微分方程中出现的未知函数的导数或微分的最高阶数。

n 阶微分方程形如 $F(x,y,y',\cdots,y^{(n)})=0$，其中 $x,y,y',\cdots,y^{(n-1)}$ 可以不出现，$y^{(n)}$ 必须出现。

（3）微分方程的解的定义　代入微分方程（1）或方程（2）后，使其成为恒等式的函数。

设函数在 $y=\varphi(x)$ 区间 I 上有 n 阶连续导数，若 $F(x,\varphi(x),\varphi'(x),\cdots,\varphi^{(n)}(x))\equiv0$ 或者 $\varphi(x)^{(n)}=f(x,\varphi(x),\varphi(x)',\cdots,\varphi(x)^{(n-1)})$，则称函数 $y=\varphi(x)$ 是微分方程（1）或方程（2）的解。

（4）通解的定义　含有 n 个相互独立的任意常数的解，形如 $y=\varphi(x,C_1,C_2,\cdots,C_n)$。通解中不一定能包含所有的特解。

（5）特解的定义　不含任意常数或者通解中任意常数已被确定出来的解。

（6）初始条件的定义　确定微分方程通解中任意常数的条件。

（7）所有解的定义　通解以及不能包含在通解中的特解。

（8）积分曲线的定义　微分方程解的图形。

2. 二阶线性微分方程解的结构

（1）函数相关性的定义　两个函数之比如果为常数，它们线性相关，否则称为线性无关。

（2）二阶线性微分方程

二阶线性方程的一般形式为

$$y'' + p(x)y' + q(x)y = f(x)。 \tag{3}$$

当 $f(x)=0$ 时,有

$$y'' + p(x)y' + q(x)y = 0。 \tag{4}$$

方程(3)称为非齐次线性微分方程,方程(4)称为方程(3)对应的齐次方程。

(3) 解的结构理论

① 若 y_1 和 y_2 是方程(4)的两个解,则 $y = C_1 y_1 + C_2 y_2$ 也是方程(4)的解。

② 若 y_1 和 y_2 是方程(4)的两个线性无关的特解,则 $y = C_1 y_1 + C_2 y_2$ 是方程(4)的通解,其中 C_1, C_2 为任意常数。

③ 若 Y 是方程(4)的通解,y^* 是方程(3)的特解,则 $y = Y + y^*$ 是方程(3)的通解,即非齐次方程的通解为对应齐次方程的通解与其一个特解之和。

④ 设非齐次线性方程(3)的右端 $f(x)$ 是两个函数之和,即

$$y'' + p(x)y' + q(x)y = f_1(x) + f_2(x), \tag{5}$$

而 y_1^*, y_2^* 分别是方程 $y'' + p(x)y' + q(x)y = f_1(x)$, $y'' + p(x)y' + q(x)y = f_2(x)$ 的特解,则 $y_1^* + y_2^*$ 是方程(5)的特解。

7.2　典型例题

题型一　用微分方程解的定义解题

例 1　求以下列函数为通解的微分方程:

(1) $y = C_1 \cos ax + C_2 \sin ax$,其中 C_1, C_2 为任意常数,a 为一固定常数。

(2) $y = C_1 e^x + C_2 e^{-x} - x$,其中 C_1, C_2 为任意常数。

解　(1) 由于 $y = C_1 \cos ax + C_2 \sin ax$,则

$$\frac{dy}{dx} = -aC_1 \sin ax + aC_2 \cos ax,$$

$$\frac{d^2 y}{dx^2} = -a^2 C_1 \cos ax - a^2 C_2 \sin ax = -a^2 (C_1 \cos ax + C_2 \sin ax) = -a^2 y。$$

故所求微分方程为

$$\frac{d^2 y}{dx^2} + a^2 y = 0。$$

(2) 由 $y = C_1 e^x + C_2 e^{-x} - x$,对 x 求导得

$$y' = C_1 e^x - C_2 e^{-x} - 1,$$

上式再对 x 求导得

$$y'' = C_1 e^x + C_2 e^{-x},$$

由上式得 $y = y'' - x$,即所求的微分方程为

$$y'' - y - x = 0。$$

例 2　判断 $y = x\left(\displaystyle\int \frac{e^x}{x} dx + C\right)$ 是否为方程 $xy' - y = x e^x$ 的通解。

解　由 $y = x\left(\int \dfrac{e^x}{x}dx + C\right)$，两边对 x 求导得

$$y' = \int \dfrac{e^x}{x}dx + C + x \cdot \dfrac{e^x}{x}，即\ y' = \int \dfrac{e^x}{x}dx + C + e^x。$$

两边同乘以 x 得

$$xy' = x\left(\int \dfrac{e^x}{x}dx + C\right) + xe^x = y + xe^x，即\ xy' - y = xe^x。$$

故 $y = x\left(\int \dfrac{e^x}{x}dx + C\right)$ 是所给方程的解，其中 C 为任意常数。

例 3　验证由 $y = \ln xy$ 所确定的函数为微分方程 $(xy - x)y'' + xy'^2 + yy' - 2y' = 0$ 的解。

解　将 $y = \ln xy$ 的两边对 x 求导，得 $y' = \dfrac{1}{x} + \dfrac{1}{y}y'$，即 $y' = \dfrac{y}{xy - x}$。

两边再求导得

$$y'' = \dfrac{y'(xy - x) - y(y + xy' - 1)}{(xy - x)^2} = \dfrac{-xy' - y^2 + y}{(xy - x)^2} = \dfrac{1}{xy - x} \cdot \left(-\dfrac{x}{y}y'^2 - yy' + y'\right)。$$

而由 $y' = \dfrac{1}{x} + \dfrac{1}{y}y'$，可得 $\dfrac{x}{y}y' = xy' - 1$，所以

$$y'' = \dfrac{1}{xy - x} \cdot \left[-(xy' - 1)y' - yy' + y'\right] = \dfrac{1}{xy - x} \cdot (-xy'^2 - yy' + 2y')，$$

$$(xy - x)y'' + xy'^2 + yy' - 2y' = 0。$$

即由 $y = \ln xy$ 所确定的函数是所给微分方程的解。

题型二　微分方程解的结构理论

方法　非齐次方程的通解为对应齐次方程的通解与其一个特解之和。

例 4　设非齐次线性微分方程 $y' + P(x)y = Q(x)$ 有两个不同的解 $y_1(x), y_2(x)$，C 为任意常数，则该方程的通解是_____。

A. $C[y_1(x) - y_2(x)]$　　　　　　B. $y_1(x) + C[y_1(x) - y_2(x)]$

C. $C[y_1(x) + y_2(x)]$　　　　　　D. $y_1(x) + C[y_1(x) + y_2(x)]$

解　由线性微分方程解的性质及结构知，$C[y_1(x) - y_2(x)]$ 必为原方程对应齐次线性微分方程的通解。所以，原微分方程的通解为 $y_1(x) + C[y_1(x) - y_2(x)]$，其中 C 为任意常数。

故应选 B。

例 5　设 $y_1(x), y_2(x)$ 为二阶常系数齐次线性方程 $y'' + p(x)y' + q(x)y = 0$ 的两个特解，则由 $y_1(x)$ 与 $y_2(x)$ 能构成该方程的通解的充分条件为_____。

A. $y_1(x)y_2'(x) - y_2(x)y_1'(x) = 0$　　　B. $y_1(x)y_2'(x) - y_2(x)y_1'(x) \neq 0$

C. $y_1(x)y_2'(x) + y_2(x)y_1'(x) = 0$　　　D. $y_1(x)y_2'(x) + y_2(x)y_1'(x) \neq 0$

解　由题意可知，$y_1(x)$ 与 $y_2(x)$ 线性无关，即 $\dfrac{y_2(x)}{y_1(x)} \neq C$。求导得

$$\frac{y'_2(x)y_1(x)-y_2(x)y'_1(x)}{y_1^2(x)}\neq 0, 即 \ y'_2(x)y_1(x)-y_2(x)y'_1(x)\neq 0。$$

故应选 B。

例 6   设线性无关函数 $y_1(x),y_2(x),y_3(x)$ 都是二阶非齐次线性方程

$$y''+p(x)y'+q(x)y=f(x)$$

的解，C_1,C_2 为任意常数，则该非齐次方程的通解是_____。

A. $C_1y_1+C_2y_2+y_3$ B. $C_1y_1+C_2y_2-(C_1+C_2)y_3$

C. $C_1y_1+C_2y_2-(1-C_1-C_2)y_3$ D. $C_1y_1+C_2y_2+(1-C_1-C_2)y_3$

解   因为非齐次线性方程的通解为对应齐次线性方程的通解与其一个特解之和。y_1，y_2,y_3 都是该非齐次线性方程的特解，接下来构造通解。

由于 y_1,y_2,y_3 都是非齐次线性方程的解，所以其差 y_1-y_3,y_2-y_3 是对应齐次线性方程的解。又由于 y_1,y_2,y_3 线性无关，所以 y_1-y_3,y_2-y_3 也线性无关，则对应齐次线性方程的通解为 $C_1[y_1-y_3]+C_2[y_2-y_3]$。选择 y_3 作为特解，则该非齐次线性方程的通解是

$$C_1[y_1-y_3]+C_2[y_2-y_3]+y_3=C_1y_1+C_2y_2+(1-C_1-C_2)y_3。$$

故应选 D。

题型三   求一阶可分离变量方程

方法   形如 $\dfrac{\mathrm{d}y}{\mathrm{d}x}=f(x)g(y)$，通常设 $g(y)\neq 0$，整理为 $\dfrac{1}{g(y)}\mathrm{d}y=f(x)\mathrm{d}x$，两边积分

得方程通解为 $\displaystyle\int\frac{1}{g(y)}\mathrm{d}y=\int f(x)\mathrm{d}x$（通常为隐函数形式）. 若 $g(y_0)=0$ 得 $y=y_0$ 也为原方程的解。

例 7   求解微分方程 $x\dfrac{\mathrm{d}y}{\mathrm{d}x}+x+\sin(x+y)=0$。

解   作变量代换 $u=x+y$，则微分方程化为

$$\frac{\mathrm{d}u}{\sin u}=-\frac{\mathrm{d}x}{x}。$$

用分离变量法，两边积分得

$$\ln\left|\tan\frac{u}{2}\right|=-\ln|x|+\ln C，于是 \ \tan\frac{u}{2}=\frac{C}{x}。$$

再将变量代换 $u=x+y$ 代入，得原微分方程的通解为

$$\tan\frac{x+y}{2}=\frac{C}{x}，其中 \ C \ 为任意常数。$$

例 8   已知关系式 $f'(-x)=x[f'(x)-1]$，试求函数 $f(x)$ 的表达式。

解   因为 $f'(-x)=x[f'(x)-1]$，则 $f'(x)=-x[f'(-x)-1]$。从而可得

$$f'(x)=\frac{x+x^2}{1+x^2}，\quad 即 \quad \frac{\mathrm{d}y}{\mathrm{d}x}=\frac{x+x^2}{1+x^2}。$$

这是变量已分离的微分方程，则

$$f(x) = \int \frac{x + x^2}{1 + x^2} dx = \frac{1}{2}\ln(1 + x^2) + x - \arctan x + C, \text{其中} C \text{为任意常数。}$$

题型四 求齐次方程或可化为齐次型的方程的通解或特解

方法

(1) 齐次微分方程形如 $\dfrac{dy}{dx} = \varphi\left(\dfrac{y}{x}\right)$

令 $u = \dfrac{y}{x}$，即 $y = ux$，则 $\dfrac{dy}{dx} = u + x\dfrac{du}{dx}$，代入原方程得 $u + x\dfrac{du}{dx} = \varphi(u)$，分离变量得

$\dfrac{du}{\varphi(u) - u} = \dfrac{dx}{x}$，两端积分 $\displaystyle\int \dfrac{du}{\varphi(u) - u} = \int \dfrac{dx}{x}$，求出积分后，再用 $\dfrac{y}{x}$ 代替 u，便得所给齐次方程的通解。

(2) 可化为齐次的微分方程，形如 $\dfrac{dy}{dx} = f\left(\dfrac{a_1 x + b_1 y + c_1}{a_2 x + b_2 y + c_2}\right)$

联立 $\begin{cases} a_1 x + b_1 y + c_1 = 0, \\ a_2 x + b_2 y + c_2 = 0。 \end{cases}$

① 线性方程组有解，求得交点 (x_0, y_0)，作平移变换 $\begin{cases} X = x - x_0, \\ Y = y - y_0, \end{cases}$ 即 $\begin{cases} x = X + x_0, \\ y = Y + y_0, \end{cases}$ 则有

$\dfrac{dY}{dX} = \dfrac{dy}{dx}$，原微分方程化为齐次方程 $\dfrac{dY}{dX} = f\left(\dfrac{a_1 X + b_1 Y}{a_2 X + b_2 Y}\right)$，求得通解，再回代 $\begin{cases} X = x - x_0, \\ Y = y - y_0, \end{cases}$ 即

得原方程通解。

② 线性方程组无解，作变量代换 $u = a_1 x + b_1 y$，则 $\dfrac{du}{dx} = a_1 + b_1\dfrac{dy}{dx}$，原微分方程化为可分离变量方程，求得通解，再回代即可。

例 9 求解微分方程 $\left(x - y\cos\dfrac{y}{x}\right)dx + x\cos\dfrac{y}{x}dy = 0$。

解 将原微分方程化为 $\dfrac{dy}{dx} = \dfrac{y}{x} - \dfrac{1}{\cos\dfrac{y}{x}}$。作变量代换 $u = \dfrac{y}{x}$，得

$$u + x\frac{du}{dx} = u - \frac{1}{\cos u}, \quad \text{即} \quad \cos u\, du = -\frac{dx}{x},$$

两边积分得

$$\sin u = -\ln|x| + C。$$

再将变量代换 $u = \dfrac{y}{x}$ 代回，得原微分方程的通解为

$$\sin\frac{y}{x} = -\ln|x| + C, \quad \text{其中} C \text{为任意常数。}$$

例 10 求解微分方程 $\dfrac{dy}{dx} = \dfrac{2y - x + 5}{2x - y - 4}$。

解 联立 $\begin{cases} 2y-x+5=0, \\ 2x-y-4=0, \end{cases}$ 解得 $\begin{cases} x=1, \\ y=-2, \end{cases}$ 作平移变换 $\begin{cases} x=X+1, \\ y=Y-2, \end{cases}$ 则 $\dfrac{\mathrm{d}y}{\mathrm{d}x}=\dfrac{\mathrm{d}Y}{\mathrm{d}X}$。

代入原方程得

$$\frac{\mathrm{d}Y}{\mathrm{d}X}=\frac{2Y-X}{2X-Y}=\frac{2\dfrac{Y}{X}-1}{2-\dfrac{Y}{X}}。$$

令 $\dfrac{Y}{X}=u$, $Y=uX$, 代入原方程得 $u+X\dfrac{\mathrm{d}u}{\mathrm{d}X}=\dfrac{2u-1}{2-u}$, 即 $X\dfrac{\mathrm{d}u}{\mathrm{d}X}=\dfrac{u^2-1}{2-u}$, 分离变量得

$\dfrac{2-u}{u^2-1}\mathrm{d}u=\dfrac{1}{X}\mathrm{d}X$, 即

$$\left(\frac{1}{2}\cdot\frac{1}{u-1}-\frac{3}{2}\cdot\frac{1}{u+1}\right)\mathrm{d}u=\frac{1}{X}\mathrm{d}X。$$

两边积分, 得

$$\frac{1}{2}\ln|u-1|-\frac{3}{2}\ln|u+1|=\ln|X|+\frac{1}{2}\ln|C|,$$

化简得 $u-1=C(u+1)^3X^2$。将 $\dfrac{Y}{X}=u$ 代入, 得

$$Y-X=C(Y+X)^3。$$

将 $X=x-1$, $Y=y+2$ 回代得, 原方程通解为

$$y-x+3=C(y+x+1)^3, \quad 其中 C 为任意常数。$$

题型五　求一阶线性微分方程的通解或特解

方法　形如 $\dfrac{\mathrm{d}y}{\mathrm{d}x}+P(x)y=Q(x)$, 若 $Q(x)\equiv 0$ 称为一阶线性齐次微分方程, 否则称为一阶线性非齐次微分方程。

(1) 齐次线性方程 $\dfrac{\mathrm{d}y}{\mathrm{d}x}+P(x)y=0$ 是可分离变量方程, 通解为 $y=Ce^{-\int P(x)\mathrm{d}x}$。

(2) 非齐次线性方程的通解为 $y=e^{-\int P(x)\mathrm{d}x}\left[\int Q(x)e^{\int P(x)\mathrm{d}x}\mathrm{d}x+C\right]$, 或

$$y=Ce^{-\int P(x)\mathrm{d}x}+e^{-\int P(x)\mathrm{d}x}\int Q(x)e^{\int P(x)\mathrm{d}x}\mathrm{d}x。$$

例 11　微分方程 $xy'+2y=x\ln x$ 满足 $y(1)=-\dfrac{1}{9}$ 的解为 _____。

解　原方程可以写为 $y'+\dfrac{2}{x}y=\ln x$ 是一阶线性微分方程, 则通解为

$$y=e^{-\int\frac{2}{x}\mathrm{d}x}\left(C+\int\ln x\cdot e^{\int\frac{2}{x}\mathrm{d}x}\mathrm{d}x\right)=\frac{1}{x^2}\left(C+\int x^2\ln x\,\mathrm{d}x\right)=\frac{1}{x^2}\left(C+\frac{1}{3}\int\ln x\,\mathrm{d}x^3\right)$$

$$=\frac{C}{x^2}+\frac{1}{3}x\ln x-\frac{1}{9}x, \quad 其中 C 为任意常数。$$

由初始条件 $y(1)=-\dfrac{1}{9}$ 得, $-\dfrac{1}{9}=C-\dfrac{1}{9}$, 即 $C=0$. 所以, 所求的解为

$$y = \frac{1}{3}x\ln x - \frac{1}{9}x_\circ$$

例 12 求解微分方程 $(x^2+1)y'+2xy=4x^2$。

解 原方程变形为 $y'+\dfrac{2x}{x^2+1}y=\dfrac{4x^2}{x^2+1}$,其中 $P(x)=\dfrac{2x}{x^2+1},Q(x)=\dfrac{4x^2}{x^2+1}$,代入公式得

$$y = e^{-\int \frac{2x}{x^2+1}dx}\left(\int \frac{4x^2}{x^2+1}\cdot e^{\int \frac{2x}{x^2+1}dx}dx+C\right)$$

$$= \frac{1}{x^2+1}\left[\int \frac{4x^2}{x^2+1}\cdot(x^2+1)dx+C\right]=\frac{1}{x^2+1}\left(\frac{4}{3}x^3+C\right),$$

其中 C 为任意常数,即为原方程通解。

例 13 求微分方程 $y'+\dfrac{1}{x}y=\dfrac{1}{x(x^2+1)}$ 的通解。

解 此方程为一阶线性微分方程,其中 $P(x)=\dfrac{1}{x},Q(x)=\dfrac{1}{x(x^2+1)},\int P(x)dx=\ln x$。

由公式可得,通解为

$$y = e^{-\int P(x)dx}\left[\int Q(x)e^{\int P(x)dx}dx+C\right]=e^{-\ln x}\left[\int \frac{1}{x(x^2+1)}e^{\ln x}dx+C\right]$$

$$= \frac{1}{x}\left[\int \frac{1}{x^2+1}dx+C\right]=\frac{1}{x}(\arctan x+C), \quad 其中 C 为任意常数。$$

例 14 设函数 $f(x)$ 满足方程 $xf'(x)-3f(x)=-6x^2$,且由曲线 $y=f(x)$、直线 $x=1$ 与 x 轴围成的平面图形 D 绕 x 轴一周所得旋转体体积最小,求 $f(x)$。

解 方程两边除以 x,得 $f'(x)-\dfrac{3}{x}f(x)=-6x$,为一阶线性非齐次微分方程。利用公式得方程通解为 $y=Cx^3+6x^2$,其中 C 为任意常数,则旋转体的体积

$$V = \pi\int_0^1 y^2 dx=\pi\int_0^1(Cx^3+6x^2)^2 dx=\pi\left(\frac{C^2}{7}+2C+\frac{36}{5}\right)。$$

令 $V'(C)=0$,解得 $C=-7$。因 $V''(-7)=\dfrac{2}{7}\pi>0$,此时 V 最小,所求函数为 $f(x)=6x^2-7x^3$。

题型六 求伯努利方程的通解或特解

方法 形如 $\dfrac{dy}{dx}+P(x)y=Q(x)y^n(n\neq 0,1)$,方程的两边同除以 y^n,得

$$y^{-n}\frac{dy}{dx}+P(x)y^{1-n}=Q(x)。$$

令 $z=y^{1-n}$,得 $\dfrac{dz}{dx}+(1-n)P(x)z=(1-n)Q(x)$,解得线性微分方程的解,回代即得原方程通解。

例 15 求解微分方程 $3xy'-y-3xy^4\ln x=0$。

解 原方程可变形为
$$\frac{1}{y^4}\frac{dy}{dx}-\frac{1}{3x}\frac{1}{y^3}=\ln x。$$

令 $z=y^{-3}$，则 $\dfrac{dz}{dx}=-3y^{-4}\dfrac{dy}{dx}$。代入原方程并化简得 $\dfrac{dz}{dx}+\dfrac{1}{x}z=-3\ln x$，为一阶线性非齐次微分方程，其通解为

$$z=e^{-\int\frac{1}{x}dx}\left[\int -3\ln x \cdot e^{\int\frac{1}{x}dx}dx+C\right]，即$$

$$y^{-3}=\frac{1}{x}\left[\int -3x\ln x\,dx+C\right]=\frac{1}{x}\left(-\frac{3}{2}x^2\ln x+\frac{3}{4}x^2+C\right)，$$

故原方程的通解为

$$\frac{1}{y^3}=-\frac{3}{2}x\ln x+\frac{3}{4}x+\frac{C}{x}，\quad 其中 C 为任意常数。$$

例 16 求解微分方程 $y'-\dfrac{4}{x}y=x\sqrt{y}$。

解 原方程 $n=\dfrac{1}{2}$，则原方程转化为

$$2\frac{dz}{dx}-\frac{4}{x}z=x，\quad 即 \quad \frac{dz}{dx}-\frac{2}{x}z=\frac{1}{2}x。$$

得一阶线性非齐次微分方程，通解为

$$z=e^{-\int -\frac{2}{x}dx}\left[\int \frac{x}{2}e^{\int -\frac{2}{x}dx}dx+C\right]=x^2\left(\frac{1}{2}\ln x+C\right)。$$

代入并整理得原方程的通解为

$$\sqrt{y}=\left(\frac{1}{2}\ln x+C\right)x^2，\quad 其中 C 为任意常数。$$

题型七　求可降阶的高阶微分方程的通解或特解

方法

(1) $y''=f(x,y')$ 型

设 $y'=p(x)$，方程化为 $p'=f(x,p)$，求得通解 $y'=p=\varphi(x,C_1)$，再积分即得原方程通解

$$y=\int\varphi(x,C_1)dx+C_2。$$

(2) $y''=f(y,y')$ 型

设 $y'=p(y)$，则 $y''=p\dfrac{dp}{dy}$，方程化为 $p\dfrac{dp}{dy}=f(y,p)$，求得通解 $y'=p=\varphi(y,C_1)$，分离变量积分得原方程通解为

$$\int\frac{dy}{\varphi(y,C_1)}=x+C_2。$$

例 17 求解微分方程 $y''=y'^3+y'$。

解 令 $p(y)=y'$，则 $y''=p\dfrac{dp}{dy}$，原方程化为

$$p \frac{\mathrm{d}p}{\mathrm{d}y} = p^3 + p, \quad 即 \quad p\left[\frac{\mathrm{d}p}{\mathrm{d}y} - (1 + p^2)\right] = 0。$$

由 $p = 0$ 得 $y = C$，这是原方程的一个解。

由 $\frac{\mathrm{d}p}{\mathrm{d}y} - (1 + p^2) = 0$ 得，$\arctan p = y - C_1$，即 $y' = p = \tan(y - C_1)$，从而

$$x + C_2 = \int \frac{1}{\tan(y - C_1)} \mathrm{d}y = \ln\sin(y - C_1)。$$

故原方程的通解为

$$y = \arcsin e^{x + C_2} + C_1, \quad 其中 C_1, C_2 为任意常数。$$

例 18　微分方程 $yy'' + (y')^2 = 0$ 满足初始条件 $y|_{x=0} = 1$，$y'|_{x=0} = \frac{1}{2}$ 的特解

是＿＿＿＿＿＿。

解　所给方程可以写成 $(yy')' = 0$，所以 $yy' = c_1$。利用 $y'|_{y=1} = \frac{1}{2}$ 得，$1 \cdot \frac{1}{2} = c_1$，即

$c_1 = \frac{1}{2}$。因此

$$yy' = \frac{1}{2}, \quad 即 \quad \frac{1}{2}(y^2)' = \frac{1}{2},$$

由此得到 $y^2 = x + c_2$，利用 $y|_{x=0} = 1$ 得 $1 = 0 + c_2$，解得 $c_2 = 1$. 所以特解为

$$y^2 = x + 1。$$

题型八　求解二阶常系数线性微分方程

方法

(1) 二阶常系数线性齐次方程，形如

$$y'' + py' + qy = 0, \quad 其中 p, q 均为常数。 \tag{6}$$

特征方程为 $\lambda^2 + p\lambda + q = 0$。

① 当 λ_1, λ_2 为相异的特征根时，方程(6)的通解为 $y(x) = C_1 e^{\lambda_1 x} + C_2 e^{\lambda_2 x}$；

② 当 $\lambda_1 = \lambda_2$ 时，通解为 $y(x) = (C_1 + C_2 x) e^{\lambda_1 x}$；

③ 当 $\lambda = \alpha \pm \mathrm{i}\beta$（复根）时，通解为 $y(x) = e^{\alpha x}(C_1 \cos\beta x + C_2 \sin\beta x)$。

(2) 二阶常系数线性非齐次方程，形如 $y'' + py' + qy = f(x)$，p, q 均为常数，通解的

求解：

① 求对应齐次方程的通解 $Y(x)$；

② 求出非齐次方程的特解 $y^*(x)$；

③ 非齐次方程的通解为 $y = Y(x) + y^*(x)$。

(3) 非齐次方程的特解 $y^*(x)$ 有以下三种求法：

① 微分算子法；

② 常数变易法；

③ 待定系数法。

（4）二阶常系数非齐次线性方程的非齐次项 $f(x)$ 与特解 y^* 的关系

① $f(x)=p_n(x)\mathrm{e}^{\lambda x}$，其中 $p_n(x)$ 为 x 的 n 次多项式，

若 λ 不是特征根，则 $y^*(x)=R_n(x)\mathrm{e}^{\lambda x}$，$R_n(x)$ 为 n 次多项式；

若 λ 是特征方程的单根，则 $y^*(x)=xR_n(x)\mathrm{e}^{\lambda x}$；

若 λ 是特征方程的重根，则 $y^*(x)=x^2R_n(x)\mathrm{e}^{\lambda x}$。

② $f(x)=p_n(x)$ 此种形式实质为 $f(x)=p_n(x)\mathrm{e}^{\lambda x}$，其中 $\lambda=0$。

若 0 不是特征根，则 $y^*(x)$ 为 n 次多项式 $R_n(x)$；

若 0 是特征方程的单根，则 $y^*(x)=xR_n(x)$；

若 0 是特征方程的重根，则 $y^*(x)=x^2R_n(x)$。

例 19　方程 $y''-5y'+6y=x^2\mathrm{e}^{2x}$ 的一个特解可设为 _____。

A. $y^*=(ax^2+bx)\mathrm{e}^{2x}$　　　　　　　B. $y^*=(ax^2+bx+c)\mathrm{e}^{2x}$

C. $y^*=(ax^2+c)x\mathrm{e}^{2x}$　　　　　　　D. $y^*=(ax^2+bx+c)x\mathrm{e}^{2x}$

解　原方程所对应的齐次方程为 $y''-5y'+6y=0$，其特征方程为 $r^2-5r+6=0$，解得 $r_1=2,r_2=3$。

$n=2,\lambda=2$ 为特征方程的单根，则特解可表示为

$$y^*(x)=xR_n(x)\mathrm{e}^{\alpha x}=x(ax^2+bx+c)\mathrm{e}^{\alpha x}.$$

故应选 D。

例 20　若二阶常系数线性齐次微分方程 $y''+ay'+by=0$ 的通解为 $y=(C_1+C_2x)\mathrm{e}^x$，则非齐次方程 $y''+ay'+by=x$ 满足条件 $y(0)=2,y'(0)=0$ 的解为 _____。

解　由题设可知，$\lambda=1$ 为齐次微分方程 $y''+ay'+by=0$ 的特征方程 $\lambda^2+a\lambda+b=0$ 的二重根，则 $a=-2,b=1$，于是非齐次方程为 $y''-2y'+y=x$。

$r=0$ 不是特征方程的根，则其特解形如 $y^*=ax+b$，代入求解得 $y^*=x+2$。故非齐次方程的通解为 $y=(C_1+C_2x)\mathrm{e}^x+x+2$，其中 C_1,C_2 为任意常数。由 $y(0)=2$ 可得 $C_1=0$。于是

$$y'=[C_2x\mathrm{e}^x+x+2]'=C_2(1+x)\mathrm{e}^x+1.$$

由 $y'(0)=0$ 可得 $C_2=-1$。所以满足条件的解为 $y=x(1-\mathrm{e}^x)+2$。

例 21　求微分方程 $y''-3y'+2y=2x\mathrm{e}^x$ 的通解。

解　$y''-3y'+2y=2x\mathrm{e}^x$ 对应的齐次方程为 $y''-3y'+2y=0$。其特征方程为 $\lambda^2-3\lambda+2=0$，解得 $\lambda_1=1,\lambda_2=2$，于是通解为

$$y=C_1\mathrm{e}^x+C_2\mathrm{e}^{2x},\quad \text{其中 } C_1,C_2 \text{ 为任意常数}。$$

因为 $\lambda=1$ 是特征单根，所以设特解为 $y^*=(Ax+B)x\mathrm{e}^x$，则

$$(y^*)'=(Ax^2+(2A+B)x+B)\mathrm{e}^x,(y^*)''=(Ax^2+(4A+B)x+2A+2B)\mathrm{e}^x.$$

代入原方程有

$$\begin{cases}(4A+B)-3(2A+B)+2B=2,\\(2A+2B)-3B=0,\end{cases}$$

解得 $A=-1,A=-2$，所以 $y^*=-(x+2)x\mathrm{e}^x$。故原方程的通解为

$$y=C_1\mathrm{e}^x+C_2\mathrm{e}^{2x}-(x+2)x\mathrm{e}^x,\quad C_1,C_2 \text{ 为任意常数}。$$

例 22　已知函数 $y=\mathrm{e}^{2x}+(x+1)\mathrm{e}^x$ 是线性微分方程 $y''+ay'+by=c\mathrm{e}^x$ 的一个解，试

确定常数 a,b,c 的值及该微分方程的通解。

解 由 $y = e^{2x} + (x+1)e^x$,可得
$$y' = 2e^{2x} + (x+2)e^x, \quad y'' = 4e^{2x} + (x+3)e^x.$$

将以上式子代入线性微分方程 $y'' + ay' + by = ce^x$ 中,得
$$(4 + 2a + b)e^{2x} + [(a+b+1)x + (3+2a+b)]e^x = ce^x.$$

比较等式两端同类项前的系数得
$$\begin{cases} 4 + 2a + b = 0, \\ a + b + 1 = 0, \\ 3 + 2a + b = c, \end{cases} \quad 得\ a = -3, b = 2, c = -1.$$

下面求齐次方程 $y'' - 3y' + 2y = 0$ 的通解。其对应的特征方程为 $\lambda^2 - 3\lambda + 2 = 0$,解得 $\lambda_1 = 1, \lambda_2 = 2$,则齐次方程的通解为
$$Y = C_1 e^x + C_2 e^{2x}, \quad 其中\ C_1, C_2\ 为任意常数。$$

由于非齐次方程 $y'' - 3y' + 2y = -e^x$ 的一个特解为 $y^* = e^{2x} + (x+1)e^x$。由线性微分方程解的结构可知,原方程的通解为
$$y = Y + y^* = C_1 e^x + C_2 e^{2x} + e^{2x} + (x+1)e^x$$
$$= Ce^{2x} + (x + C_0)e^x, \quad 其中\ C, C_0\ 为任意常数。$$

例 23 求解微分方程 $y'' + y' = 2x^2 + 1$。

解 利用线性微分方程的通解结构求解。

先求齐次微分方程 $y'' + y' = 0$ 的通解 Y,因为特征方程为 $\lambda^2 + \lambda = 0, \lambda_1 = 0, \lambda_2 = -1$. 所以,齐次方程的通解为
$$Y = C_1 + C_2 e^{-x}, \quad 其中\ C_1, C_2\ 为任意常数。$$

再求非齐次方程的特解 y^*,$r = 0$ 是特征方程的单根,则特解的形式为
$$y^* = xR_2(x) = x(ax^2 + bx + c)。$$

将 y^* 代入到原方程 $y'' + y' = 2x^2 + 1$. 由待定系数法,可得 $a = \dfrac{2}{3}, b = -2, c = 5$,即
$$y^* = \frac{2}{3}x^3 - 2x^2 + 5x。$$

则原方程的通解为
$$y = C_1 + C_2 e^{-x} + \frac{2}{3}x^3 - 2x^2 + 5x, \quad 其中\ C_1, C_2\ 为任意常数。$$

例 24 设 $f(x)$ 为连续函数,满足方程 $f(x) = 2(e^x - 1) + \displaystyle\int_0^x (x-t)f(t)\mathrm{d}t$,求 $f(x)$。

解 由 $f(x) = 2(e^x - 1) + x\displaystyle\int_0^x f(t)\mathrm{d}t - \int_0^x tf(t)\mathrm{d}t$,则
$$f'(x) = 2e^x + \int_0^x f(t)\mathrm{d}t, \quad f''(x) = 2e^x + f(x)。$$

由上可知 $f(0) = 0, f'(0) = 2$,二阶常系数线性微分方程为 $y'' - y = 2e^x$。先求其齐次方程对应特征方程为 $r^2 - 1 = 0, r = \pm 1$,故齐次方程通解为

$$Y = C_1 e^x + C_2 e^{-x}, \quad \text{其中 } C_1, C_2 \text{ 为任意常数。}$$

再求非齐次方程的特解，由于 $\lambda = 1$ 是特征方程的单根，求得 $y^* = x e^x$ 得非齐次方程通解 $y = C_1 e^x + C_2 e^{-x} + x e^x$。代入条件 $f(0) = 0, f'(0) = 2$，得 $f(x)$ 为

$$y = \frac{1}{2} e^x - \frac{1}{2} e^{-x} + x e^x。$$

利用特征方程方法求解微分方程的解可以推广到高阶微分方程，如下例为三阶情形。

例 25　求微分方程 $y''' + 6y'' + (9 + a^2) y' = 1$ 的通解，其中常数 $a > 0$。

解　特征方程为 $r^3 + 6r^2 + (9 + a^2) r = 0$，解得特征根为 $r_1 = 0, r_{2,3} = -3 \pm a\mathrm{i}$。对应的齐次方程的通解为

$$Y = C_1 + e^{-3x} (C_2 \cos ax + C_3 \sin ax)。$$

特解形式为 $y^* = Ax$，代入原方程得 $A = \dfrac{1}{9 + a^2}$。因此原方程通解为

$$y = Y + y^* = C_1 + e^{-3x} (C_2 \cos ax + C_3 \sin ax) + \frac{x}{9 + a^2}, \quad \text{其中 } C_1, C_2, C_3 \text{ 为任意常数。}$$

题型九　求欧拉方程的通解或特解

方法　欧拉方程，形如 $x^n y^{(n)} + p_1 x^{n-1} y^{(n-1)} + \cdots + p_{n-1} x y' + p_n y = f(x)$ 的方程，其中 $p_1, p_2, \cdots, p_n$ 为常数. 令 $x = e^t, \mathrm{D} = \dfrac{\mathrm{d}}{\mathrm{d}t}$，则有 $x^k y^{(k)} = \mathrm{D}(\mathrm{D}-1) \cdots (\mathrm{D}-k+1) y$，将方程化为以 t 为变量的常系数线性微分方程，求该微分方程的解，将 t 换为 $\ln x$ 即得原方程的解。

例 26　欧拉方程 $x^2 \dfrac{\mathrm{d}^2 y}{\mathrm{d}x^2} + 4x \dfrac{\mathrm{d}y}{\mathrm{d}x} + 2y = 0 (x > 0)$ 的通解为 _____。

解　令 $x = e^t$，则所给的欧拉方程成为

$$\frac{\mathrm{d}^2 y}{\mathrm{d}t^2} + 3 \frac{\mathrm{d}y}{\mathrm{d}t} + 2y = 0, \quad \text{（二阶常系数齐次线性微分方程）}$$

它的特征方程 $\lambda^2 + 3\lambda + 2 = 0$ 有根 $\lambda_1 = -1, \lambda_2 = -2$，所以此方程通解为

$$y = C_1 e^{-t} + C_2 e^{-2t}, \quad \text{其中 } C_1, C_2 \text{ 为任意常数。}$$

从而所给的欧拉方程的通解为

$$y = \frac{C_1}{x} + \frac{C_2}{x^2}, \quad \text{其中 } C_1, C_2 \text{ 为任意常数。}$$

题型十　求全微分方程的通解或特解

方法　全微分方程，形如 $P(x, y) \mathrm{d}x + Q(x, y) \mathrm{d}y = 0$。若存在可微函数 $u(x, y)$ 使得 $\mathrm{d}u = P(x, y) \mathrm{d}x + Q(x, y) \mathrm{d}y$，则为全微分方程。判定方法：若 $\dfrac{\partial P}{\partial y} = \dfrac{\partial Q}{\partial x}$，则为全微分方程。解法如下：

(1) 令 $u(x, y) = \displaystyle\int_{x_0}^{x} P(x, y) \mathrm{d}x + \int_{y_0}^{y} Q(x_0, y) \mathrm{d}y = C$，

或 $u(x,y) = \int_{x_0}^{x} P(x,y_0)\mathrm{d}x + \int_{y_0}^{y} Q(x,y)\mathrm{d}y = C,(x_0,y_0)$ 为选定的一点,通常取(0,0)。

(2) 积分因子:当 $\dfrac{\partial P}{\partial y} \neq \dfrac{\partial Q}{\partial x}$,若存在一函数 $\mu(x,y) \neq 0$ 使

$$\mu(x,y)P(x,y)\mathrm{d}x + \mu(x,y)Q(x,y)\mathrm{d}y = 0$$

称为全微分方程,则称 $\mu(x,y)$ 为积分因子。常用积分因子有

$$\frac{1}{x+y},\frac{1}{x^2},\frac{1}{x^2+y^2},\frac{1}{x^2 y^2},\frac{y}{x^2},\frac{x}{y^2}。$$

观察法找常用积分因子

$$x\mathrm{d}x + y\mathrm{d}y = \mathrm{d}\left(\frac{x^2+y^2}{2}\right), \quad x\mathrm{d}y + y\mathrm{d}x = \mathrm{d}(xy),$$

$$\frac{x\mathrm{d}y - y\mathrm{d}x}{x^2} = \mathrm{d}\left(\frac{y}{x}\right), \quad \frac{x\mathrm{d}y + y\mathrm{d}x}{xy} = \mathrm{d}(\ln xy),$$

$$\frac{x\mathrm{d}y - y\mathrm{d}x}{x^2+y^2} = \mathrm{d}\left(\arctan\frac{y}{x}\right), \quad \frac{y\mathrm{d}y + x\mathrm{d}x}{\sqrt{y^2+x^2}} = \mathrm{d}(\sqrt{y^2+x^2}),$$

$$\frac{x\mathrm{d}x + y\mathrm{d}y}{x^2+y^2} = \mathrm{d}\left(\frac{1}{2}\ln(x^2+y^2)\right),\cdots$$

例 27 求解下列微分方程:

(1) $(1+\mathrm{e}^{\frac{x}{y}})\mathrm{d}x + \mathrm{e}^{\frac{x}{y}}\left(1-\frac{x}{y}\right)\mathrm{d}y = 0$;   (2) $2xy^3\mathrm{d}x + (x^2 y^2 - 1)\mathrm{d}y = 0$。

解 (1) $P = 1 + \mathrm{e}^{\frac{x}{y}}, Q = \mathrm{e}^{\frac{x}{y}}\left(1 - \frac{x}{y}\right)$,由于 $\dfrac{\partial P}{\partial y} = -\dfrac{x}{y^2}\mathrm{e}^{\frac{x}{y}} = \dfrac{\partial Q}{\partial x}$,所以此方程是全微分方程。取 $(x_0,y_0) = (0,1)$,可得

$$u(x,y) = \int_1^y \mathrm{d}y + \int_0^x (1+\mathrm{e}^{\frac{x}{y}})\mathrm{d}x = y - 1 + x + y\mathrm{e}^{\frac{x}{y}} - y = x + y\mathrm{e}^{\frac{x}{y}} + 1。$$

则 $x + y\mathrm{e}^{\frac{x}{y}} = C$,其中 C 为任意常数。

(2) 因为 $P = 2xy^3, Q = x^2 y^2 - 1$,则 $\dfrac{\partial P}{\partial y} = 6xy^2 \neq \dfrac{\partial Q}{\partial x} = 2xy^2$,所以方程不是全微分方程。

方程可改写为 $(2xy^3\mathrm{d}x + x^2 y^2\mathrm{d}y) - \mathrm{d}y = 0$,应当取积分因子 $u = \dfrac{1}{y^2}$,即把方程化为

$$\frac{2xy^3\mathrm{d}x + x^2 y^2\mathrm{d}y}{y^2} - \frac{1}{y^2}\mathrm{d}y = 0, \quad \mathrm{d}(x^2 y) + \mathrm{d}\left(\frac{1}{y}\right) = 0,$$

解得原方程的通解为

$$x^2 y + \frac{1}{y} = C, \quad \text{其中 } C \text{ 为任意常数。}$$

例 28 求 $(x^2 - y^2 - 2y)\mathrm{d}x + (x^2 + 2x - y^2)\mathrm{d}y = 0$ 的通解。

解 因为 $P = x^2 - y^2 - 2y, Q = x^2 + 2x - y^2$,则 $\dfrac{\partial P}{\partial y} = -2y - 2 \neq \dfrac{\partial Q}{\partial x} = 2x + 2$,所以方程不是全微分方程。将原方程改写为

$$(x^2 - y^2)\mathrm{d}(x+y) + 2(x\,\mathrm{d}y - y\,\mathrm{d}x) = 0。$$

令 $\mu = \dfrac{1}{x^2 - y^2}$，则方程变为

$$\mathrm{d}(x+y) + 2\,\frac{x\,\mathrm{d}y - y\,\mathrm{d}x}{x^2 - y^2} = 0，\quad 即 \quad \mathrm{d}(x+y) - 2\mathrm{d}\left(\frac{1}{2}\ln\frac{x-y}{x+y}\right) = 0。$$

故方程通解为

$$x + y = \frac{1}{2}\ln\frac{x-y}{x+y} + C，\quad 其中 C 为任意常数。$$

例 29 设 $f(x)$ 具有二阶连续导数，$f(0)=0$，$f'(0)=1$，且
$$[xy(x+y) - f(x)y]\mathrm{d}x + [f'(x) + x^2 y]\mathrm{d}y = 0$$
为全微分方程，求 $f(x)$ 及此微分方程的通解。

解 (1) 求 $f(x)$，由全微分方程的充要条件 $\dfrac{\partial Q}{\partial x} = \dfrac{\partial P}{\partial y}$ 知

$$f''(x) + 2xy = x^2 + 2xy - f(x)，\quad 即 \quad f''(x) + f(x) = x^2。$$

此方程对应的齐次方程 $f''(x) + f(x) = 0$ 的通解为
$$Y = C_1\cos x + C_2\sin x。$$

由于 $n=2$，$\lambda=0$ 不是特征方程的根，则该方程的特解形式为 $y^* = ax^2 + bx + c$。由待定系数法可得

$$a=1，b=0，c=-2，\quad 故 \quad y^* = x^2 - 2。$$

则所给方程的通解为

$$f(x) = Y + y^* = C_1\cos x + C_2\sin x + x^2 - 2。$$

由 $f(0)=0$，$f'(0)=1$，求得 $C_1=2$，$C_2=1$，从而 $f(x) = 2\cos x + \sin x + x^2 - 2$。

(2) **方法 1** 将 $f(x)$ 的表达式代入原方程中得
$$[xy^2 - (2\cos x + \sin x)y + 2y]\mathrm{d}x + (-2\sin x + \cos x + 2x + x^2 y)\mathrm{d}y = 0。$$
因为

$$u(x,y) = \int_{(0,0)}^{(x,y)} [xy^2 - (2\cos x + \sin x)y + 2y]\mathrm{d}x + (-2\sin x + \cos x + 2x + x^2 y)\mathrm{d}y$$

$$= \int_0^y (-2\sin x + \cos x + 2x + x^2 y)\mathrm{d}y$$

$$= -2y\sin x + y\cos x + 2xy + \frac{x^2 y^2}{2}，$$

所以原方程通解为

$$-2y\sin x + y\cos x + 2xy + \frac{x^2 y^2}{2} = C，\quad 其中 C 为任意常数。$$

方法 2 利用凑微分法

由 $[xy^2 - (2\cos x + \sin x)y + 2y]\mathrm{d}x + (-2\sin x + \cos x + 2x + x^2 y)\mathrm{d}y = 0$ 得到
$$(xy^2\mathrm{d}x + x^2 y\,\mathrm{d}y) + (2y\,\mathrm{d}x + 2x\,\mathrm{d}y) + (-y\sin x\,\mathrm{d}x + \cos x\,\mathrm{d}y) + (-2y\cos x\,\mathrm{d}x - 2\sin x\,\mathrm{d}y)$$

$$= \mathrm{d}\left(\frac{x^2 y^2}{2}\right) + \mathrm{d}(2xy) + \mathrm{d}(y\cos x) - 2\mathrm{d}(y\sin x)$$

$$= \mathrm{d}\left(\frac{x^2 y^2}{2} + 2xy + y\cos x - 2y\sin x\right) = 0。得原方程通解为$$

$$-2y\sin x + y\cos x + 2xy + \frac{x^2 y^2}{2} = C,\quad \text{其中 } C \text{ 为任意常数。}$$

题型十一 已知方程的特解或通解反求微分方程

例 30 设函数 $f(x)$ 在区间 $[1, +\infty)$ 上非负连续,若由曲线 $y = f(x)$,直线 $x = 1$ 与 $x = t$ 所围成的平面图形绕 x 轴旋转一周,所成旋转体体积为 $V(t) = \frac{\pi}{3}[t^2 f(t) - f(1)]$,求 $y = f(x)$ 所满足的微分方程,并求该微分方程满足初始条件 $y|_{x=2} = \frac{2}{9}$ 的解。

解 依题意,得

$$V(t) = \pi \int_1^t f^2(x)\,\mathrm{d}x = \frac{\pi}{3}[t^2 f(t) - f(1)]\text{。}$$

化简得

$$3\int_1^t f^2(x)\,\mathrm{d}x = t^2 f(t) - f(1)\text{。}$$

两边同时对 t 求导,得 $3f^2(t) = 2tf(t) + t^2 f'(t)$,即

$$\frac{\mathrm{d}y}{\mathrm{d}x} = 3\left(\frac{y}{x}\right)^2 - 2\left(\frac{y}{x}\right)\text{。}$$

令 $\frac{y}{x} = u$,则有 $x\dfrac{\mathrm{d}u}{\mathrm{d}x} = 3u(u-1)$。当 $u \neq 0, 1$ 时,由 $\dfrac{\mathrm{d}u}{u(u-1)x} = \dfrac{3\mathrm{d}x}{x}$,两边积分得

$$\frac{u-1}{u} = Cx^3\text{。}$$

从而可得其通解为

$$y - x = Cx^3 y,\quad \text{其中 } C \text{ 为任意常数。}$$

由已知条件 $y|_{x=2} = \frac{2}{9}$,得 $C = -1$,所以 $y - x = -x^3 y$ 为所求满足初始条件的解。

例 31 已知 $y_1 = x\mathrm{e}^x + \mathrm{e}^{2x}$,$y_2 = x\mathrm{e}^x + \mathrm{e}^{-x}$,$y_3 = x\mathrm{e}^x + \mathrm{e}^{2x} - \mathrm{e}^{-x}$ 是某二阶常系数线性非齐次微分方程的 3 个解,试求此微分方程。

解 根据二阶线性非齐次微分方程解的结构有关知识,由题设可知 e^{2x} 与 e^x 是相应齐次方程的两个线性无关的解,且 $x\mathrm{e}^x$ 是非齐次的一个特解,因此可以用下述两种解法。

方法 1 满足已知条件的方程形如 $y'' - y' - 2y = f(x)$。

将 $y = x\mathrm{e}^x$ 代入上式,得

$$f(x) = (x\mathrm{e}^x)'' - (x\mathrm{e}^x)' - 2x\mathrm{e}^x = 2\mathrm{e}^x + x\mathrm{e}^x - \mathrm{e}^x - x\mathrm{e}^x - 2x\mathrm{e}^x = \mathrm{e}^x - 2x\mathrm{e}^x,$$

因此所求方程为 $y'' - y' - 2y = \mathrm{e}^x - 2x\mathrm{e}^x$。

方法 2 由已知条件知 $y = x\mathrm{e}^x + C_1\mathrm{e}^{2x} + C_2\mathrm{e}^{-x}$ 是所求方程的通解。由 $y' = \mathrm{e}^x + x\mathrm{e}^x + 2C_1\mathrm{e}^{2x} - C_2\mathrm{e}^{-x}$,$y'' = 2\mathrm{e}^x + x\mathrm{e}^x + 4C_1\mathrm{e}^{2x} + C_2\mathrm{e}^{-x}$,消去 C_1, C_2 得所求方程为 $y'' - y' - 2y = \mathrm{e}^x - 2x\mathrm{e}^x$。

题型十二 常微分方程的应用

例 32 某种飞机在机场降落时,为了减少滑行距离,在触地的瞬间飞机尾部张开减速伞,以增大阻力,使飞机迅速减速并停下。现有一质量为 9000kg 的飞机,着陆时的水平速

度为 700km/h。经测试,减速伞打开后,飞机所受的总阻力与飞机的速度成正比(比例系数为 $k=6.0\times10^6$)。问从着陆点算起,飞机滑行的最长距离是多少。(注:kg 表示千克,km/h 表示千米/小时。)

解 设 t 时刻飞机滑行距离为 $x(t)$(这里,t 是按飞机触地时刻起算,x 是按触地点起算),则滑行速度 $v=\dfrac{\mathrm{d}x}{\mathrm{d}t}$。于是由题设及牛顿第二定律得

$$m\frac{\mathrm{d}v}{\mathrm{d}t}=-kv\text{(其中 }m=9000,k=6.0\times10^6\text{)},\tag{7}$$

$$v\big|_{t=0}=v_0(=700)。\tag{8}$$

由于 $\dfrac{\mathrm{d}v}{\mathrm{d}t}=\dfrac{\mathrm{d}v}{\mathrm{d}x}\dfrac{\mathrm{d}x}{\mathrm{d}t}=\dfrac{\mathrm{d}v}{\mathrm{d}x}v$,代入方程(7)得

$$m\frac{\mathrm{d}v}{\mathrm{d}x}v=-kv,\quad\text{即}\frac{\mathrm{d}x}{\mathrm{d}v}=-\frac{m}{k},$$

所以 $x=-\dfrac{m}{k}v+C$。由方程(8)得 $0=-\dfrac{m}{k}v_0+C$,即 $C=\dfrac{m}{k}v_0$。于是 $x=\dfrac{m}{k}(v_0-v)$。

因此,飞机滑行的最长距离为

$$x\big|_{v=0}=\frac{m}{k}v_0=\frac{9000}{6.0\times10^6}\times700=1.05(\mathrm{km})。$$

例 33 已知曲线过 $(1,1)$ 点,如果把曲线上任一点 P 处的切线与 y 轴的交点记作 Q,则以 PQ 为直径所作的圆都经过点 $F(1,0)$,求此曲线方程。

解 如图 7-1 所示,所求直线设为 $y=f(x)$,于是切线方程为

$$Y-y=y'(X-x)。$$

切线 PQ 与 y 轴的交点 Q 的坐标为 $Q(0,y-xy')$。

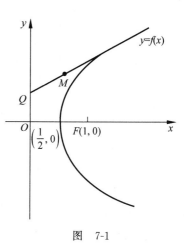

图 7-1

设 M 点为切线段 PQ 的中点,坐标为 $\left(\dfrac{x}{2},y-\dfrac{xy'}{2}\right)$,

因为圆经过点 $F(1,0)$,所以 $|MQ|=|MF|$,于是得方程

$$\begin{cases}yy'=\dfrac{1}{x}y^2-1+\dfrac{1}{x},\\[2mm]y\big|_{x=1}=1。\end{cases}$$

上式中令 $y^2=Z$,则上式可化为 $\dfrac{1}{2}(y^2)'=\dfrac{1}{x}y^2-1+\dfrac{1}{x}$,即 $Z'-\dfrac{2}{x}Z=-2+\dfrac{2}{x}$。求解

$$Z=\mathrm{e}^{-\int-\frac{2}{x}\mathrm{d}x}\left[\int\left(-2+\frac{2}{x}\right)\mathrm{e}^{\int-\frac{2}{x}\mathrm{d}x}\mathrm{d}x+C\right]=x^2\left[\int\left(-\frac{2}{x^2}+\frac{2}{x^3}\right)\mathrm{d}x\right]$$

$$=x^2\left(\frac{2}{x}-\frac{1}{x^2}+C\right)=2x-1+Cx^2,\quad\text{其中 }C\text{ 为任意常数。}$$

即方程的通解为 $y^2=2x-1+Cx^2$,代入初值 $y\big|_{x=1}=1$,得 $C=0$。于是所求的曲线方程为 $y^2=2x-1$。

7.3 同步训练

1. 设函数 $y=(1+x)^2 u(x)$ 是方程 $y'-\dfrac{2}{1+x}y=(1+x)^3$ 的通解,求 $u(x)$。

2. 求连续函数 $f(x)$ 使它满足 $\displaystyle\int_0^1 f(tx)\mathrm{d}t=f(x)+x\sin x$。

3. 利用变量代换的方法求 $(x+y)\mathrm{d}x+(3x+3y-4)\mathrm{d}y=0$ 的通解。

4. 微分方程 $y'=\dfrac{y(1-x)}{x}$ 的通解是_____。

5. 微分方程 $xy'+y=0$ 满足条件 $y(1)=1$ 的解是 $y=$_____。

6. 设连续函数 $y(x)$ 满足方程 $y(x)=\displaystyle\int_0^x y(t)\mathrm{d}t+\mathrm{e}^x$,求 $y(x)$。

7. 求微分方程 $y'+\dfrac{1}{x}y=\dfrac{1}{x(x^2+1)}$ 的通解。

8. 求解微分方程 $(y^2-6x)\dfrac{\mathrm{d}y}{\mathrm{d}x}+2y=0$。

9. 求解微分方程 $3xy'-y-3xy^4\ln x=0$。

10. 求解微分方程 $\dfrac{\mathrm{d}y}{\mathrm{d}x}=\dfrac{xy^2+\sin x}{2y}$。

11. 求解微分方程 $(3x^2+y)\mathrm{d}x+(2x^2y-x)\mathrm{d}y=0$。

12. 求解微分方程 $(x^2+y^2+y)\mathrm{d}x-x\mathrm{d}y=0$。

13. 求微分方程 $y''=\dfrac{3}{2}y^2$ 满足初始条件 $y|_{x=0}=1,y'|_{x=0}=1$ 的特解。

14. 已知 $y_1=3,y_2=3+x^2,y_3=3+x^2+\mathrm{e}^x$ 都是方程
$(x^2-2x)y''-(x^2-2)y'+(2x-2)y=6x-6$ 的解,求此方程的通解。

15. 微分方程 $y''-y=\mathrm{e}^x+1$ 的一个特解应具有形式(其中 a,b 为常数)_____。
   A. $a\mathrm{e}^x+b$ B. $ax\mathrm{e}^x+b$ C. $a\mathrm{e}^x+bx$ D. $ax\mathrm{e}^x+bx$

16. 求微分方程 $y''+3y'+2y=2x\mathrm{e}^x$ 的通解。

17. 设 $f(x),g(x)$ 满足 $f'(x)=g(x),g'(x)=2\mathrm{e}^x-f(x)$,且 $f(0)=0,g(0)=2$.
求积分值 $I=\displaystyle\int_0^\pi\left[\dfrac{g(x)}{1+x}-\dfrac{f(x)}{(1+x)^2}\right]\mathrm{d}x$。

18. 设 $y=\mathrm{e}^x(C_1\sin x+C_2\cos x)(C_1,C_2$ 是任意常数)为某二阶常系数线性齐次微分方程的通解,则方程为_____。

19. 求微分方程 $y'''+6y''+(9+a^2)y'=1$ 的通解,其中常数 $a>0$。

20. 在下列微分方程中,以 $y=C_1\mathrm{e}^x+C_2\cos 2x+C_3\sin 2x(C_1,C_2,C_3$ 是任意常数)为通解的是_____。
   A. $y'''+y''-4y'-4y=0$ B. $y'''+y''+4y'+4y=0$
   C. $y'''+y''-4y'+4y=0$ D. $y'''-y''+4y'-4y=0$

21. 质量为 1g 的质点受外力作用作直线运动,该外力和时间成正比,和质点运动的速度成反比。在 $t=10\text{s}$ 时,速度等于 $v=50\text{cm/s}$,外力为 $F=4\text{g}\cdot\text{cm/s}^2$,问运动 1min 后的速度是多少。

22. 小船从河边点 O 处出发驶向对岸(两岸为平行直线),设船速为 a,船行方向始终与河岸垂直。又设河宽为 h,河中任一点处的水流速度与该点到两岸距离的乘积成正比(比例系数为 k),求小船的航行路线。

23. 已知微分方程 $y''+ay'+by=c\text{e}^x$ 的通解为 $y=(C_1+C_2x)\text{e}^{-x}+\text{e}^x$,则 a,b,c 依次为(   )。

   A. 1,0,1   B. 1,0,2   C. 2,1,3   D. 2,1,4

24. 微分方程 $y''-4y'+8y=\text{e}^{2x}(1+\cos 2x)$ 的特解可设为 $y^*=$ _____。

   A. $A\text{e}^{2x}+\text{e}^{2x}(B\cos 2x+C\sin 2x)$ B. $Ax\text{e}^{2x}+\text{e}^{2x}(B\cos 2x+C\sin 2x)$

   C. $A\text{e}^{2x}+x\text{e}^{2x}(B\cos 2x+C\sin 2x)$ D. $Ax\text{e}^{2x}+x\text{e}^{2x}(B\cos 2x+C\sin 2x)$

25. 若 $y=(1+x^2)^2-\sqrt{1+x^2}$,$y=(1+x^2)^2+\sqrt{1+x^2}$ 是微分方程 $y'+p(x)y=q(x)$ 的两个解,则 $q(x)=$ _____。

   A. $3x(1+x^2)$ B. $-3x(1+x^2)$

   C. $\dfrac{x}{1+x^2}$ D. $-\dfrac{x}{1+x^2}$

26. 设 $y=\dfrac{1}{2}\text{e}^{2x}+\left(x-\dfrac{1}{3}\right)\text{e}^x$ 是二阶常系数非齐次线性微分方程 $y''+ay'+by=c\text{e}^x$ 的一个特解,则 _____。

   A. $a=-3,b=2,c=-1$ B. $a=3,b=2,c=-1$
   C. $a=-3,b=2,c=1$ D. $a=3,b=2,c=1$

27. 微分方程 $2yy'-y^2-2=0$ 满足条件 $y(0)=1$ 的特解 $y=$ _____。

28. 以 $y=x^2-\text{e}^x$ 和 $y=x^2$ 为特解的一阶非齐次线性微分方程为 _____。

29. 设函数 $y=y(x)$ 是微分方程 $y''+y'-2y=0$ 的解,且在 $x=0$ 处 $y(x)$ 取得极值 3,则 $y(x)=$ _____。

30. 微分方程 $y''-3y'+2y=2\text{e}^{-x}\cos x+\text{e}^{2x}(4x+5)$ 的通解为 _____。

31. 设函数 $y(x)$ 是微分方程 $y'-xy=\dfrac{1}{2\sqrt{x}}\text{e}^{\frac{x^2}{2}}$ 满足条件 $y(1)=\sqrt{\text{e}}$ 的特解。

   (1) 求 $y(x)$;

   (2) 设平面区域 $D=\{(x,y)\mid 1\leqslant x\leqslant 2,0\leqslant y\leqslant y(x)\}$,求 D 绕 x 轴旋转所得旋转体的体积。

32. 设函数 $y(x)$ 是微分方程 $y'+xy=\text{e}^{-\frac{x^2}{2}}$ 满足条件 $y(0)=0$ 的特解。

   (1) 求 $y(x)$;

   (2) 求曲线 $y(x)$ 的凹凸区间及拐点。

7.4 参考答案

1. $u(x) = \int (1+x)\mathrm{d}x = \dfrac{x^2}{2} + x + C$（$C$ 为任意常数）。

2. $f(x) = \int (-2\sin x - x\cos x)\mathrm{d}x = \cos x - x\sin x + C$。

3. $x + 3y + 2\ln|x+y-2| = C$。

4. $\ln y = \ln x - x + \ln C$，则 $y = Cx\mathrm{e}^{-x}$（C 是任意常数）。

5. $y = \dfrac{1}{x}$。　6. $y = \mathrm{e}^x(x+1)$。　7. $y = \dfrac{1}{x}(\arctan x + C)$。

8. $x = \dfrac{1}{2}y^2 + Cy^3$ 为原方程通解。　9. 原方程的通解为 $\dfrac{1}{y^3} = -\dfrac{3}{2}x\ln x + \dfrac{3}{4}x + \dfrac{C}{x}$。

10. 原方程通解为 $y^2 = \mathrm{e}^{\frac{x^2}{2}}\left(\int \mathrm{e}^{-\frac{x^2}{2}}\sin x\,\mathrm{d}x + C \right)$。

11. 原方程的通解为 $3x + y^2 - \dfrac{y}{x} = C$。

12. 提示：$\dfrac{1}{x^2+y^2}$ 为原方程的一个积分因子，原方程的通解为 $x + \arctan\dfrac{x}{y} = C$。

13. 提示：令 $p(x) = y'$，原方程的特解为 $y = 4(x-2)^{-2}$。

14. $y = C_1 x^2 + C_2 \mathrm{e}^x + 3$ 为原方程的通解。　15. 应选 B。

16. 原方程的通解为 $y = C_1 \mathrm{e}^{-x} + C_2 \mathrm{e}^{-2x} + \left(-\dfrac{5}{18} + \dfrac{1}{3}x\right)\mathrm{e}^x$，$C_1, C_2$ 为任意常数。

17. $I = \dfrac{1+\mathrm{e}^\pi}{1+\pi}$。　18. 所求的方程为 $y'' - 2y' + 2y = 0$。

19. 原方程通解为 $y = Y + y^* = C_1 + \mathrm{e}^{-3x}(C_2\cos ax + C_3\sin ax) + \dfrac{x}{9+a^2}$。

20. 选 D。　21. $v = 269.3\,\mathrm{cm/s}$。　22. 方程为 $x = \dfrac{k}{a}\left(\dfrac{h}{2}y^2 - \dfrac{1}{3}y^3\right)$。

23. D。　24. C。　25. A。　26. A。　27. $\sqrt{3\mathrm{e}^x - 2}$。

28. $y' - y = 2x - x^2$。　29. $2\mathrm{e}^x + \mathrm{e}^{-2x}$。

30. $y = C_1\mathrm{e}^x + C_2\mathrm{e}^{2x} + \dfrac{1}{5}\mathrm{e}^{-x}(\cos x - \sin x) + \mathrm{e}^{2x}(2x^2 + x)$。

31. (1) $y(x) = \sqrt{x}\,\mathrm{e}^{\frac{x^2}{2}}$；(2) $\dfrac{1}{2}\pi(\mathrm{e}^4 - \mathrm{e})$；

32. (1) $y(x) = x\mathrm{e}^{-\frac{x^2}{2}}$；(2) 凹区间为 $(-\sqrt{3}, 0)$ 和 $(\sqrt{3}, +\infty)$，凸区间为 $(-\infty, -\sqrt{3})$ 和 $(0, \sqrt{3})$，拐点为 $(-\sqrt{3}, -\sqrt{3}\mathrm{e}^{-\frac{3}{2}})$，$(0,0)$ 和 $(\sqrt{3}, \sqrt{3}\mathrm{e}^{-\frac{3}{2}})$。

第8章

空间解析几何与向量代数

8.1 知识点

1. 向量的基本概念

向量：既有大小又有方向的量称为向量，常用黑体字母或上面加箭头的字母表示。

向量的坐标表示形式：$\vec{a} = x\vec{i} + y\vec{j} + z\vec{k} = (x, y, z)$。

向量的模：向量的大小称为向量的模，向量 $\overrightarrow{AB}, \vec{a}$ 的模分别用 $|\overrightarrow{AB}|, |\vec{a}|$ 表示。

若向量的坐标表示形式为 $\vec{a} = x\vec{i} + y\vec{j} + z\vec{k} = (x, y, z)$，则 $|\vec{a}| = \sqrt{x^2 + y^2 + z^2}$。

向量相等：大小相等，方向相同的两个向量是相等的，如 $\vec{a} = \vec{b}$。

单位向量：模为 1 的向量称为单位向量。与 $\vec{a}$ 方向相同的单位向量可以用

$$e_a = \frac{\vec{a}}{|\vec{a}|} = \frac{1}{\sqrt{x^2 + y^2 + z^2}} \cdot (x, y, z) \text{ 表示。}$$

零向量：模等于零的向量称为零向量，记作 $\vec{0}$。零向量的方向可以看做是任意的。

两个向量的夹角：设有两个非零向量 $\boldsymbol{a}, \boldsymbol{b}$，任取空间一点 O，作 $\overrightarrow{OA} = \boldsymbol{a}, \overrightarrow{OB} = \boldsymbol{b}$，规定不超过 π 的 $\angle AOB$（设 $\varphi = \angle AOB, 0 \leqslant \varphi \leqslant \pi$）称为向量 $\boldsymbol{a}$ 与 $\boldsymbol{b}$ 的夹角，记作 $\widehat{(\boldsymbol{a}, \boldsymbol{b})}$ 或 $\widehat{(\boldsymbol{b}, \boldsymbol{a})}$，即 $\widehat{(\boldsymbol{a}, \boldsymbol{b})} = \varphi$。如果向量 $\boldsymbol{a}$ 与 $\boldsymbol{b}$ 中有一个是零向量，规定它们的夹角可以在 0 与 π 之间任意取值。

方向角：非零向量 $\vec{a}$ 与三个坐标轴的夹角称为 $\vec{a}$ 的方向角，分别用 α, β, γ 表示，并且

$$\cos\alpha = \frac{x}{\sqrt{x^2 + y^2 + z^2}}, \cos\beta = \frac{y}{\sqrt{x^2 + y^2 + z^2}}, \cos\gamma = \frac{z}{\sqrt{x^2 + y^2 + z^2}}, \text{显然 } \cos^2\alpha + \cos^2\beta +$$

$\cos^2\gamma = 1$，所以 $e_a = (\cos\alpha, \cos\beta, \cos\gamma)$。

设 $A(x_1, y_1, z_1), B(x_2, y_2, z_2)$ 是空间中的两点，则 A, B 间的距离公式为

$$|AB| = \sqrt{(x_2 - x_1)^2 + (y_2 - y_1)^2 + (z_2 - z_1)^2}。$$

2. 向量的运算及性质

向量的加减运算

设 $\vec{a}=(x_1,y_1,z_1),\vec{b}=(x_2,y_2,z_2)$，则 $\vec{a}\pm\vec{b}=(x_1\pm x_2,y_1\pm y_2,z_1\pm z_2)$。

向量的数乘运算

设非零向量 $\vec{a}=(x,y,z)$，λ 为一常数，则 $\lambda\vec{a}=(\lambda x,\lambda y,\lambda z)$，且 $\lambda>0$ 时 $\lambda\vec{a}$ 与 $\vec{a}$ 同向，$\lambda=0$ 时 $\lambda\vec{a}$ 为零向量，$\lambda<0$ 时，$\lambda\vec{a}$ 与 $\vec{a}$ 方向相反；$\lambda\vec{a}$ 的大小为 $|\lambda||\vec{a}|$。

向量的数量积

设 $\vec{a}=(x_1,y_1,z_1),\vec{b}=(x_2,y_2,z_2)$，则 $\vec{a}\cdot\vec{b}=|\vec{a}|\cdot|\vec{b}|\cos(\widehat{\vec{a},\vec{b}})=x_1x_2+y_1y_2+z_1z_2$，所以 $\cos(\widehat{\vec{a},\vec{b}})=\dfrac{\vec{a}\cdot\vec{b}}{|\vec{a}|\cdot|\vec{b}|}=\dfrac{x_1x_2+y_1y_2+z_1z_2}{\sqrt{x_1^2+y_1^2+z_1^2}\sqrt{x_2^2+y_2^2+z_2^2}}$。

向量的数量积满足的运算规律

(1) 交换律：$\vec{a}\cdot\vec{b}=\vec{b}\cdot\vec{a}$。　　　　(2) 分配律：$\vec{a}\cdot(\vec{b}+\vec{c})=\vec{a}\cdot\vec{b}+\vec{a}\cdot\vec{c}$。

(3) 数乘的结合律：$(\lambda\vec{a})\cdot\vec{b}=\lambda(\vec{a}\cdot\vec{b})$。

向量的向量积

设向量 $\vec{a}=(x_1,y_1,z_1),\vec{b}=(x_2,y_2,z_2)$，若存在向量 $\vec{c}$ 满足条件：

(1) $|\vec{c}|=|\vec{a}|\cdot|\vec{b}|\cdot\sin(\widehat{\vec{a},\vec{b}})$；

(2) $\vec{c}\perp\vec{a},\vec{c}\perp\vec{b}$，即 $\vec{c}$ 垂直于 $\vec{a},\vec{b}$ 确定的平面；

(3) $\vec{a},\vec{b},\vec{c}$ 的方向满足右手法则。

则称 $\vec{c}$ 为 $\vec{a}$ 与 $\vec{b}$ 的向量积，记为 $\vec{c}=\vec{a}\times\vec{b}$，$\vec{c}$ 的坐标分解式为

$$\vec{c}=\vec{a}\times\vec{b}=\begin{vmatrix}\vec{i}&\vec{j}&\vec{k}\\x_1&y_1&z_1\\x_2&y_2&z_2\end{vmatrix}=\begin{vmatrix}y_1&z_1\\y_2&z_2\end{vmatrix}\vec{i}-\begin{vmatrix}x_1&z_1\\x_2&z_2\end{vmatrix}\vec{j}+\begin{vmatrix}x_1&y_1\\x_2&y_2\end{vmatrix}\vec{k}。$$

向量积满足的运算规律

(1) $\vec{b}\times\vec{a}=-\vec{a}\times\vec{b}$。　　　　(2) $\vec{a}\times(\vec{b}+\vec{c})=\vec{a}\times\vec{b}+\vec{a}\times\vec{c}$。

(3) $(\lambda\vec{a})\times\vec{b}=\vec{a}\times(\lambda\vec{b})=\lambda\vec{a}\times\vec{b}$。

向量的混合积

设 $\vec{a},\vec{b},\vec{c}$ 为三个向量，称 $(\vec{a}\times\vec{b})\cdot\vec{c}$ 为 $\vec{a},\vec{b},\vec{c}$ 三个向量的混合积，记作 $[\vec{a}\ \ \vec{b}\ \ \vec{c}]$。如果 $\vec{a}=(x_1,y_1,z_1),\vec{b}=(x_2,y_2,z_2),\vec{c}=(x_3,y_3,z_3)$，则混合积

$$[\vec{a}\ \ \vec{b}\ \ \vec{c}]=\begin{vmatrix}x_1&y_1&z_1\\x_2&y_2&z_2\\x_3&y_3&z_3\end{vmatrix}。$$

注：(1) $\vec{a} \perp \vec{b}$ 的充分必要条件为 $\vec{a} \cdot \vec{b} = 0$ 或 $x_1 x_2 + y_1 y_2 + z_1 z_2 = 0$。

(2) $\vec{a} // \vec{b}$ 的充分必要条件为 $\vec{a} \times \vec{b} = \vec{0}$ 或 $\dfrac{x_1}{x_2} = \dfrac{y_1}{y_2} = \dfrac{z_1}{z_2}$。

(3) $|\vec{c}| = |\vec{a}| \cdot |\vec{b}| \cdot \sin(\overset{\frown}{\vec{a}, \vec{b}})$ 的几何意义表示以 $\vec{a}, \vec{b}$ 为边的平行四边形的面积。

(4) $[\vec{a} \quad \vec{b} \quad \vec{c}] = \begin{vmatrix} x_1 & y_1 & z_1 \\ x_2 & y_2 & z_2 \\ x_3 & y_3 & z_3 \end{vmatrix}$ 是一个数，此数的绝对值的几何意义表示以 $\vec{a}$,

$\vec{b}, \vec{c}$ 为棱的平行六面体的体积。

(5) $[\vec{a} \quad \vec{b} \quad \vec{c}] = \begin{vmatrix} x_1 & y_1 & z_1 \\ x_2 & y_2 & z_2 \\ x_3 & y_3 & z_3 \end{vmatrix} = 0$ 表示三个向量在同一平面上。

3. 空间曲面及空间曲线

空间曲面：如果曲面 S 和三元方程 $F(x, y, z) = 0$ 满足：(1)曲面 S 上任一点的坐标满足方程 $F(x, y, z) = 0$；(2)不在曲面 S 的点不满足方程 $F(x, y, z) = 0$，则称 $F(x, y, z) = 0$ 为 S 的方程，S 为 $F(x, y, z) = 0$ 的图形。

空间曲线：空间曲线的一般方程为 $\begin{cases} F(x, y, z) = 0, \\ G(x, y, z) = 0 \end{cases}$ 参数方程为 $\begin{cases} x = \varphi(t), \\ y = \phi(t), a < t < b。 \\ z = \omega(t), \end{cases}$

4. 空间平面及空间直线

(1) 平面方程的表示形式

平面的点法式方程为 $A(x - x_0) + B(y - y_0) + C(z - z_0) = 0$，其中 $\vec{n} = (A, B, C)$ 为该平面的法向量，(x_0, y_0, z_0) 为平面内一点。

平面的一般方程为 $Ax + By + Cz + D = 0$。

平面的截距式方程为 $\dfrac{x}{a} + \dfrac{y}{b} + \dfrac{z}{c} = 1$，其中 a, b, c 分别为平面与三个坐标轴的截距。

平面的三点式方程：设平面过三点 $M_1(x_1, y_1, z_1)$，$M_2(x_2, y_2, z_2)$，$M_3(x_3, y_3, z_3)$，则平面方程可表示为

$$\begin{vmatrix} x - x_1 & y - y_1 & z - z_1 \\ x_2 - x_1 & y_2 - y_1 & z_2 - z_1 \\ x_3 - x_2 & y_3 - y_2 & z_3 - z_2 \end{vmatrix} = 0。$$

(2) 平面之间关系

设有平面 $\pi_1: A_1 x + B_1 y + C_1 z + D_1 = 0$ 与 $\pi_2: A_2 x + B_2 y + C_2 z + D_2 = 0$，则

$$\pi_1 \perp \pi_2 \Leftrightarrow A_1 A_2 + B_1 B_2 + C_1 C_2 = 0;$$

$$\pi_1 // \pi_2 \Leftrightarrow \dfrac{A_1}{A_2} = \dfrac{B_1}{B_2} = \dfrac{C_1}{C_2}。$$

平面夹角：设两个平面夹角为 θ，则 $\cos\theta = \dfrac{|A_1A_2 + B_1B_2 + C_1C_2|}{\sqrt{A_1^2 + B_1^2 + C_1^2} \cdot \sqrt{A_2^2 + B_2^2 + C_2^2}}$。

点到平面的距离：设 $P_0(x_0, y_0, z_0)$ 是平面 $Ax + By + Cz + D = 0$ 外一点，则 P_0 到平面的距离为 $d = \dfrac{|Ax_0 + By_0 + Cz_0 + D|}{\sqrt{A^2 + B^2 + C^2}}$。

（3）空间直线的表示形式

直线的一般方程为 $\begin{cases} A_1x + B_1y + C_1z + D_1 = 0, \\ A_2x + B_2y + C_2z + D_2 = 0, \end{cases}$ 其中 $\vec{n_1} = (A_1, B_1, C_1), \vec{n_2} = (A_2,$

$B_2, C_2)$ 分别为两个平面的法向量，直线的方向向量为 $\vec{s} = \begin{vmatrix} \vec{i} & \vec{j} & \vec{k} \\ A_1 & B_1 & C_1 \\ A_2 & B_2 & C_2 \end{vmatrix}$。

空间直线的对称式方程为 $\dfrac{x - x_0}{m} = \dfrac{y - y_0}{n} = \dfrac{z - z_0}{p}$，其中 (x_0, y_0, z_0) 为直线上一点，$\vec{s} = (m, n, p)$ 为直线的方向向量。

空间直线的参数方程为 $\begin{cases} x = x_0 + mt, \\ y = y_0 + nt, \\ z = z_0 + pt。 \end{cases}$

空间直线的两点式方程：设直线过点 $P_1(x_1, y_1, z_1), P_2(x_2, y_2, z_2)$，则直线方程为

$$\frac{x - x_1}{x_2 - x_1} = \frac{y - y_1}{y_2 - y_1} = \frac{z - z_1}{z_2 - z_1}。$$

（4）直线间及线面间的关系

设直线 L_1 方程为 $\dfrac{x - x_1}{m_1} = \dfrac{y - y_1}{n_1} = \dfrac{z - z_1}{p_1}$，直线 L_2 方程为 $\dfrac{x - x_2}{m_2} = \dfrac{y - y_2}{n_2} = \dfrac{z - z_2}{p_2}$，则

$$L_1 \perp L_2 \Leftrightarrow m_1m_2 + n_1n_2 + p_1p_2 = 0；$$

$$L_1 // L_2 \Leftrightarrow \frac{m_1}{m_2} = \frac{n_1}{n_2} = \frac{p_1}{p_2}。$$

直线夹角：设直线 L_1 与 L_2 的夹角为 θ，则 $\cos\theta = \dfrac{|m_1m_2 + n_1n_2 + p_1p_2|}{\sqrt{m_1^2 + n_1^2 + p_1^2} \cdot \sqrt{m_2^2 + n_2^2 + p_2^2}}$。

设直线 L 的方程 $\dfrac{x - x_0}{m} = \dfrac{y - y_0}{n} = \dfrac{z - z_0}{p}$，平面 π 的方程为 $Ax + By + Cz + D = 0$，则

$$L \perp \pi \Leftrightarrow \frac{m}{A} = \frac{n}{B} = \frac{p}{C}；$$

$$L // \pi \Leftrightarrow mA + nB + pC = 0。$$

直线与平面夹角：设直线与平面的夹角为 φ，则

$$\sin\varphi = \frac{|Am + Bn + Cp|}{\sqrt{A^2 + B^2 + C^2} \cdot \sqrt{m^2 + n^2 + p^2}}.$$

8.2 典型例题

题型一 向量运算

例 1 如果 $\vec{a} = (1,1,0)$，$\vec{b} = (1,0,1)$，求下列问题：

(1) 求 $\vec{a}$，$\vec{b}$ 的模、方向余弦及相应的单位向量。

(2) 判断 $\vec{a}$，$\vec{b}$ 是否垂直，是否平行，求 $(\widehat{\vec{a},\vec{b}})$。

(3) 求以 $\vec{a}$，$\vec{b}$ 为邻边的平行四边形的面积。

(4) 求同时垂直于 $\vec{a}$，$\vec{b}$ 的向量。

(5) 求 $\vec{a}$ 在 $\vec{b}$ 上的投影。

解 (1) $|\vec{a}| = \sqrt{1+1+0} = \sqrt{2}$，$|\vec{b}| = \sqrt{1+0+1} = \sqrt{2}$，

$$\cos\alpha = \frac{1}{\sqrt{2}} = \frac{\sqrt{2}}{2}, \quad \cos\beta = \frac{1}{\sqrt{2}} = \frac{\sqrt{2}}{2}, \quad \cos\gamma = \frac{0}{\sqrt{2}} = 0.$$

$$\cos\alpha' = \frac{1}{\sqrt{2}} = \frac{\sqrt{2}}{2}, \quad \cos\beta' = \frac{0}{\sqrt{2}} = 0, \quad \cos\gamma' = \frac{1}{\sqrt{2}} = \frac{\sqrt{2}}{2}.$$

$$\vec{e}_{\vec{a}} = \frac{1}{\sqrt{2}}(1,1,0), \quad \vec{e}_{\vec{b}} = \frac{1}{\sqrt{2}}(1,0,1).$$

(2) $\vec{a} \cdot \vec{b} = 1 \cdot 1 + 1 \cdot 0 + 0 \cdot 1 = 1 \neq 0$，所以 $\vec{a}$，$\vec{b}$ 不垂直。

又 $\vec{a}$，$\vec{b}$ 对应坐标不成比例，所以 $\vec{a}$，$\vec{b}$ 不平行。

$$\cos(\widehat{\vec{a},\vec{b}}) = \frac{\vec{a} \cdot \vec{b}}{|\vec{a}||\vec{b}|} = \frac{1}{2}, \text{所以} (\widehat{\vec{a},\vec{b}}) = \frac{\pi}{3}.$$

(3) 根据向量积的几何意义

$$s = |\vec{a} \times \vec{b}| = |\vec{a}||\vec{b}|\sin(\widehat{\vec{a},\vec{b}}) = \frac{\sqrt{2}}{2} \cdot \frac{\sqrt{2}}{2} \cdot \frac{\sqrt{3}}{2} = \frac{\sqrt{3}}{4}.$$

(4) $\vec{c} = \vec{a} \times \vec{b} = \begin{vmatrix} \vec{i} & \vec{j} & \vec{k} \\ 1 & 1 & 0 \\ 1 & 0 & 1 \end{vmatrix} = \vec{i} - \vec{j} - \vec{k}.$

(5) $Prj_{\vec{b}}\vec{a} = |\vec{a}| \cdot \cos(\widehat{\vec{a},\vec{b}}) = \frac{\sqrt{2}}{2} \cdot \frac{1}{2} = \frac{\sqrt{2}}{4}.$

例2　设 $\vec{a},\vec{b},\vec{c}$ 为向量,已知 $|\vec{a}|=1,|\vec{b}|=2,|\vec{c}|=3,$ 且 $(\widehat{\vec{a},\vec{c}})=\dfrac{\pi}{3},(\widehat{\vec{b},\vec{c}})=\dfrac{\pi}{6},$ $(\widehat{\vec{a},\vec{b}})=\dfrac{\pi}{2},$ 求 $\vec{a}+\vec{b}+\vec{c}$ 的模。

解　$\vec{a}\cdot\vec{b}=|\vec{a}||\vec{b}|\cos(\widehat{\vec{a},\vec{b}})=1\cdot2\cdot\cos\dfrac{\pi}{2}=0,$

$\vec{a}\cdot\vec{c}=|\vec{a}||\vec{c}|\cos(\widehat{\vec{a},\vec{c}})=1\cdot3\cdot\cos\dfrac{\pi}{3}=\dfrac{3}{2},$

$\vec{b}\cdot\vec{c}=|\vec{b}||\vec{c}|\cos(\widehat{\vec{b},\vec{c}})=2\cdot3\cdot\cos\dfrac{\pi}{6}=3\sqrt{3},$

$|\vec{a}+\vec{b}+\vec{c}|=\sqrt{(\vec{a}+\vec{b}+\vec{c})\cdot(\vec{a}+\vec{b}+\vec{c})}$

$=\sqrt{\vec{a}\cdot\vec{a}+\vec{b}\cdot\vec{b}+\vec{c}\cdot\vec{c}+2\vec{a}\cdot\vec{b}+2\vec{a}\cdot\vec{c}+2\vec{b}\cdot\vec{c}}$

$=\sqrt{1+4+9+0+3+6\sqrt{3}}=\sqrt{17+6\sqrt{3}}$。

例3　设单位向量 $\vec{a},\vec{b},\vec{c}$ 满足 $\vec{a}+\vec{b}+\vec{c}=\vec{0},$ 求 $s=\vec{a}\cdot\vec{b}+\vec{b}\cdot\vec{c}+\vec{c}\cdot\vec{a}$ 的值。

解　由条件知 $|\vec{a}+\vec{b}+\vec{c}|^{2}=(\vec{a}+\vec{b}+\vec{c})\cdot(\vec{a}+\vec{b}+\vec{c})=0,$ 即

$|\vec{a}+\vec{b}+\vec{c}|^{2}=|\vec{a}|^{2}+|\vec{b}|^{2}+|\vec{c}|^{2}+2(\vec{a}\cdot\vec{b}+\vec{b}\cdot\vec{c}+\vec{c}\cdot\vec{a})=1+1+1+2(\vec{a}\cdot\vec{b}+\vec{b}\cdot\vec{c}+\vec{c}\cdot\vec{a})=0,$ 所以 $s=\vec{a}\cdot\vec{b}+\vec{b}\cdot\vec{c}+\vec{c}\cdot\vec{a}=-\dfrac{3}{2}$。

例4　设向量 $\overrightarrow{OA}=\vec{a},\overrightarrow{OB}=\vec{b},\overrightarrow{OC}=\vec{c},$　证明:A,B,C 三点共线的充要条件为
$$\vec{a}\times\vec{b}+\vec{b}\times\vec{c}+\vec{c}\times\vec{a}=\vec{0}。$$

证明　(1)(充分性)由 $\vec{a}\times\vec{b}+\vec{b}\times\vec{c}+\vec{c}\times\vec{a}=\vec{0}$ 证明 A,B,C 三点共线。

因为 $\vec{a}\times\vec{b}+\vec{b}\times\vec{c}+\vec{c}\times\vec{a}=\vec{0},$ 所以 $\vec{a}\times\vec{b}+\vec{b}\times\vec{c}+\vec{c}\times\vec{a}+\vec{c}\times\vec{c}=\vec{0},$ 即
$\vec{a}\times\vec{b}-\vec{a}\times\vec{c}-\vec{c}\times\vec{b}+\vec{c}\times\vec{c}=\vec{0},$ 从而有 $(\vec{a}-\vec{c})\times(\vec{b}-\vec{c})=\vec{0},$ 所以 $(\vec{a}-\vec{c})//(\vec{b}-\vec{c})$。

又因为 $\vec{a}-\vec{c}$ 与 $\vec{b}-\vec{c}$ 共终点,所以 A,B,C 三点共线。

(2)(必要性)如果 A,B,C 三点共线,则必有 $(\vec{a}-\vec{c})//(\vec{b}-\vec{c}),$ 从而有
$$(\vec{a}-\vec{c})\times(\vec{b}-\vec{c})=\vec{0},即\vec{a}\times\vec{b}-\vec{a}\times\vec{c}-\vec{c}\times\vec{b}+\vec{c}\times\vec{c}=\vec{0},$$
所以有 $\vec{a}\times\vec{b}+\vec{b}\times\vec{c}+\vec{c}\times\vec{a}=\vec{0}$ 成立。

例5　设 $\vec{a}+3\vec{b}$ 和 $7\vec{a}-5\vec{b}$ 垂直,$\vec{a}-4\vec{b}$ 与 $7\vec{a}-2\vec{b}$ 垂直,求非零向量 $\vec{a},\vec{b}$ 的夹角。

解　由 $(\vec{a}+3\vec{b})\perp(7\vec{a}-5\vec{b})$ 得
$$(\vec{a}+3\vec{b})\cdot(7\vec{a}-5\vec{b})=7|\vec{a}|^{2}+16\vec{a}\cdot\vec{b}-15|\vec{b}|^{2}=0, \tag{1}$$

由 $(\vec{a}-4\vec{b})\perp(7\vec{a}-2\vec{b})$ 得

$$(\vec{a}-4\vec{b})\cdot(7\vec{a}-2\vec{b})=7|\vec{a}|^2-30\vec{a}\cdot\vec{b}+8|\vec{b}|^2=0。\qquad(2)$$

$(1)-(2)$ 得 $46\vec{a}\cdot\vec{b}=23|\vec{b}|^2$，即 $2\vec{a}\cdot\vec{b}=|\vec{b}|^2$，代入 (1) 式解得 $7|\vec{a}|^2-7|\vec{b}|^2=0$，所以 $|\vec{a}|=|\vec{b}|$，故 $\cos(\widehat{\vec{a},\vec{b}})=\dfrac{\vec{a}\cdot\vec{b}}{|\vec{a}|\cdot|\vec{b}|}=\dfrac{1}{2}\dfrac{|\vec{b}|^2}{|\vec{a}|\cdot|\vec{b}|}=\dfrac{1}{2}$，所以 $(\widehat{\vec{a},\vec{b}})=\dfrac{\pi}{3}$。

例 6 设 $\vec{a},\vec{b}$ 是三维空间 $\mathbf{R}^3$ 中的两个非零向量，且 $|\vec{b}|=1,(\widehat{a,b})=\dfrac{\pi}{3}$。求

$$\lim_{x\to0}\frac{|\vec{a}+x\vec{b}|-|\vec{a}|}{x}。$$

解 $\displaystyle\lim_{x\to0}\frac{|\vec{a}+x\vec{b}|-|\vec{a}|}{x}=\lim_{x\to0}\frac{|\vec{a}+x\vec{b}|^2-|\vec{a}|^2}{x(|\vec{a}+x\vec{b}|+|\vec{a}|)}=\lim_{x\to0}\frac{(\vec{a}+x\vec{b})\cdot(\vec{a}+x\vec{b})-\vec{a}\cdot\vec{a}}{x(|\vec{a}+x\vec{b}|+|\vec{a}|)}$

$\displaystyle=\lim_{x\to0}\frac{2\vec{a}\cdot\vec{b}+x\vec{b}\cdot\vec{b}}{|\vec{a}+x\vec{b}|+|\vec{a}|}=\frac{2\vec{a}\cdot\vec{b}}{2|\vec{a}|}=|\vec{b}|\cos(\widehat{\vec{a},\vec{b}})=\frac{1}{2}$。

例 7 以 O 为圆心的单位圆周上有相异的两点 P,Q，向量 $\overrightarrow{OP},\overrightarrow{OQ}$ 的夹角为 $\theta,a>0$，$b>0$，求 $\displaystyle\lim_{\theta\to0}\frac{1}{\theta^2}(|a\overrightarrow{OP}|+|b\overrightarrow{OQ}|-|a\overrightarrow{OP}+b\overrightarrow{OQ}|)$。

解 $\displaystyle\lim_{\theta\to0}\frac{1}{\theta^2}(|a\overrightarrow{OP}|+|b\overrightarrow{OQ}|-|a\overrightarrow{OP}+b\overrightarrow{OQ}|)$

$\displaystyle=\lim_{\theta\to0}\frac{(a+b)^2-|a\overrightarrow{OP}+b\overrightarrow{OQ}|^2}{\theta^2(a+b+|a\overrightarrow{OP}+b\overrightarrow{OQ}|)}$

$\displaystyle=\lim_{\theta\to0}\frac{a^2+b^2+2ab-(a^2+b^2-2ab|\overrightarrow{OP}||\overrightarrow{OQ}|\cos(\pi-\theta))}{\theta^2(a+b+|a\overrightarrow{OP}+b\overrightarrow{OQ}|)}$

$\displaystyle=\lim_{\theta\to0}\frac{2ab(1-\cos\theta)}{\theta^2(a+b+|a\overrightarrow{OP}+b\overrightarrow{OQ}|)}$

$\displaystyle=\frac{2ab\times\dfrac{1}{2}}{a+b+a+b}=\frac{ab}{2(a+b)}$。

题型二 求空间平面方程

基本思路：若求平面方程需要知道平面上一点和平面的法向量，然后根据平面方程的点法式方程写出方程，即关键点是求 P_0 及法向量 $\vec{n}$。

例 8 求下列问题的平面方程：

(1) 求与直线 $\begin{cases}x=1,\\ y=-1+t,\\ z=2+t\end{cases}$ 及 $\dfrac{x+1}{1}=\dfrac{y+2}{2}=\dfrac{z-1}{1}$ 都平行，且过原点的平面方程。

(2) 求过点 $(1,2,-1)$ 且与直线 $\begin{cases} x=2-t, \\ y=-4+3t, \\ z=-1+t \end{cases}$ 垂直的平面方程。

(3) 已知两直线方程是 $L_1: \dfrac{x-1}{1}=\dfrac{y-2}{0}=\dfrac{z-3}{-1}$ 和 $L_2: \dfrac{x+2}{2}=\dfrac{y-1}{1}=\dfrac{z}{1}$，求过 L_1 且平行于 L_2 的平面方程。

解 (1) 两直线的方向向量为 $\vec{s_1}=(0,1,1),\vec{s_2}=(1,2,1)$. 由题意知平面 π 平行两直线，所以平面的法向量

$$\vec{n}=\begin{vmatrix} \vec{i} & \vec{j} & \vec{k} \\ 0 & 1 & 1 \\ 1 & 2 & 1 \end{vmatrix}=-\vec{i}+\vec{j}-\vec{k}。$$

平面方程为 $-x+y-z=0$，即 $x-y+z=0$。

(2) 平面的法向量 $\vec{n}=(-1,3,1)$，所以平面的点法式方程为
$$-(x-1)+3(y-2)+(z+1)=0，即 x-3y-z+4=0。$$

(3) 两直线的方向向量为 $\vec{s_1}=(1,0,-1),\vec{s_2}=(2,1,1)$，由题意知平面过 L_1 平行 L_2，所以平面的法向量

$$\vec{n}=\begin{vmatrix} \vec{i} & \vec{j} & \vec{k} \\ 1 & 0 & -1 \\ 2 & 1 & 1 \end{vmatrix}=\vec{i}-3\vec{j}+\vec{k}。$$

平面过 L_1，所以点 $(1,2,3)$ 在平面内，平面的点法式方程为
$$(x-1)-3(y-2)+(z-3)=0，即 x-3y+z+2=0。$$

例9 求过直线 $\dfrac{x-1}{2}=\dfrac{y+2}{-3}=\dfrac{z-2}{2}$ 且垂直于平面 $3x+2y-z-5=0$ 的平面方程。

解 直线的方向向量 $\vec{s}=(2,-3,2)$，平面 $3x+2y-z-5=0$ 的法向量为 $(3,2,-1)$，所求平面的法向量

$$\vec{n}=\begin{vmatrix} \vec{i} & \vec{j} & \vec{k} \\ 2 & -3 & 2 \\ 3 & 2 & -1 \end{vmatrix}=-\vec{i}+8\vec{j}+13\vec{k}。$$

平面过直线 $\dfrac{x-1}{2}=\dfrac{y+2}{-3}=\dfrac{z-2}{2}$，所以点 $(1,-2,2)$ 在平面内. 平面的点法式方程为
$$-(x-1)+8(y+2)+13(z-2)=0，即 x-8y-13z+9=0。$$

例10 求过直线 $\begin{cases} 4x-y+3z-1=0, \\ x+5y-z+2=0 \end{cases}$ 且分别满足如下条件的平面方程：

(1) 过原点；

(2) 与 x 轴平行；

(3) 与平面 $2x-y+5z+2=0$ 垂直。

解 设过直线 $\begin{cases} 4x-y+3z-1=0, \\ x+5y-z+2=0 \end{cases}$ 的平面束方程为

$4x-y+3z-1+\lambda(x+5y-z+2)=0$，即 $(4+\lambda)x+(5\lambda-1)y+(3-\lambda)z-1+2\lambda=0$。

（1）平面过原点，所以 $-1+2\lambda=0$，即 $\lambda=\dfrac{1}{2}$，代入方程得

$$\left(4+\frac{1}{2}\right)x+\left(\frac{5}{2}-1\right)y+\left(3-\frac{1}{2}\right)z=0,$$

整理得 $9x+3y+5z=0$。

（2）与 x 轴平行，则有 x 轴的方向向量与平面的法向量的数量积为零，x 轴的方向向量为 $\vec{s}=(1,0,0)$，平面的法向量 $\vec{n}=(4+\lambda,5\lambda-1,3-\lambda)$，所以

$$\vec{s}\cdot\vec{n}=(1,0,0)\cdot(4+\lambda,5\lambda-1,3-\lambda)=0,$$

解得 $\lambda=-4$，代入方程得 $21y-7z+9=0$。

（3）与平面 $2x-y+5z+2=0$ 垂直，则平面 $2x-y+5z+2=0$ 的法向量与所求平面的法向量垂直，即数量积为零。由 $\vec{n}\cdot\vec{n}_1=(4+\lambda,5\lambda-1,3-\lambda)\cdot(2,-1,5)=0$，解得 $\lambda=3$，代入方程得平面方程为 $7x+14y+5=0$。

例 11 求与平面 $6x+3y+2z+12=0$ 平行，且使点 $(0,2,-1)$ 与这两平面的距离相等的平面方程。

解 与平面 $6x+3y+2z+12=0$ 平行的方程设为 $6x+3y+2z+D=0$，根据点到平面的距离公式有

$$\frac{|6\times0+3\times2-1\times2+12|}{\sqrt{6^2+3^2+2^2}}=\frac{|6\times0+3\times2-1\times2+D|}{\sqrt{6^2+3^2+2^2}},$$

即 $16=|4+D|$，解得 $D=12$ 或 $D=-20$。所以所求平面方程为 $6x+3y+2z-20=0$。

例 12 求平行于平面 $6x+y+6z+5=0$，且与三个坐标平面所围成立体体积为 1 的平面方程。

解 设平行于 $6x+y+6z+5=0$ 的平面方程为 $6x+y+6z+D=0$，平面与三个坐标轴的交点为 $\left(-\dfrac{D}{6},0,0\right)$，$(0,-D,0)$，$\left(0,0,-\dfrac{D}{6}\right)$，所以所围成立体的体积

$$V=\frac{1}{3}\cdot\frac{1}{2}\cdot\left(-\frac{D}{6}\right)\cdot(-D)\cdot\left(-\frac{D}{6}\right)=-\frac{D^3}{6^3}=1,$$

即 $D=-6$，所以平面方程为 $6x+y+6z-6=0$。

题型三　求空间直线方程

基本思路：若求直线方程通常需要知道直线上一点和直线的方向向量，然后根据直线的对称式方程写出方程，即关键点是求 P_0 以及方向向量 $\vec{S}$。

例 13 求以下直线方程：

（1）求过点 $P_0(2,4,0)$，且与直线 L：$\begin{cases} x+2z-1=0, \\ y-3z-2=0 \end{cases}$ 平行的方程。

（2）求过点 $P_0(1,0,-2)$，且与平面 $3x+4y-z+6=0$ 平行，又与直线 $\dfrac{x-3}{1}=\dfrac{y+2}{4}=$

$\frac{z}{1}$ 垂直的直线方程。

解　(1) 直线的方向向量为

$$\vec{s} = \begin{vmatrix} \vec{i} & \vec{j} & \vec{k} \\ 1 & 0 & 2 \\ 0 & 1 & -3 \end{vmatrix} = -2\vec{i} + 3\vec{j} + 1\vec{k},$$

故直线的对称式方程为

$$\frac{x-2}{-2} = \frac{y-4}{3} = \frac{z}{1}.$$

(2) 由题意知直线的方向向量为

$$\vec{s} = \begin{vmatrix} \vec{i} & \vec{j} & \vec{k} \\ 3 & 4 & -1 \\ 1 & 4 & 1 \end{vmatrix} = 8\vec{i} - 4\vec{j} + 8\vec{k},$$

故直线的对称式方程为

$$\frac{x-1}{8} = \frac{y}{-4} = \frac{z-2}{8}.$$

例 14　求过点 $P_0(-1,-4,3)$ 并与直线 $\begin{cases} 2x-4y+z-1=0, \\ x+3y+5=0 \end{cases}$ 和 $\begin{cases} x=2+4t, \\ y=-1-t, \\ z=-3+2t \end{cases}$ 都垂直的直线方程。

解　直线 $\begin{cases} 2x-4y+z-1=0, \\ x+3y+5=0 \end{cases}$ 的方向向量为 $\vec{n_1} = \begin{vmatrix} \vec{i} & \vec{j} & \vec{k} \\ 2 & -4 & 1 \\ 1 & 3 & 0 \end{vmatrix} = -3\vec{i} + \vec{j} + 10\vec{k}.$

所求直线与直线 $\begin{cases} 2x-4y+z-1=0, \\ x+3y+5=0 \end{cases}$ 和 $\begin{cases} x=2+4t, \\ y=-1-t, \\ z=-3+2t \end{cases}$ 都垂直,所求直线的方向向量为

$$\vec{n} = \begin{vmatrix} \vec{i} & \vec{j} & \vec{k} \\ -3 & 1 & 10 \\ 4 & -1 & 2 \end{vmatrix} = 12\vec{i} + 46\vec{j} - \vec{k},$$

所以直线的对称式方程为 $\frac{x+1}{12} = \frac{y+4}{46} = \frac{z-3}{-1}.$

例 15　求过点 $P_0(-1,0,4)$,平行于平面 $3x-4y+z-10=0$ 且与直线 $x+1=y-3=\frac{z}{2}$ 相交的直线方程。

解　所求直线在过点 $(-1,0,4)$ 平行于平面 $3x-4y+z-10=0$ 的平面内,设该平面方程为 $3x-4y+z+D=0$,代入点 $(-1,0,4)$ 得 $D=-1$,所以平面为 $3x-4y+z-1=0$。

所求直线与 $x+1=y-3=\frac{z}{2}$ 相交,所以直线 $x+1=y-3=\frac{z}{2}$ 与 $3x-4y+z-1=0$ 的

交点为直线上点。直线 $x+1=y-3=\dfrac{z}{2}$ 的参数方程为 $x=t-1,y=t+3,z=2t$,代入 $3x-4y+z-1=0$,解得 $t=16$,即交点为 $(15,19,32)$。这样得到直线上的两个点 $(-1,0,4)$ 和 $(15,19,32)$。

直线的两点式方程为 $\dfrac{x-x_1}{x_2-x_1}=\dfrac{y-y_1}{y_2-y_1}=\dfrac{z-z_1}{z_2-z_1}$,即 $\dfrac{x+1}{16}=\dfrac{y}{19}=\dfrac{z-4}{28}$。

例 16 求过点 $P_0(-1,0,1)$,垂直于直线 $\dfrac{x-2}{3}=\dfrac{y+1}{-4}=\dfrac{z}{1}$ 且与直线 $\dfrac{x+1}{1}=\dfrac{y-3}{1}=\dfrac{z}{2}$ 相交的直线方程。

解 所求直线在过点 $(-1,0,1)$ 且垂直于直线 $\dfrac{x-2}{3}=\dfrac{y+1}{-4}=\dfrac{z}{1}$ 的平面内,该平面方程为

$$3(x+1)-4y+(z-1)=0,\text{即 } 3x-4y+z+2=0。$$

因为所求直线与 $\dfrac{x+1}{1}=\dfrac{y-3}{1}=\dfrac{z}{2}$ 相交,所以直线 $\dfrac{x+1}{1}=\dfrac{y-3}{1}=\dfrac{z}{2}$ 与 $3x-4y+z+2=0$ 的交点在直线上。$\dfrac{x+1}{1}=\dfrac{y-3}{1}=\dfrac{z}{2}$ 的参数方程为 $x=t-1,y=t+3,z=2t$,代入 $3x-4y+z+2=0$,解得 $t=13$,所以直线 $\dfrac{x+1}{1}=\dfrac{y-3}{1}=\dfrac{z}{2}$ 与平面 $3x-4y+z+2=0$ 的交点为 $(13,16,25)$,这样得到直线上两个点 $(-1,0,1)$ 与 $(13,16,25)$。

直线的两点式方程为 $\dfrac{x-x_1}{x_2-x_1}=\dfrac{y-y_1}{y_2-y_1}=\dfrac{z-z_1}{z_2-z_1}$,即 $\dfrac{x+1}{13}=\dfrac{y}{16}=\dfrac{z-1}{25}$。

例 17 求过点 $P_0(1,1,1)$ 且与直线 $\dfrac{x}{1}=\dfrac{y}{1}=\dfrac{z+2}{-3}$ 垂直相交的直线方程。

解 过点 $(1,1,1)$ 垂直 $\dfrac{x}{1}=\dfrac{y}{1}=\dfrac{z+2}{-3}$ 的平面方程为 $x-1+y-1-3(z-1)=0$,即

$$x+y-3z+1=0。$$

直线 $\dfrac{x}{1}=\dfrac{y}{1}=\dfrac{z+2}{-3}$ 的参数方程为 $x=t,y=t,z=-3t-2$,代入平面方程得 $t=-\dfrac{7}{11}$,所以直线 $\dfrac{x}{1}=\dfrac{y}{1}=\dfrac{z+2}{-3}$ 与平面 $x+y-3z+1=0$ 的交点为 $\left(-\dfrac{7}{11},-\dfrac{7}{11},-\dfrac{1}{11}\right)$,这样得到直线上两点 $(1,1,1)$ 与 $\left(-\dfrac{7}{11},-\dfrac{7}{11},-\dfrac{1}{11}\right)$。

直线的两点式方程为 $\dfrac{x-x_1}{x_2-x_1}=\dfrac{y-y_1}{y_2-y_1}=\dfrac{z-z_1}{z_2-z_1}$,即 $\dfrac{x-1}{3}=\dfrac{y-1}{3}=\dfrac{z-1}{2}$。

例 18 求过点 $P_0(-3,5,-9)$ 且与直线 $L_1:\begin{cases}4x-y-7=0\\5x-z+10=0\end{cases}$ 和 $L_2:x=\dfrac{y-5}{3}=\dfrac{z+3}{2}$ 都相交的直线方程。

解 设直线的方向向量为 $\vec{s}=(m,n,p)$。

对于直线 $L_1:\begin{cases}4x-y-7=0\\5x-z+10=0,\end{cases}$ 取 $x=0$,得到 $y=-7,z=10$,即 $P_1(0,-7,10)$ 在 L_1

上。直线 L_1 的对称式方程为 $\dfrac{x}{1}=\dfrac{y+7}{4}=\dfrac{z-10}{5}$，方向向量为 $\vec{s_1}=(1,4,5)$. 如果直线与 L_1 相交，则有 $\vec{s},\vec{s_1},\overrightarrow{P_0P_1}=(3,-12,19)$ 三个向量共面。所以

$$\begin{vmatrix} m & n & p \\ 1 & 4 & 5 \\ 3 & -12 & 19 \end{vmatrix}=0,$$

解得 $136m-4n-24p=0$，即

$$34m-n-6p=0。 \tag{1}$$

对于直线 L_2：$x=\dfrac{y-5}{3}=\dfrac{z+3}{2}$，方向向量为 $\vec{s_2}=(1,3,2)$，点 $P_2(0,5,-3)$ 在 L_2 上。如果直线与 L_2 相交，则 $\vec{s},\vec{s_2},\overrightarrow{P_0P_2}=(3,0,6)$ 三个向量共面。所以

$$\begin{vmatrix} m & n & p \\ 1 & 3 & 2 \\ 3 & 0 & 6 \end{vmatrix}=0,$$

解得 $18m-9p=0$，即

$$2m-p=0。 \tag{2}$$

综合上述两式可以得到 $p=2m,n=22m$，所以直线的方向向量为 $\vec{s}=(m,22m,2m)$。

直线的对称式方程为 $\dfrac{x+3}{m}=\dfrac{y-5}{22m}=\dfrac{z+9}{2m}$，即 $\dfrac{x+3}{1}=\dfrac{y-5}{22}=\dfrac{z+9}{2}$。

8.3 同步训练

1. 平行于 $\vec{a}=(1,2,1)$ 的单位向量 $\vec{e}_{\vec{a}}=$ _____。

2. 设向量 $\vec{a}=(2,1,4)$ 与 $\vec{b}=(1,m,2)$ 垂直，则 $m=$ _____。

3. 已知向量 $\vec{a}=(\lambda,1,5)$ 与向量 $\vec{b}=(2,5,25)$ 平行，则 $\lambda=$ _____。

4. 已知 $|\vec{a}|=3$，$|\vec{b}|=26$，$|\vec{a}\times\vec{b}|=72$，则 $\vec{a}\cdot\vec{b}=$ _____。

5. 已知 $(\overset{\frown}{\vec{a},\vec{b}})=\dfrac{2\pi}{3}$，且 $|\vec{a}|=1$，$|\vec{b}|=2$，则 $(\vec{a}\times\vec{b})^2=$ _____。

6. 平面 $A_1x+B_1y+C_1z+D_1=0$ 与平面 $A_2x+B_2y+C_2z+D_2=0$ 互相垂直的充要条件是_____；$A_1x+B_1y+C_1z+D_1=0$ 与平面 $A_2x+B_2y+C_2z+D_2=0$ 两平面互相平行的充要条件是_____。

7. 分别按下列条件求平面方程：

(1) 平行于 xOy 平面且通过点 $(2,2,3)$ 的平面方程为_____。

(2) 平行于 x 轴且经过点 $(4,0,-2)$，$(5,1,7)$ 的平面方程为_____。

(3) 过点 $(-3,1,-2)$ 和 z 轴的平面方程为_____。

8. 平面 $-2x+y+kz+1=0$ 与直线 $\dfrac{x}{2}=\dfrac{y}{-1}=\dfrac{z}{1}$ 平行，则 $k=$ _____。

9. 过点 $M(2,0,-1)$，且平行于向量 $\vec{a}=(2,1,-1)$ 及 $\vec{b}=(3,0,4)$ 的平面方程为_____。

10. 过两点 $P_1(3,-2,1)$，$P_2(-1,0,2)$ 的直线方程为_____。

11. 设直线 $L:\begin{cases} x+y+b=0,\\ x+ay-z-3=0 \end{cases}$ 在平面 Π 上，而平面 Π 与曲面 $z=x^2+y^2$ 相切于点 $(1,-2,5)$，则 $a=$_____，$b=$_____。

12. 空间曲线 $\begin{cases} x^2+y^2+z^2=\dfrac{9}{4},\\ 3x^2+(y-1)^2+z^2=\dfrac{17}{4} \end{cases}$ 上对应 $x=1$ 的点处的切线方程为_____。

13. 通过曲线 $\begin{cases} x^2+y^2+z^2=8,\\ x+y+z=0, \end{cases}$ 作一柱面 Σ，使其母线垂直于 xOy 平面，则 Σ 的方程为_____。

14. 设直线 $\dfrac{x-1}{1}=\dfrac{y+3}{2}=\dfrac{z-2}{\lambda}$ 与直线 $\dfrac{x-2}{1}=\dfrac{y-1}{1}=\dfrac{z}{1}$ 相交，则 $\lambda=$_____。

15. 已知 $|\vec{a}|=2$，$|\vec{b}|=\sqrt{2}$，且 $\vec{a}\cdot\vec{b}=2$，求 $|\vec{a}\times\vec{b}|$。

16. 若 $\vec{a}+\vec{b}+\vec{c}=\vec{0}$，$|\vec{a}|=3$，$|\vec{b}|=2$，$|\vec{c}|=5$，求 $\vec{a}\cdot\vec{b}+\vec{b}\cdot\vec{c}+\vec{c}\cdot\vec{a}$。

17. 已知 $|\vec{a}|=2$，$|\vec{b}|=5$，$(\widehat{\vec{a},\vec{b}})=\dfrac{2\pi}{3}$，求 λ 使得向量 $\lambda\vec{a}+17\vec{b}$ 与向量 $3\vec{a}-\vec{b}$ 垂直。

18. 已知 $|\vec{a}|=1$，$|\vec{b}|=2$，$(\widehat{\vec{a},\vec{b}})=\dfrac{\pi}{6}$，求以向量 $\vec{a}+2\vec{b}$ 与 $3\vec{a}-4\vec{b}$ 为对角线的平行四边形面积。

19. 求过点 $P(1,2,4)$ 且与平面 $x+2y+z-1=0$ 垂直的直线方程。

20. 求过点 $P(1,5,2)$ 且与平面 $x+2z=1$ 和 $y-3z=2$ 平行的直线方程。

21. 求过点 $P(1,2,1)$ 且和直线 $\dfrac{x}{2}=y=-z$ 相交，与直线 $\dfrac{x-1}{3}=\dfrac{y}{2}=\dfrac{z+1}{1}$ 垂直的直线方程。

22. 求过点 $P(-1,0,4)$ 平行于平面 $3x-4y+z-10=0$，且与直线 $x+1=y-3=\dfrac{z}{2}$ 相交的直线方程。

23. 求满足下列条件的平面方程：

(1) 平行于 xOz 平面且经过点 $(2,-5,3)$；

(2) 平面过点 $(5,-7,4)$，且在 x,y,z 三个坐标轴上的截距相等。

24. 求过点 $M(3,1,-2)$ 和直线 $x-4=\dfrac{y+3}{2}=\dfrac{z}{1}$ 的平面方程。

25. 求过点 $P(-2,3,1)$ 和直线 $\begin{cases} 3x-2y+z-1=0,\\ 2x-y=0 \end{cases}$ 的平面方程。

26. 求过点 $M(0,1,2)$ 且垂直于平面 $x+2y+z-1=0$ 和 $x-z+3=0$ 的平面方程。

27. 求过点 $P_1(1,1,1)$，$P_2(0,2,1)$ 且平行于向量 $\vec{a}=(2,0,1)$ 的平面方程。

28. 已知入射光线的路径为 $\dfrac{x-1}{4}=\dfrac{y-1}{3}=\dfrac{z-2}{1}$，求该光线经平面 $x+2y+5z+17=0$ 反射后的反射线方程。

29. 求直线 $\begin{cases} 4x-y+3z-1=0, \\ x+5y-z+2=0 \end{cases}$ 在平面 $2x-y+5z-3=0$ 上的投影直线方程。

30. 求点 $A(4,-3,1)$ 在平面 $x+2y-z-3=0$ 上的投影。

31. 点 $P(7,-1,5)$ 为平面 $x-2y-2z+1=0$ 上的一点，以点 P 为垂足，作长为 12 的垂线段，求此垂线段的端点坐标。

32. 求点 $A(2,3,1)$ 在直线 $\dfrac{x+7}{1}=\dfrac{y+2}{2}=\dfrac{z+2}{3}$ 上的投影。

33. 求直线 $\dfrac{x-1}{1}=\dfrac{y}{1}=\dfrac{z-1}{-1}$ 在平面 $x-y+2z-1=0$ 上的投影直线 L 的方程，并求 L 绕 y 轴旋转一周所形成的曲面方程。

34. 已知点 $A(1,0,0)$ 与 $B(0,1,1)$，线段 AB 绕 z 轴旋转一周所形成的旋转曲面为 S。求 S 的方程及由 S 与两平面 $z=0$，$z=1$ 所围立体的体积。

35. 求点 $(3,1,2)$ 到直线 $\begin{cases} x-y+z-1=0, \\ x+y-3=0 \end{cases}$ 的距离。

36. 求经过直线 $\dfrac{x+1}{0}=\dfrac{y+2}{2}=\dfrac{z-2}{-3}$ 且与点 $A(4,1,2)$ 距离为 3 的平面方程。

37. 圆锥面 $z=\sqrt{x^2+y^2}$ 与柱面 $z^2=2x$ 的交线为 C，求 C 在 xOy 平面上的投影曲线的方程。

38. 椭球面 S_1 是椭圆 $\dfrac{x^2}{4}+\dfrac{y^2}{3}=1$ 绕 x 轴旋转而成，圆锥面 S_2 是由过点 $(4,0)$ 与椭圆 $\dfrac{x^2}{4}+\dfrac{y^2}{3}=1$ 相切的直线绕 x 轴旋转而成。求 S_1 与 S_2 的方程。

39. 求异面直线 $L_1:\dfrac{x-3}{2}=\dfrac{y}{1}=\dfrac{z-1}{0}$ 与 $L_2:\dfrac{x+1}{1}=\dfrac{y-2}{0}=\dfrac{z}{1}$ 之间的最短距离。

40. 设直线 L 过 $A(1,0,0)$，$B(0,1,1)$ 两点，将 L 绕 z 轴旋转一周得到曲面 Σ，求曲面 Σ 的方程。

8.4　参考答案

1. $\vec{e}_{\vec{a}}=\pm\dfrac{1}{\sqrt{6}}(1,2,1)$。　　　　2. $m=-10$。　　　　3. $\lambda=\dfrac{2}{5}$。

4. $\vec{a}\cdot\vec{b}=\pm30$。　　　　　5. $(\vec{a}\times\vec{b})^2=3$。

6. $A_1A_2+B_1B_2+C_1C_2=0$；$\dfrac{A_1}{A_2}=\dfrac{B_1}{B_2}=\dfrac{C_1}{C_2}$。

7. (1) $z=3$; (2) $9y-z-2=0$; (3) $x+3y=0$。

8. $k=-1$。 9. $4x-11y-3z-11=0$。 10. $\dfrac{x-3}{4}=\dfrac{y+2}{-2}=\dfrac{z-1}{-1}$。

11. $a=-5,b=-2$。 12. $\dfrac{x-1}{4}=\dfrac{y-\frac{1}{2}}{8}=\dfrac{z-1}{-8},\dfrac{x-1}{-4}=\dfrac{y-\frac{1}{2}}{-8}=\dfrac{z+1}{-8}$。

13. $x^2+y^2+xy=4$。提示：所求为曲线在 xOy 坐标面上的投影柱面。

14. $\lambda=0$。 15. $|\vec{a}\times\vec{b}|=2$。 16. $\vec{a}\cdot\vec{b}+\vec{b}\cdot\vec{c}+\vec{c}\cdot\vec{a}=-19$。 17. $\lambda=40$。

18. 10。 19. $x-1=\dfrac{y-2}{2}=z-4$。 20. $\dfrac{x-1}{-2}=\dfrac{y-5}{3}=z-2$。

21. $\dfrac{x-1}{-3}=\dfrac{y-2}{2}=\dfrac{z-1}{5}$。 22. $\dfrac{x+1}{16}=\dfrac{y}{31}=\dfrac{z-4}{12}$。

23. (1) $y=-5$; (2) $x+y+z-2=0$。 24. $8(x-3)-(y-1)-6(z+2)=0$。

25. $3(x+2)+2(y-3)-7(z-1)=0$。 26. $x-y+z-1=0$。

27. $x+y-2z=0$。 28. $\dfrac{x+7}{3}=\dfrac{y+5}{1}=\dfrac{z}{-4}$。 29. $\begin{cases}7x+14y+5=0,\\2x-y+5z-3=0.\end{cases}$

30. $(5,-1,0)$。 31. $(11,-9,-3),(3,7,13)$。 32. $(5,2,4)$。

33. 直线方程为 $\begin{cases}7x+14y+5=0,\\2x-y+5z-3=0;\end{cases}$ $4x^2-17y^2+4z^2+2y-1=0$。

34. 曲面方程 S：$x^2+y^2=(1-z)^2+z^2$，体积为 $\dfrac{2}{3}\pi$。

35. $\dfrac{\sqrt{14}}{2}$。 36. $6x-3y-2z+4=0,3x+24y+16z+19=0$。

37. $\begin{cases}x^2+y^2=2x,\\z=0.\end{cases}$ C 的方程为 $\begin{cases}z=\sqrt{x^2+y^2},\\z^2=2x,\end{cases}\Rightarrow x^2+y^2=2x$，从而 C 在 xOy 平面上的投影曲线的方程 $\begin{cases}x^2+y^2=2x,\\z=0.\end{cases}$

38. S_1：$\dfrac{x^2}{4}+\dfrac{y^2+z^2}{3}=1$；$S_2$：$(x-4)^2-4y^2-4z^2=0$。

S_1：$\dfrac{x^2}{4}+\dfrac{y^2+z^2}{3}=1$。设切点为 (x_0,y_0)，由 $\dfrac{x^2}{4}+\dfrac{y^2}{3}=1$ 求导得 $\dfrac{x}{2}+\dfrac{2}{3}yy'=0$，故

$y'=-\dfrac{3x}{4y}$，从而得 $k=-\dfrac{3x_0}{4y_0}$，故切线方程为 $y-y_0=-\dfrac{3x_0}{4y_0}(x-x_0)$，整理得 $\dfrac{x_0x}{4}+\dfrac{y_0y}{3}=$

1。代入 $(4,0)$ 得 $x_0=1,y_0=\pm\dfrac{3}{2}$，所以切线方程为 $\dfrac{x}{4}\pm\dfrac{y}{2}=1$，即 $y=\pm2\left(1-\dfrac{x}{4}\right)$。所以

S_2：$y^2+z^2=4\left(1-\dfrac{x}{4}\right)^2$，即 $(x-4)^2-4y^2-4z^2=0$。

39. $d=\dfrac{7\sqrt{6}}{6}$。L_1：$\begin{cases}x-2y-3=0,\\z-1=0.\end{cases}$

过直线 L_1 的平面束方程为 Π：$x-2y-3+\lambda(z-1)=0$，即 $x-2y+\lambda z-3-\lambda=0$。

平行于直线 L_2 的平面满足：$(1,-2,\lambda)\cdot(1,0,1)=0$，即 $\lambda=-1$。所以平行于直线 L_2 的平面方程为 $x-2y-z-2=0$。所求异面直线之间的最短距离为 $d=\dfrac{|-1-4-2|}{\sqrt{1+4+1}}=$

$\dfrac{7\sqrt{6}}{6}$。

40. $x^2+y^2=1-2z+2z^2$。过 $A(1,0,0)$，$B(0,1,1)$ 两点的直线为 L：$\dfrac{x-1}{-1}=\dfrac{y}{1}=\dfrac{z}{1}$，

即 $\begin{cases}x=1-z,\\ y=z。\end{cases}$ 曲面上任意点 $M(x,y,z)$ 对应于直线 L 上的点 $M_0(x_0,y_0,z)$，则 $x^2+y^2=$

$x_0^2+y_0^2=(1-z)^2+z^2$，即曲面 Σ 的方程 $x^2+y^2=1-2z+2z^2$。

第9章

多元函数微分法及其应用

9.1 知识点

1. 基本概念与性质

（1）平面点集的基本概念

邻域 设 $P_0(x_0,y_0)$ 是平面 xOy 上的一个点，δ 是某一正数，与点 $P_0(x_0,y_0)$ 距离小于 δ 的点 $P(x,y)$ 的全体，称为点 P_0 的 δ 邻域，记作 $U(P_0,\delta)$，即 $U(P_0,\delta)=\{P\,|\,|PP_0|<\delta\}$；点 P_0 的去心 δ 邻域，记作 $\mathring{U}(P_0,\delta)$，即 $\mathring{U}(P_0,\delta)=\{P\,|\,0<|PP_0|<\delta\}$。

内点：如果存在点 P 的某个邻域 $U(P)$，使得 $U(P)\subset E$，则称 P 为 E 的内点。

外点：如果存在点 P 的某个邻域 $U(P)$，使得 $U(P)\bigcap E=\varnothing$，则称 P 为 E 的外点。

边界点：若点 P 的任一邻域既含有属于 E 的点，又含有不属于 E 的点，则称 P 为 E 的边界点。

边界：E 的边界点的全体，称为 E 的边界。

聚点：若对于任意给定的正数 δ，点 P 去心邻域 $\mathring{U}(P,\delta)$ 内总有 E 中的点，则称 P 为 E 的聚点。

开集：如果点集 E 的点都是 E 的内点，则称 E 为开集。

闭集：如果点集 E 的余集为开集，则称 E 为闭集。

连通集：如果点集 E 内任两点，都可用折线连接起来，且该折线上的点都属于 E，则称 E 为连通集。

区域（或开区域）：连通的开集称为区域或开区域。

闭区域：开区域连同它的边界一起所构成的点集称为闭区域。

有界集：对于平面点集 E，如果存在某一正数 r，使得 $E\subset U(O,r)$，其中 O 为坐标原点，则称 E 为有界集。

无界集：一个平面点集如果不是有界集，就称为无界集。

(2) 多元函数的概念

二元函数：设 D 是 $\mathbf{R}^2$ 的一个非空子集，称映射 $f: D \to \mathbf{R}$ 为定义在 D 上的二元函数，通常记为 $z = f(x, y), (x, y) \in D$ 或 $z = f(P), P \in D$，其中点集 D 称为函数的定义域，x，y 称为自变量，z 是因变量。类似可定义三元以及三元以上函数。

多元函数的几何意义：二元函数 $z = f(x, y), (x, y) \in D$ 的图形是空间直角坐标系的一个曲面。

二元函数极限：设二元函数 $z = f(x, y), (x, y) \in D, P(x_0, y_0)$ 是 D 的聚点，若存在常数 A，对任给的正数 ε，总存在正数 δ，使得当点 $P(x, y) \in D \bigcap \mathring{U}(P_0, \delta)$ 时，恒有 $|f(P) - A| = |f(x, y) - A| < \varepsilon$，则称常数 A 为函数 $f(x, y)$ 当 $(x, y) \to (x_0, y_0)$ 时的极限，记为 $\lim\limits_{(x,y) \to (x_0, y_0)} f(x, y) = A$ 或 $f(x, y) \to A, (x, y) \to (x_0, y_0)$ 或 $\lim\limits_{P \to P_0} f(x, y) = A$ 或 $f(P) \to A, P \to P_0$。为了区别一元函数极限，把二元函数极限称为重极限。

多元函数的连续性：设二元函数 $f(P) = f(x, y)$ 的定义域为 D，$P_0(x_0, y_0)$ 是 D 的聚点，$P_0 \in D$。如果 $\lim\limits_{(x,y) \to (x_0, y_0)} f(x, y) = f(x_0, y_0)$，则称函数 $f(x, y)$ 在点 $P_0(x_0, y_0)$ 处连续。

(3) 偏导数的概念

设 $z = f(x, y)$ 在 $P_0(x_0, y_0)$ 的某邻域内有定义，给自变量 x 增量 Δx，y 保持不变，函数相应的有增量 $f(x_0 + \Delta x, y_0) - f(x_0, y_0)$。如果 $\lim\limits_{\Delta x \to 0} \dfrac{f(x_0 + \Delta x, y_0) - f(x_0, y_0)}{\Delta x}$ 存在，则称此极限为 $z = f(x, y)$ 在点 $P_0(x_0, y_0)$ 处对自变量 x 的偏导数，记为

$$\frac{\partial z}{\partial x}\bigg|_{\substack{x=x_0 \\ y=y_0}}, \frac{\partial f}{\partial x}\bigg|_{\substack{x=x_0 \\ y=y_0}} \quad \text{或} \quad z_x\bigg|_{\substack{x=x_0 \\ y=y_0}}, f_x\bigg|_{\substack{x=x_0 \\ y=y_0}}。$$

偏导数的几何意义：设 $M_0(x_0, y_0, f(x_0, y_0))$ 为曲面 $z = f(x, y)$ 上的一点，过 M_0 作平面 $y = y_0$ 截此曲面得一条曲线，此曲线在平面 $y = y_0$ 上的方程为 $z = f(x, y_0)$，则导数 $\dfrac{\mathrm{d}}{\mathrm{d}x} f(x, y_0)\bigg|_{x=x_0}$，即二元函数 $z = f(x, y)$ 在点 (x_0, y_0) 处对 x 的偏导数 $f_x(x_0, y_0)$ 的几何意义就是这曲线在点 M_0 处的切线对 x 轴的斜率；同样地，偏导数 $f_y(x_0, y_0)$ 的几何意义就是这曲线在点 M_0 处的切线对 y 轴的斜率。

高阶偏导数：设函数 $z = f(x, y)$ 在区域 D 内具有偏导数 $\dfrac{\partial z}{\partial x} = f_x(x, y), \dfrac{\partial z}{\partial y} = f_y(x, y)$，那么在 D 内 $f_x(x, y), f_y(x, y)$ 都是 x, y 的函数，若这两个函数的偏导函数也存在，则称它们的偏导数是函数 $z = f(x, y)$ 二阶偏导数，记为 $\dfrac{\partial}{\partial x}\left(\dfrac{\partial z}{\partial x}\right) = \dfrac{\partial^2 z}{\partial x^2} = f_{xx}(x, y); \dfrac{\partial}{\partial y}\left(\dfrac{\partial z}{\partial x}\right) = \dfrac{\partial^2 z}{\partial x \partial y} = f_{xy}(x, y); \dfrac{\partial}{\partial x}\left(\dfrac{\partial z}{\partial y}\right) = \dfrac{\partial^2 z}{\partial y \partial x} = f_{yx}(x, y); \dfrac{\partial}{\partial y}\left(\dfrac{\partial z}{\partial y}\right) = \dfrac{\partial^2 z}{\partial y^2} = f_{yy}(x, y)$。

其中第二、三两个偏导数称为混合偏导数；同样可定义三阶、四阶……，以及 n 阶偏导数，二阶及二阶以上的偏导数称为高阶偏导数。

如果函数 $z = f(x, y)$ 的两个混合偏导数 $\dfrac{\partial^2 z}{\partial y \partial x}$ 与 $\dfrac{\partial^2 z}{\partial x \partial y}$ 在区域 D 内连续，那么在该区域内这两个二阶混合偏导数必相等。

（4）全微分的概念

如果函数 $z=f(x,y)$ 在点 (x,y) 的全增量 $\Delta z=f(x+\Delta x,y+\Delta y)-f(x,y)$ 可表示为 $\Delta z=A\Delta x+B\Delta y+o(\rho)$，其中 A,B 不依赖于 $\Delta x,\Delta y$ 而仅与 x,y 有关，$\rho=\sqrt{(\Delta x)^2+(\Delta y)^2}$，则称函数 $z=f(x,y)$ 在点 (x,y) 处可微分，而 $A\Delta x+B\Delta y$ 称为函数 $z=f(x,y)$ 在点 (x,y) 处的全微分，记作 $\mathrm{d}z$，即 $\mathrm{d}z=A\Delta x+B\Delta y$。

定理（必要条件）：如果函数 $z=f(x,y)$ 在点 (x,y) 处可微分，则该函数在点 (x,y) 的偏导数 $\dfrac{\partial z}{\partial x},\dfrac{\partial z}{\partial y}$ 必存在，且函数 $z=f(x,y)$ 在点 (x,y) 处的全微分为 $\mathrm{d}z=\dfrac{\partial z}{\partial x}\Delta x+\dfrac{\partial z}{\partial y}\Delta y$。

定理（充分条件）：如果函数 $z=f(x,y)$ 的偏导数 $\dfrac{\partial z}{\partial x},\dfrac{\partial z}{\partial y}$ 在点 (x,y) 处连续，则函数在该点可微分。

（5）方向导数与梯度

方向导数：如果函数 $z=f(x,y)$ 在点 $P_0(x_0,y_0)$ 处可微分，那么函数在该点沿任一方向 $\vec{l}$ 的方向导数存在，且有 $\dfrac{\partial f}{\partial \vec{l}}\Big|_{(x_0,y_0)}=f_x(x_0,y_0)\cos\alpha+f_y(x_0,y_0)\cos\beta$，其中 $\cos\alpha,\cos\beta$ 是方向 $\vec{l}$ 的方向余弦。

梯度：如果函数 $z=f(x,y)$ 在区域 D 内具有一阶连续的偏导数，则对于任一 $P_0(x_0,y_0)\in D$，可以定义一个向量 $f_x(x_0,y_0)\vec{i}+f_y(x_0,y_0)\vec{j}$，称为函数 $z=f(x,y)$ 在点 $P_0(x_0,y_0)$ 的梯度，记为 $\mathrm{grad}f(x_0,y_0)$。

2. 基本的计算公式和方法

（1）多元复合函数的求导法则

① 复合函数的中间变量均为一元函数的情形

定理 1 如果函数 $u=\varphi(t)$ 及 $v=\psi(t)$ 都在点 t 可导，函数 $z=f(u,v)$ 在对应点 (u,v) 具有连续的偏导数，则复合函数 $z=f[\varphi(t),\psi(t)]$ 在点 t 可导，且有 $\dfrac{\mathrm{d}z}{\mathrm{d}t}=\dfrac{\partial z}{\partial u}\dfrac{\mathrm{d}u}{\mathrm{d}t}+\dfrac{\partial z}{\partial v}\dfrac{\mathrm{d}v}{\mathrm{d}t}$。

定理可以推广到复合函数的中间变量多于两个的情形. 比如，由 $z=f(u,v,\omega)$，$u=\varphi(t)$，$v=\psi(t)$，$\omega=\omega(t)$ 构成的复合函数 $z=f[\varphi(t),\psi(t),\omega(t)]$ 在与定理相类似的条件下，则复合函数 $z=f[\varphi(t),\psi(t),\omega(t)]$ 在点 t 可导，且有

$$\frac{\mathrm{d}z}{\mathrm{d}t}=\frac{\partial z}{\partial u}\frac{\mathrm{d}u}{\mathrm{d}t}+\frac{\partial z}{\partial v}\frac{\mathrm{d}v}{\mathrm{d}t}+\frac{\partial z}{\partial \omega}\frac{\mathrm{d}\omega}{\mathrm{d}t}。$$

② 复合函数的中间变量均为多元函数的情形

定理 2 如果函数 $u=\varphi(x,y)$ 及 $v=\psi(x,y)$ 都在点 (x,y) 具有对 x 及对 y 的偏导数，函数 $z=f(u,v)$ 在对应点 (u,v) 具有连续的偏导数，则复合函数 $z=f[\varphi(x,y),\psi(x,y)]$ 在点 (x,y) 处偏导数存在，且有

$$\frac{\partial z}{\partial x}=\frac{\partial z}{\partial u}\frac{\partial u}{\partial x}+\frac{\partial z}{\partial v}\frac{\partial v}{\partial x},\qquad \frac{\partial z}{\partial y}=\frac{\partial z}{\partial u}\frac{\partial u}{\partial y}+\frac{\partial z}{\partial v}\frac{\partial v}{\partial y}。$$

定理可以推广到中间变量是多个情况. 比如，设 $u=\varphi(x,y)$，$v=\psi(x,y)$ 及 $w=\omega(x,y)$ 都在点 (x,y) 具有对 x 及对 y 的偏导数，函数 $z=f[u,v,w]$ 在对应点 (u,v,ω) 具有连续的

偏导数,则复合函数 $z = f[\varphi(x,y), \psi(x,y), \omega(x,y)]$ 在点 (x,y) 的两个偏导数都存在,且有 $\dfrac{\partial z}{\partial x} = \dfrac{\partial z}{\partial u}\dfrac{\partial u}{\partial x} + \dfrac{\partial z}{\partial v}\dfrac{\partial v}{\partial x} + \dfrac{\partial z}{\partial w}\dfrac{\partial w}{\partial x}$, $\dfrac{\partial z}{\partial y} = \dfrac{\partial z}{\partial u}\dfrac{\partial u}{\partial y} + \dfrac{\partial z}{\partial v}\dfrac{\partial v}{\partial y} + \dfrac{\partial z}{\partial w}\dfrac{\partial w}{\partial y}$。

③ 复合函数的中间变量既有一元函数,又有多元函数的情形

定理 3 如果函数 $u = \varphi(x,y)$ 在点 (x,y) 具有对 x 及对 y 的偏导数,函数 $v = \psi(y)$ 在点 y 处可导,函数 $z = f(u,v)$ 在对应点 (u,v) 具有连续的偏导数,则复合函数 $z = f[\varphi(x,y), \psi(y)]$ 在点 (x,y) 处的两个偏导数都存在,且有

$$\frac{\partial z}{\partial x} = \frac{\partial z}{\partial u}\frac{\partial u}{\partial x}, \qquad \frac{\partial z}{\partial y} = \frac{\partial z}{\partial u}\frac{\partial u}{\partial y} + \frac{\partial z}{\partial v}\frac{\mathrm{d}v}{\mathrm{d}y}。$$

特别地,设函数 $z = f(u,x,y)$ 具有连续的偏导数,而 $u = \varphi(x,y)$ 具有偏导数,则复合函数 $z = f[\varphi(x,y), x, y]$ 具有对 x 及对 y 的偏导数,且 $\dfrac{\partial z}{\partial x} = \dfrac{\partial f}{\partial u}\dfrac{\partial u}{\partial x} + \dfrac{\partial f}{\partial x}$, $\dfrac{\partial z}{\partial y} = \dfrac{\partial f}{\partial u}\dfrac{\partial u}{\partial y} + \dfrac{\partial f}{\partial y}$。

此函数的 x, y 中间变量同时是最终变量。

(2) 全微分形式的不变性

设函数 $z = f(u,v)$ 具有连续的偏导数,则全微分为 $\mathrm{d}z = \dfrac{\partial z}{\partial u}\mathrm{d}u + \dfrac{\partial z}{\partial v}\mathrm{d}v$. 如果 u, v 又是 x, y 的函数,即 $u = \varphi(x,y)$,$v = \psi(x,y)$,且这两个函数具有连续的偏导数,则复合函数 $z = f[\varphi(x,y), \psi(x,y)]$ 的全微分为 $\mathrm{d}z = \dfrac{\partial z}{\partial x}\mathrm{d}x + \dfrac{\partial z}{\partial y}\mathrm{d}y$,将 $\dfrac{\partial z}{\partial x} = \dfrac{\partial z}{\partial u}\dfrac{\partial u}{\partial x} + \dfrac{\partial z}{\partial v}\dfrac{\partial v}{\partial x}$, $\dfrac{\partial z}{\partial y} = \dfrac{\partial z}{\partial u}\dfrac{\partial u}{\partial y} + \dfrac{\partial z}{\partial v}\dfrac{\partial v}{\partial y}$ 代入得

$$\begin{aligned}
\mathrm{d}z &= \left(\frac{\partial z}{\partial u}\frac{\partial u}{\partial x} + \frac{\partial z}{\partial v}\frac{\partial v}{\partial x}\right)\mathrm{d}x + \left(\frac{\partial z}{\partial u}\frac{\partial u}{\partial y} + \frac{\partial z}{\partial v}\frac{\partial v}{\partial y}\right)\mathrm{d}y \\
&= \frac{\partial z}{\partial u}\left(\frac{\partial u}{\partial x}\mathrm{d}x + \frac{\partial u}{\partial y}\mathrm{d}y\right) + \frac{\partial z}{\partial v}\left(\frac{\partial v}{\partial x}\mathrm{d}x + \frac{\partial v}{\partial y}\mathrm{d}y\right) = \frac{\partial z}{\partial u}\mathrm{d}u + \frac{\partial z}{\partial v}\mathrm{d}v。
\end{aligned}$$

由此可见,无论 z 是自变量 u, v 的函数还是中间变量 u, v 的函数,它的全微分形式是一样的,这个性质称为全微分形式的不变性。

(3) 隐函数的求导

一个二元方程 $F(x,y) = 0$ 可以确定一个一元隐函数;一个三元方程 $F(x,y,z) = 0$ 可以确定一个二元隐函数;由方程组 $\begin{cases} F(x,y,u,v) = 0, \\ G(x,y,u,v) = 0 \end{cases}$ 可确定一个二元函数。

隐函数存在定理 1 设函数 $F(x,y)$ 在点 $P(x_0, y_0)$ 的某一邻域内具有连续的偏导数,且 $F(x_0, y_0) = 0$,$F_y(x_0, y_0) \neq 0$,则方程 $F(x,y) = 0$ 在点 (x_0, y_0) 的某一邻域内恒能确定一个连续且具有连续导数的函数 $y = f(x)$,它满足条件 $y_0 = f(x_0)$,并有 $\dfrac{\mathrm{d}y}{\mathrm{d}x} = -\dfrac{F_x}{F_y}$。

隐函数存在定理 2 设函数 $F(x,y,z)$ 在点 $P(x_0, y_0, z_0)$ 的某一邻域内具有连续的偏导数,而且 $F(x_0, y_0, z_0) = 0$,$F_z(x_0, y_0, z_0) \neq 0$,则方程 $F(x,y,z) = 0$ 在点 (x_0, y_0, z_0) 的某一邻域内恒能唯一确定一个连续且具有连续偏导数的函数 $z = f(x,y)$,它满足条件 $z_0 = f(x_0, y_0)$,并有 $\dfrac{\partial z}{\partial x} = -\dfrac{F_x}{F_z}$,$\dfrac{\partial z}{\partial y} = -\dfrac{F_y}{F_z}$。

隐函数存在定理 3 设函数 $F(x,y,u,v),G(x,y,u,v)$ 在点 $P(x_0,y_0,u_0,v_0)$ 的某一邻域内具有对各个变量的连续偏导数,又 $F(x_0,y_0,u_0,v_0)=0,G(x_0,y_0,u_0,v_0)=0$,且偏导数组成的函数行列式(即雅可比(Jacobi)式) $J=\dfrac{\partial(F,G)}{\partial(u,v)}=\begin{vmatrix} \dfrac{\partial F}{\partial u} & \dfrac{\partial F}{\partial v} \\ \dfrac{\partial G}{\partial u} & \dfrac{\partial G}{\partial v} \end{vmatrix}$ 在点

$P(x_0,y_0,u_0,v_0)$ 处不等于零,则方程组 $\begin{cases} F(x,y,u,v)=0, \\ G(x,y,u,v)=0 \end{cases}$ 在点 (x_0,y_0,u_0,v_0) 的某一邻域内恒能唯一确定一组连续且具有连续导数的函数 $u=u(x,y),v=v(x,y)$,它满足条件 $u_0=u(x_0,y_0),v_0=v(x_0,y_0)$,并有

$$\frac{\partial u}{\partial x}=-\frac{1}{J}\frac{\partial(F,G)}{\partial(x,v)}=-\frac{\begin{vmatrix} F_x & F_v \\ G_x & G_v \end{vmatrix}}{\begin{vmatrix} F_u & F_v \\ G_u & G_v \end{vmatrix}}, \quad \frac{\partial v}{\partial x}=-\frac{1}{J}\frac{\partial(F,G)}{\partial(u,x)}=-\frac{\begin{vmatrix} F_u & F_x \\ G_u & G_x \end{vmatrix}}{\begin{vmatrix} F_u & F_v \\ G_u & G_v \end{vmatrix}},$$

$$\frac{\partial u}{\partial y}=-\frac{1}{J}\frac{\partial(F,G)}{\partial(y,v)}=-\frac{\begin{vmatrix} F_y & F_v \\ G_y & G_v \end{vmatrix}}{\begin{vmatrix} F_u & F_v \\ G_u & G_v \end{vmatrix}}, \quad \frac{\partial v}{\partial y}=-\frac{1}{J}\frac{\partial(F,G)}{\partial(u,y)}=-\frac{\begin{vmatrix} F_u & F_y \\ G_u & G_y \end{vmatrix}}{\begin{vmatrix} F_u & F_v \\ G_u & G_v \end{vmatrix}}。$$

(4) 多元函数微分学在几何学上的应用

① 空间曲线的切线与法平面

设空间曲线的参数方程为 $x=\varphi(t),y=\psi(t),z=\omega(t)(\alpha\leqslant t\leqslant\beta)$,这三个函数都在 $[\alpha,\beta]$ 上可导,则此空间曲线在对应于 t_0 的点 $M_0(x_0,y_0,z_0)$ 处的切线方程为

$$\frac{x-x_0}{\varphi'(t_0)}=\frac{y-y_0}{\psi'(t_0)}=\frac{z-z_0}{\omega'(t_0)},$$

曲线的切向量为 $(\varphi'(t_0),\psi'(t_0),\omega'(t_0))$,法平面方程为

$$\varphi'(t_0)(x-x_0)+\psi'(t_0)(y-y_0)+\omega'(t_0)(z-z_0)=0。$$

② 空间曲面的切平面与法线

设曲面由隐式方程 $F(x,y,z)=0$ 给出,$M_0(x_0,y_0,z_0)$ 是该曲面上的一点,并设函数 $F(x,y,z)$ 的偏导数在该点连续且不同时为零.则过该点的曲面的切平面方程为

$$F_x(x_0,y_0,z_0)(x-x_0)+F_y(x_0,y_0,z_0)(y-y_0)+F_z(x_0,y_0,z_0)(z-z_0)=0。$$

法线方程为 $\dfrac{x-x_0}{F_x(x_0,y_0,z_0)}+\dfrac{y-y_0}{F_y(x_0,y_0,z_0)}+\dfrac{z-z_0}{F_z(x_0,y_0,z_0)}=0。$

曲面的法向量为 $(F_x(x_0,y_0,z_0),F_y(x_0,y_0,z_0),F_z(x_0,y_0,z_0))$。

(5) 多元函数极值最值求法

设函数 $z=f(x,y)$ 的定义域为 $D,P_0(x_0,y_0,z_0)$ 为 D 的内点,若存在 P_0 的某个邻域 $U(P_0)\subset D$,使得对于该邻域内异于 P_0 的任何点 (x,y) 都有 $f(x,y)<f(x_0,y_0)$,则称函数 $f(x,y)$ 在点 (x_0,y_0) 有极大值 $f(x_0,y_0)$,点 (x_0,y_0) 称为函数 $f(x,y)$ 的极大值点。若对于该邻域内异于 P_0 的任何点 (x,y) 都有 $f(x,y)>f(x_0,y_0)$,则称函数 $f(x,y)$ 在点

(x_0, y_0)有极小值 $f(x_0, y_0)$,点(x_0, y_0)称为函数 $f(x,y)$的极小值点。

极大值、极小值统称为极值,使得函数取得极值的点统称为极值点。

使 $f_x(x,y)=0, f_y(x,y)=0$ 同时成立的点(x_0, y_0)称为函数 $z=f(x,y)$的驻点。

具有偏导数的函数的极值点必定是驻点,但函数的驻点不一定是极值点。

极值存在的条件

定理(必要条件):设函数 $z=f(x,y)$在点(x_0, y_0)处具有偏导数,且在点(x_0, y_0)取得极值,则有

$$f_x(x_0, y_0)=0, \quad f_y(x_0, y_0)=0。$$

定理(充分条件):设函数 $z=f(x,y)$在点(x_0, y_0)的某邻域内连续且具有一阶及二阶连续偏导数,又有 $f_x(x_0, y_0)=0, f_y(x_0, y_0)=0$。令 $f_{xx}(x_0, y_0)=A, f_{xy}(x_0, y_0)=B, f_{yy}(x_0, y_0)=C$,则函数 $f(x,y)$在点(x_0, y_0)处是否取得极值的条件是:

(1) 当 $AC-B^2 > 0$ 时具有极值,且当 $A < 0$ 时有极大值,当 $A > 0$ 时有极小值;

(2) 当 $AC-B^2 < 0$ 时没有极值;

(3) 当 $AC-B^2 = 0$ 时可能有极值,也可能没有极值,需另作讨论。

函数 $z=f(x,y)$ 的极值的求法

第一步:解方程组 $\begin{cases} f_x(x,y)=0, \\ f_y(x,y)=0, \end{cases}$ 求得一切实数解,即可求得一切驻点。

第二步:对于每一个驻点(x_0, y_0),求出二阶偏导数的值 A,B,C。

第三步:判定 $AC-B^2$ 的符号,由定理的结论判断 $f(x_0, y_0)$是否是取极值,是极大值还是极小值。

条件极值及拉格朗日乘数法

求函数 $z=f(x,y)$在条件 $\varphi(x,y)=0$ 下的可能极值点,可以先构成辅助函数

$$F(x,y)=f(x,y)+\lambda\varphi(x,y),$$

其中 λ 为某一常数。然后解方程组

$$\begin{cases} F_x(x,y)=f_x(x,y)+\lambda\varphi_x(x,y)=0, \\ F_y(x,y)=f_y(x,y)+\lambda\varphi_y(x,y)=0, \\ \varphi(x,y)=0。 \end{cases}$$

由这方程组解出 x,y 及 λ,则其中(x,y) 就是所求的可能的极值点。

9.2　典型例题

题型一　多元函数极限、连续及偏导数的性质

例1　求函数 $z=\arcsin(2x)+\dfrac{\sqrt{4x-y^2}}{\ln(1-x^2-y^2)}$的定义域。

解　若使函数表达式有意义,需要满足

$$\begin{cases} \mid 2x \mid \leqslant 1, \\ 1-x^2-y^2>0, \\ 1-x^2-y^2\neq 1, \\ 4x-y^2\geqslant 0, \end{cases} \text{由此可解得定义域} \begin{cases} -\dfrac{1}{2}\leqslant x\leqslant \dfrac{1}{2}, \\ x^2+y^2<1, x^2+y^2\neq 0, \\ y^2\leqslant 4x, \end{cases}$$

所以函数的定义域为 $\left\{(x,y)\mid -\dfrac{1}{2}\leqslant x\leqslant \dfrac{1}{2}, x^2+y^2<1, x^2+y^2\neq 0 \text{ 且 } y^2\leqslant 4x\right\}$。

例 2 设 $f\left(x-y, \dfrac{y}{x}\right)=x^2-y^2$，求 $f(x,y)$。

解 设 $u=x-y, v=\dfrac{y}{x}$，解得 $x=\dfrac{u}{1-v}, y=\dfrac{uv}{1-v}$，代入函数表达式得

$$f(u,v)=\left(\dfrac{u}{1-v}\right)^2-\left(\dfrac{uv}{1-v}\right)^2=\dfrac{u^2(1+v)}{1-v},$$

所以 $f(x,y)=\dfrac{x^2(1+y)}{1-y}$。

例 3 求极限：(1) $\lim\limits_{\substack{x\to\infty\\y\to 1}}\left(1+\dfrac{y}{x+y}\right)^{x+y}$；(2) $\lim\limits_{\substack{x\to 0\\y\to 0}}\dfrac{1-\cos(x^2+y^2)}{(x^2+y^2)e^{x^2y^2}}$。

解 (1) $\lim\limits_{\substack{x\to\infty\\y\to 1}}\left(1+\dfrac{y}{x+y}\right)^{x+y}=\lim\limits_{\substack{x\to\infty\\y\to 1}}\left(1+\dfrac{y}{x+y}\right)^{\frac{x+y}{y}y}=\lim\limits_{\substack{x\to\infty\\y\to 1}}e^y=e$。

(2) $\lim\limits_{\substack{x\to 0\\y\to 0}}\dfrac{1-\cos(x^2+y^2)}{(x^2+y^2)e^{x^2y^2}}=\lim\limits_{\substack{x\to 0\\y\to 0}}\dfrac{\frac{1}{2}(x^2+y^2)^2}{(x^2+y^2)e^{x^2y^2}}=\lim\limits_{\substack{x\to 0\\y\to 0}}\dfrac{(x^2+y^2)}{2e^{x^2y^2}}=0$。

例 4 设 $z=f(x,y)=\dfrac{\sin xy\cos\sqrt{y+2}-(y-1)\cos x}{1+\sin x+\sin(y-1)}$，求 $\dfrac{\partial z}{\partial y}\bigg|_{(0,1)}$。

解 按照偏导数定义，有

$$\dfrac{\partial z}{\partial y}\bigg|_{(0,1)}=\lim\limits_{\Delta y\to 0}\dfrac{f(0,1+\Delta y)-f(0,1)}{\Delta y}=\lim\limits_{\Delta y\to 0}\dfrac{-\dfrac{\Delta y}{1+\sin\Delta y}-0}{\Delta y}=-1。$$

例 5 设 $f(x,y)=\sqrt{x^2\mid y\mid}$，求 $\dfrac{\partial f}{\partial x}, \dfrac{\partial f}{\partial y}$，并讨论 $(0,0)$ 点的可微性与及偏导数的连续性。

解 由题可得 $f(x,y)=\begin{cases}\sqrt{x^2 y}, & y>0, \\ \sqrt{-x^2 y}, & y<0, \\ 0, & x=0 \text{ 或 } y=0,\end{cases}$ 于是

当 $y>0, x\neq 0$ 时，$\dfrac{\partial f}{\partial x}=\dfrac{y}{\sqrt{x^2 y}}$；当 $y<0, x\neq 0$ 时，$\dfrac{\partial f}{\partial x}=\dfrac{-y}{\sqrt{-x^2 y}}$；当 $x=0, y\neq 0$ 时，$\dfrac{\partial f}{\partial x}=$

$$\lim\limits_{x\to 0}\dfrac{\sqrt{x^2\mid y\mid}-0}{x}=\lim\limits_{x\to 0}\dfrac{\mid x\mid\sqrt{\mid y\mid}}{x}=\begin{cases}\lim\limits_{x\to 0^+}\dfrac{\mid x\mid\sqrt{\mid y\mid}}{x}=\sqrt{\mid y\mid}, & x\geqslant 0, \\ \lim\limits_{x\to 0^-}\dfrac{\mid x\mid\sqrt{\mid y\mid}}{x}=-\sqrt{\mid y\mid}, & x<0,\end{cases}$$ 故偏导数不存在；

当 $x \neq 0, y = 0$ 时，$\dfrac{\partial f}{\partial x} = \lim\limits_{x \to 0} \dfrac{\sqrt{|x^2 y|} - 0}{x} = 0$；当 $x = 0, y = 0$ 时，$\dfrac{\partial f}{\partial x} = \lim\limits_{x \to 0} \dfrac{\sqrt{|x^2 y|} - 0}{x} = 0$。

综上可知

$$\frac{\partial f}{\partial x} = \begin{cases} \dfrac{y}{\sqrt{x^2 y}}, & y > 0, x \neq 0, \\[2mm] \dfrac{-y}{\sqrt{-x^2 y}}, & y < 0, x \neq 0, \\[2mm] 0, & x \in (-\infty, +\infty), y = 0, \\[2mm] \text{不存在}, & y \neq 0, x = 0。 \end{cases}$$

同理，$$\frac{\partial f}{\partial y} = \begin{cases} \dfrac{x^2}{\sqrt{x^2 y}} = \dfrac{|x|}{\sqrt{y}}, & y > 0, x \neq 0, \\[2mm] \dfrac{-x^2}{\sqrt{-x^2 y}} = -\dfrac{|x|}{\sqrt{-y}}, & y < 0, x \neq 0, \\[2mm] 0, & x \in (-\infty, +\infty), y = 0, \\[2mm] \text{不存在}, & y \neq 0, x = 0。 \end{cases}$$

由于 $\dfrac{\Delta f - (f_x(0,0)\Delta x + f_y(0,0)\Delta y)}{\rho} = \dfrac{\sqrt{x^2 |y|}}{\sqrt{x^2 + y^2}} \to 0 \, (x \to 0, y \to 0)$，所以 $f(x, y)$ 在

点 $(0,0)$ 处可微。

由上面偏导数求解过程可知函数偏导数在点 $(0,0)$ 处不连续。

例6 连续不一定可导

函数 $f(x, y) = |x| + |y|$ 在点 $(0,0)$ 处连续，但在点 $(0,0)$ 处偏导数不存在。

解 由于 $\lim\limits_{\substack{x \to 0 \\ y \to 0}} (|x| + |y|) = 0 = f(0,0)$，所以函数连续。

但是 $\lim\limits_{\Delta x \to 0} \dfrac{f(x + \Delta x, y) - f(x, y)}{\Delta x} = \lim\limits_{\Delta x \to 0} \dfrac{|\Delta x|}{\Delta x}$，当 $\Delta x > 0$ 时极限为 1，当 $\Delta x < 0$ 时极限为 -1，所以在点 $(0,0)$ 处对 x 偏导数不存在。同理可得在点 $(0,0)$ 处对 y 的偏导数也不存在。

例7 偏导数存在不一定连续

函数 $f(x, y) = \begin{cases} \dfrac{xy}{x^2 + y^2}, & x^2 + y^2 \neq 0, \\[2mm] 0, & x^2 + y^2 = 0 \end{cases}$ 在点 $(0,0)$ 处一阶偏导数存在，但在点 $(0,0)$ 处不连续。

解 按照定义 $f_x(0,0) = \lim\limits_{\Delta x \to 0} \dfrac{f(\Delta x, 0) - f(0,0)}{\Delta x} = \lim\limits_{\Delta x \to 0} \dfrac{0 - 0}{\Delta x} = 0$，

$f_y(0,0) = \lim\limits_{\Delta y \to 0} \dfrac{f(0, \Delta y) - f(0,0)}{\Delta y} = \lim\limits_{\Delta y \to 0} \dfrac{0 - 0}{\Delta y} = 0$。

所以 $f(x, y)$ 在 $(0,0)$ 偏导数存在。但取 $y = kx$ 时，

$$\lim\limits_{\substack{x \to 0 \\ y \to 0}} f(x, y) = \lim\limits_{\substack{x \to 0 \\ y = kx}} \frac{kx^2}{x^2 + k^2 x^2} = \frac{k}{1 + k^2},$$

当 k 取不同的值时,极限不同,故 $\lim\limits_{\substack{x \to 0 \\ y \to 0}} f(x,y)$ 不存在,所以 $f(x,y)$ 在点 $(0,0)$ 处不连续。

例 8 可微分一定连续,可微分偏导数一定存在,但反之不成立

函数 $f(x,y) = \begin{cases} \dfrac{xy}{\sqrt{x^2+y^2}}, & x^2+y^2 \neq 0, \\ 0, & x^2+y^2 = 0 \end{cases}$ 在点 $(0,0)$ 处连续,一阶偏导数存在,但在

点 $(0,0)$ 处不可微分。

解 由于 $0 \leqslant \dfrac{xy}{\sqrt{x^2+y^2}} \leqslant \dfrac{\sqrt{x^2+y^2}}{2}$,所以 $\lim\limits_{\substack{x \to 0 \\ y \to 0}} f(x,y) = \lim\limits_{\substack{x \to 0 \\ y \to 0}} \dfrac{xy}{\sqrt{x^2+y^2}} = 0 = f(0,0)$,

即函数在点 $(0,0)$ 处连续。

$$f_x(0,0) = \lim\limits_{\Delta x \to 0} \frac{f(\Delta x,0) - f(0,0)}{\Delta x} = \lim\limits_{\Delta x \to 0} \frac{0-0}{\Delta x} = 0,$$

$$f_y(0,0) = \lim\limits_{\Delta y \to 0} \frac{f(0,\Delta y) - f(0,0)}{\Delta y} = \lim\limits_{\Delta y \to 0} \frac{0-0}{\Delta y} = 0。$$

所以函数在 $(0,0)$ 一阶偏导数存在。

由于

$$\frac{\Delta f - [f_x(0,0)\Delta x + f_y(0,0)\Delta y]}{\rho} = \frac{\Delta f|_{x=0,y=0} - [f_x(0,0)\Delta x + f_y(0,0)\Delta y]}{\sqrt{(\Delta x)^2 + (\Delta y)^2}}$$

$$= \frac{\dfrac{\Delta x \Delta y}{\sqrt{(\Delta x)^2 + (\Delta y)^2}}}{\sqrt{(\Delta x)^2 + (\Delta y)^2}} = \frac{\Delta x \Delta y}{(\Delta x)^2 + (\Delta y)^2},$$

当 $\Delta x \to 0, \Delta y \to 0$ 时,极限不存在,所以函数在点 $(0,0)$ 处不可微分。

例 9 偏导数存在且连续必可微分,但可微分偏导数不一定连续

函数 $f(x,y) = \begin{cases} (x^2+y^2)\sin\dfrac{1}{x^2+y^2}, & x^2+y^2 \neq 0, \\ 0, & x^2+y^2 = 0 \end{cases}$ 在点 $(0,0)$ 处可微分,但偏导数

在该点处不连续。

解 当 $x^2+y^2 = 0$ 时,$\dfrac{\partial f}{\partial x}\bigg|_{(0,0)} = \lim\limits_{\Delta x \to 0} \dfrac{(\Delta x)^2 \sin\dfrac{1}{(\Delta x)^2}}{\Delta x} = 0$;

当 $x^2+y^2 \neq 0$ 时,$\dfrac{\partial f}{\partial x} = 2x\sin\dfrac{1}{x^2+y^2} - \dfrac{2x}{x^2+y^2}\cos\dfrac{1}{x^2+y^2}$。

类似地,可得当 $x^2+y^2 = 0$ 时,$\dfrac{\partial f}{\partial y} = 0$;

当 $x^2+y^2 \neq 0$ 时,$\dfrac{\partial f}{\partial x} = 2y\sin\dfrac{1}{x^2+y^2} - \dfrac{2y}{x^2+y^2}\cos\dfrac{1}{x^2+y^2}$。

按照定义

$$\frac{\Delta f - (f_x(0,0)\Delta x + f_y(0,0)\Delta y)}{\rho} = \frac{\Delta f - (f_x(0,0)\Delta x + f_y(0,0)\Delta y)}{\sqrt{(\Delta x)^2 + (\Delta y)^2}}$$

$$= \sqrt{(\Delta x)^2 + (\Delta y)^2} \sin\frac{1}{(\Delta x)^2 + (\Delta y)^2} \to 0 \quad (\Delta x \to 0, \Delta y \to 0)。$$

所以,函数在点$(0,0)$处可微分。

但是当点沿 $y=0$ 趋向于$(0,0)$,且 $x^2+y^2\neq0$ 时 $f_x(x,0)=2x\sin\dfrac{1}{x^2}-\dfrac{2}{x}\cos\dfrac{1}{x^2}$。显

然$\lim\limits_{x\to0}f_x(x,0)$不存在,即当 $\Delta x\to0,\Delta y\to0$ 时,$\dfrac{\partial f}{\partial x}$的极限不存在。

同理,当 $x\to0,y\to0$ 时,$\dfrac{\partial f}{\partial y}$的极限不存在。故偏导数在点$(0,0)$处不连续。

例 10　若$\dfrac{\partial^2 z}{\partial x\partial y}=0$,且当 $x=0$ 时,$z=\sin y$;当 $y=0$ 时,$z=\sin x$,求函数 z。

解　由$\dfrac{\partial^2 z}{\partial x\partial y}=0$可知$\dfrac{\partial z}{\partial x}$与$y$无关只含有$x$,不妨设$\dfrac{\partial z}{\partial x}=f_1(x)$,$f_1(x)$的一个原函数

为 $f(x)$。积分得 $z=\displaystyle\int f_1(x)\mathrm{d}x=f(x)+g(y)$。

当 $x=0$ 时,$z(0,y)=f(0)+g(y)=\sin y$,所以
$$g(y)=\sin y-f(0)。\tag{1}$$
当 $y=0$ 时,$z(x,0)=f(x)+g(0)=\sin x$,所以
$$f(x)=\sin x-g(0)。\tag{2}$$
所以 $z=\sin x+\sin y-(f(0)+g(0))$。

在(1)式或(2)式中,令 $y=0$ 或 $x=0$ 得 $f(0)+g(0)=0$,所以 $z=\sin x+\sin y$。

例 11　设 $z=f(x,y)$满足$\dfrac{\partial^2 z}{\partial x\partial y}=x+y$,且 $f(x,0)=x^2,f(0,y)=y$,求 $f(x,y)$。

解　由$\dfrac{\partial^2 z}{\partial x\partial y}=x+y$可知$\dfrac{\partial z}{\partial x}=xy+\dfrac{y^2}{2}+c_1(x)$,两边积分可得
$$z=\frac{1}{2}x^2y+\frac{1}{2}xy^2+c(x)+g(y)。$$

当 $x=0$ 时,$f(0,y)=c(0)+g(y)=y$,所以 $g(y)=y-c(0)$。

当 $y=0$ 时,$f(x,0)=c(x)+g(0)=x^2$,所以 $c(x)=x^2-g(0)$。

于是 $z=\dfrac{1}{2}x^2y+\dfrac{1}{2}xy^2+x^2+y-[c(0)+g(0)]$。

由 $x=0$ 时,$f(0,y)=y$ 可确定 $c(0)+g(0)=0$,所以 $f(x,y)=\dfrac{1}{2}x^2y+\dfrac{1}{2}xy^2+x^2+y$。

题型二　显函数偏导数计算

例 12　求下列函数的偏导数:

(1) $f(x,y)=x+(y-1)\arcsin\left(\sqrt{\dfrac{x}{y}}\right)$;　　(2) $u=\dfrac{xyz}{\sqrt{x^2+y^2+z^2}},x^2+y^2+z^2>0$;

(3) $z=\begin{cases}\dfrac{xy}{\sqrt{x^2+y^2}},&x^2+y^2\neq0,\\0,&x^2+y^2=0。\end{cases}$

解 (1) $f_x(x,y)=1+(y-1)\dfrac{1}{\sqrt{1-\dfrac{x}{y}}}\cdot\dfrac{1}{2\sqrt{xy}}=1+\dfrac{(y-1)}{2\sqrt{xy-x^2}}$;

$f_y(x,y)=\arcsin\left(\sqrt{\dfrac{x}{y}}\right)+(y-1)\cdot\dfrac{1}{\sqrt{1-\dfrac{x}{y}}}\cdot\left(-\dfrac{\sqrt{x}}{2\sqrt{y^3}}\right)=\arcsin\left(\sqrt{\dfrac{x}{y}}\right)-\dfrac{(y-1)\sqrt{x}}{2\sqrt{y^3-xy^2}}$。

(2) $u_x=\dfrac{yz\sqrt{x^2+y^2+z^2}-xyz\dfrac{2x}{2\sqrt{x^2+y^2+z^2}}}{x^2+y^2+z^2}=\dfrac{y^3z+z^3y}{(x^2+y^2+z^2)^{\frac{3}{2}}}$;

同理可得 $u_y=\dfrac{x^3z+z^3x}{(x^2+y^2+z^2)^{\frac{3}{2}}},u_z=\dfrac{x^3y+y^3x}{(x^2+y^2+z^2)^{\frac{3}{2}}}$。

(3) 当 $x^2+y^2\neq0$ 时,

$z_x=\dfrac{y\sqrt{x^2+y^2}-xy\dfrac{2x}{2\sqrt{x^2+y^2}}}{x^2+y^2}=\dfrac{y^3}{(x^2+y^2)^{\frac{3}{2}}}$; 同理可得 $z_y=\dfrac{y^3}{(x^2+y^2)^{\frac{3}{2}}}$;

当 $x^2+y^2=0$ 时,$z_x(0,0)=\lim\limits_{\Delta x\to0}\dfrac{z(\Delta x,0)-z(0,0)}{\Delta x}=\lim\limits_{\Delta x\to0}\dfrac{0-0}{\Delta x}=0$; 同理可得,

$z_y(0,0)=\lim\limits_{\Delta y\to0}\dfrac{z(0,\Delta y)-z(0,0)}{\Delta y}=\lim\limits_{\Delta y\to0}\dfrac{0-0}{\Delta y}=0$。

例 13 求下列函数的二阶偏导数:

(1) 已知 $u=x^{y^z}$,$x,y,z>0$,求 $\dfrac{\partial^2 u}{\partial x^2},\dfrac{\partial^2 u}{\partial y^2},\dfrac{\partial^2 u}{\partial z^2}$;

(2) $z=\arcsin\left(\dfrac{x}{\sqrt{x^2+y^2}}\right)$,求 $\dfrac{\partial^2 z}{\partial x^2},\dfrac{\partial^2 z}{\partial x\partial y},\dfrac{\partial^2 z}{\partial y^2}$。

解 (1) $\dfrac{\partial u}{\partial x}=\dfrac{\partial}{\partial x}[e^{y^z\ln x}]=y^z x^{y^z-1}=\dfrac{uy^z}{x}$,

$\dfrac{\partial u}{\partial y}=\dfrac{\partial}{\partial y}[e^{y^z\ln x}]=x^{y^z}\ln x\cdot zy^{z-1}=uzy^{z-1}\ln x$,

$\dfrac{\partial u}{\partial z}=\dfrac{\partial}{\partial z}[e^{y^z\ln x}]=x^{y^z}\ln x\cdot y^z\ln y=uy^z\ln x\cdot\ln y$,

$\dfrac{\partial^2 u}{\partial x^2}=\dfrac{\partial}{\partial x}\left(\dfrac{uy^z}{x}\right)=\dfrac{y^z}{x}\dfrac{\partial u}{\partial x}-\dfrac{uy^z}{x^2}=\dfrac{y^z}{x}\cdot\dfrac{uy^z}{x}-\dfrac{uy^z}{x^2}=\dfrac{uy^z(y^z-1)}{x^2}$,

$\dfrac{\partial^2 u}{\partial y^2}=\dfrac{\partial}{\partial y}(uzy^{z-1}\ln x)=(zy^{z-1}\ln x)\dfrac{\partial u}{\partial y}+uz\ln x\dfrac{\partial}{\partial y}(y^{z-1})$

$\qquad=(zy^{z-1}\ln x)(uzy^{z-1}\ln x)+uz\ln x\cdot(z-1)y^{z-2}$

$\qquad=uz\ln xy^{z-2}(zy^z\ln x+z-1)$,

$\dfrac{\partial^2 u}{\partial z^2}=\dfrac{\partial}{\partial z}(uy^z\ln x\cdot\ln y)=(y^z\ln x\cdot\ln y)\dfrac{\partial u}{\partial z}+u\ln x\cdot\ln y\dfrac{\partial}{\partial z}(y^z)$

$\qquad=(y^z\ln x\cdot\ln y)(uy^z\ln x\cdot\ln y)+u\ln x\cdot\ln y\cdot y^z\ln y$

$\qquad=uy^z\ln x\cdot\ln^2 y(1+y^z\ln x)$。

$$(2)\ z_x = \frac{1}{\sqrt{1-\dfrac{x^2}{x^2+y^2}}} \cdot \frac{\sqrt{x^2+y^2}-x\dfrac{x}{\sqrt{x^2+y^2}}}{x^2+y^2} = \frac{y^2}{(x^2+y^2)\sqrt{y^2}} = \frac{|y|}{(x^2+y^2)},$$

$$z_y = \frac{1}{\sqrt{1-\dfrac{x^2}{x^2+y^2}}} \cdot \frac{-x\dfrac{y}{\sqrt{x^2+y^2}}}{x^2+y^2} = \frac{-xy}{(x^2+y^2)\sqrt{y^2}} = \frac{-xy}{|y|(x^2+y^2)},$$

$$z_{xx} = \frac{\partial}{\partial x}\left(\frac{|y|}{x^2+y^2}\right) = -\frac{2x|y|}{(x^2+y^2)^2},$$

$$z_{xy} = \frac{\partial}{\partial y}\left(\frac{|y|}{x^2+y^2}\right) = \begin{cases} \dfrac{x^2-y^2}{(x^2+y^2)^2}, & y>0, \\[3mm] -\dfrac{x^2-y^2}{(x^2+y^2)^2}, & y<0, \end{cases}$$

$$z_{yy} = \frac{\partial}{\partial y}\left(\frac{-xy}{|y|(x^2+y^2)}\right) = \begin{cases} \dfrac{2xy}{(x^2+y^2)^2}, & y>0, \\[3mm] -\dfrac{2xy}{(x^2+y^2)^2}, & y<0。 \end{cases}$$

题型三　多元函数全微分计算

例 14　已知 $z=(1+xy)^y$,求函数的全微分。

解　$\dfrac{\partial z}{\partial x} = y^2(1+xy)^{y-1}$,

$\dfrac{\partial z}{\partial y} = (1+xy)^y \ln(1+xy) + xy(1+xy)^{y-1}$,

$\mathrm{d}z = \dfrac{\partial z}{\partial x}\mathrm{d}x + \dfrac{\partial z}{\partial y}\mathrm{d}y = y^2(1+xy)^{y-1}\mathrm{d}x + [(1+xy)^y\ln(1+xy)+xy(1+xy)^{y-1}]\mathrm{d}y$。

例 15　已知 $(axy^3-y^2\cos x)\mathrm{d}x+(1+by\sin x+3x^2y^2)\mathrm{d}y$ 为某一函数的全微分,求 a,b 值。

解　设函数为 $f(x,y)$,由题意可知

$$\mathrm{d}f(x,y) = \frac{\partial f}{\partial x}\mathrm{d}x + \frac{\partial f}{\partial y}\mathrm{d}y = (axy^3-y^2\cos x)\mathrm{d}x + (1+by\sin x+3x^2y^2)\mathrm{d}y,$$

所以　　　　　　　$\dfrac{\partial f}{\partial x} = axy^3 - y^2\cos x$,　$f_{xy} = 3axy^2 - 2y\cos x$,

$$\frac{\partial f}{\partial y} = 1 + by\sin x + 3x^2y^2,\quad f_{yx} = by\cos x + 6xy^2。$$

显然 f_{xy} 与 f_{yx} 均为连续函数,根据定理有 $f_{xy}=f_{yx}$,即

$$3axy^2 - 2y\cos x = by\cos x + 6xy^2,$$

则得 $\begin{cases} 3a=6, \\ -2=b, \end{cases}$ 即 $\begin{cases} a=2, \\ b=-2。 \end{cases}$

例 16 已知函数 $u(x,y,z)$ 可微,且 $du = (x^2-2yz)dx + (y^2-2xz)dy + (z^2-2xy)dz$,求 $u(x,y,z)$。

解
$$du = (x^2 dx + y^2 dy + z^2 dz) - 2(yz dx + xz dy + xy dz)$$
$$= \frac{1}{3}d(x^3+y^3+z^3) - 2d(xyz) = d\left(\frac{1}{3}(x^3+y^3+z^3) - 2xyz\right),$$

所以
$$u = \frac{1}{3}(x^3+y^3+z^3) - 2xyz + C。$$

题型四 多元复合函数偏导数计算

例 17 已知 $z = f(x,y)$,$x = \varphi(y,z)$,其中 f,φ 均为可微函数,求 $\dfrac{dz}{dx}$。

解 利用全微分的不变性计算,方程两边微分可得
$$dz = f_x dx + f_y dy, \quad dx = \varphi_y dy + \varphi_z dz,$$

消去 dy 可得 $\varphi_y dz - f_y dx = \varphi_y f_x dx - \varphi_z f_y dz$,所以 $\dfrac{dz}{dx} = \dfrac{f_y + \varphi_y f_x}{\varphi_y + \varphi_z f_y}$。

例 18 已知 $z = f(2x-y, y\sin x)$,求 $\dfrac{\partial^2 z}{\partial x \partial y}$。

解 $\dfrac{\partial z}{\partial x} = 2f_1' + f_2' y\cos x$,

$$\frac{\partial^2 z}{\partial x \partial y} = 2\left[f_{11}''(-1) + f_{12}''\sin x\right] + f_2'\cos x + y\cos x\left[f_{21}''(-1) + f_{22}''\sin x\right]$$
$$= -2f_{11}'' + (2\sin x - y\cos x)f_{12}'' + \frac{1}{2}y\sin 2x f_{22}'' + \cos x f_2'。$$

例 19 设 $z = f(x+y, x-y, xy)$ 的二阶偏导连续,求 dz 和 z_{xy}''。

解 $dz = \dfrac{\partial z}{\partial x}dx + \dfrac{\partial z}{\partial y}dy = (f_1' + f_2' + yf_3')dx + (f_1' - f_2' + xf_3')dy$,

$$z_{xy}'' = \frac{\partial}{\partial y}(f_1' + f_2' + yf_3') = \frac{\partial}{\partial y}(f_{13}') + \frac{\partial}{\partial y}(f_{23}') + y\frac{\partial}{\partial y}(f_3') + f'$$
$$= f_{11}'' + (x+y)f_{13}'' - f_{22}'' + (x-y)f_{23}'' + f_3' + xyf_{33}''。$$

例 20 设 $z = xf\left(\dfrac{y}{x}\right) + yg\left(x, \dfrac{x}{y}\right)$,其中 f,g 均为二阶可微函数,求 $\dfrac{\partial^2 z}{\partial x \partial y}$。

解 $\dfrac{\partial z}{\partial x} = f + xf'\left(-\dfrac{y}{x^2}\right) + y\left(g_1' + \dfrac{1}{y}g_2'\right) = f - \dfrac{y}{x}f' + yg_1' + g_2'$,

$$\frac{\partial^2 z}{\partial x \partial y} = f'\left(\frac{1}{x}\right) - \frac{1}{x}f' - \frac{y}{x}f''\left(\frac{1}{x}\right) + g_1' + yg_{12}''\left(-\frac{x}{y^2}\right) + g_{22}''\left(-\frac{x}{y^2}\right)$$
$$= -\frac{y}{x^2}f'' + g_1' - \frac{x}{y}g_{12}'' - \frac{x}{y^2}g_{22}''。$$

例 21 设函数 $f(x,y)$ 的二阶偏导数连续,满足 $\dfrac{\partial^2 z}{\partial x \partial y} = 0$,且在极坐标下可表成 $f(x,y) = h(r)$,其中 $r = \sqrt{x^2+y^2}$,求 $f(x,y)$。

解 令 $x = r\cos\theta, y = r\sin\theta$,则 $\dfrac{\partial f}{\partial x} = h'(r) \cdot \dfrac{x}{r}$,

$$\frac{\partial^2 f}{\partial x \partial y} = h''(r) \frac{y}{r} \frac{x}{r} + h'(r)x \cdot \frac{-1}{r^2} \frac{y}{r} = xy\left(\frac{h''(r)}{r^2} - \frac{h'(r)}{r^3}\right).$$

由 $\dfrac{\partial^2 z}{\partial x \partial y} = 0$ 得 $\dfrac{h''(r)}{r^2} - \dfrac{h'(r)}{r^3} = 0$,即 $rh''(r) - h'(r) = 0$ 或 $\dfrac{h''(r)}{h'(r)} = \dfrac{1}{r}$,由此可解得

$h'(r) = c_1'r$,两边再积分可得 $h(r) = c_1 r^2 + c_2 (c_1, c_2$ 为任意常数)。因为 $f(x,y) = h(r)$,

所以 $f(x,y) = c_1(x^2 + y^2) + c_2$。

例 22 设一元函数 $u = f(r)$ 当 $0 < r < +\infty$ 时有连续的二阶导数,且 $f(1) = 0, f'(1) = 1$。又 $u = f(\sqrt{x^2 + y^2 + z^2})$ 满足方程 $\dfrac{\partial^2 u}{\partial x^2} + \dfrac{\partial^2 u}{\partial y^2} + \dfrac{\partial^2 u}{\partial z^2} = 0$。试求 $f(r)$ 的表达式。

解 令 $r = \sqrt{x^2 + y^2 + z^2}$,则 $\dfrac{\partial u}{\partial x} = f'(r)\dfrac{x}{r}$, $\dfrac{\partial^2 u}{\partial x^2} = f''(r)\dfrac{x^2}{r^2} + f'(r)\dfrac{r^2 - x^2}{r^3}$;

同理可求

$$\frac{\partial^2 u}{\partial y^2} = f''(r)\frac{y^2}{r^2} + f'(r)\frac{r^2 - y^2}{r^3}, \qquad \frac{\partial^2 u}{\partial z^2} = f''(r)\frac{z^2}{r^2} + f'(r)\frac{r^2 - z^2}{r^3}.$$

代入原方程,得 $f''(r) + \dfrac{2}{r}f'(r) = 0$,即 $\dfrac{f''(r)}{f'(r)} = -\dfrac{2}{r}$,所以 $\ln f'(r) = -2\ln r + \ln c_1$,即

$f'(r) = \dfrac{c_1}{r^2}$,所以 $f(r) = -\dfrac{c_1}{r} + c_2$。

因为 $f(1) = 0, f'(1) = 1$,代入 $f(r) = -\dfrac{c_1}{r} + c_2$,得 $f(r) = 1 - \dfrac{1}{r}$。

例 23 设 $u = f(x,y,z), \varphi(x^2, e^y, x) = 0, y = \sin x$,求 $\dfrac{\mathrm{d}u}{\mathrm{d}x}$。

解 三个方程,一个独立变量,本题为 x。三个方程两边同时对 x 求导可得

$$\frac{\mathrm{d}u}{\mathrm{d}x} = \frac{\partial f}{\partial x} + \frac{\partial f}{\partial y}\frac{\mathrm{d}y}{\mathrm{d}x} + \frac{\partial f}{\partial z}\frac{\mathrm{d}z}{\mathrm{d}x}, \qquad \frac{\mathrm{d}y}{\mathrm{d}x} = \cos x,$$

$\varphi(x^2, e^y, z) = 0$ 两边对 x 求偏导得

$$\varphi_1' \cdot 2x + \varphi_2' e^y \frac{\mathrm{d}y}{\mathrm{d}x} + \varphi_3' \frac{\mathrm{d}z}{\mathrm{d}x} = 0 \Rightarrow \frac{\mathrm{d}z}{\mathrm{d}x} = -\frac{2x\varphi_1' + e^y \varphi_2' \cos x}{\varphi_3'}.$$

所以 $\dfrac{\mathrm{d}u}{\mathrm{d}x} = \dfrac{\partial f}{\partial x} + \cos x \dfrac{\partial f}{\partial y} - \dfrac{2x\varphi_1' + e^y \varphi_2' \cos x}{\varphi_3'} \dfrac{\partial f}{\partial z}$。

例 24 设 $u = xy, v = \dfrac{x}{y}$,试以新变量 u, v 变换方程 $x^2 \dfrac{\partial^2 z}{\partial x^2} - y^2 \dfrac{\partial^2 z}{\partial y^2} = 0$,其中 z 对各

变量具有二阶连续的偏导数。

解 不妨设 $z = f(u,v)$,则 $\dfrac{\partial z}{\partial x} = yf_u + \dfrac{f_v}{y}, \dfrac{\partial z}{\partial y} = xf_u - \dfrac{xf_v}{y^2}$,

$$\frac{\partial^2 z}{\partial x^2} = y\left(yf_{uu} + \frac{1}{y}f_{uv}\right) + \frac{1}{y}\left(yf_{uv} + \frac{1}{y}f_{vv}\right) = y^2 f_{uu} + 2f_{uv} + \frac{1}{y^2}f_{vv},$$

$$\frac{\partial^2 z}{\partial y^2} = x\left(x f_{uu} - \frac{x}{y^2} f_{uv}\right) + \frac{2x}{y^3} f_v - \frac{x}{y^2}\left(x f_{uv} - \frac{x}{y^2} f_{vv}\right)$$

$$= x^2 f_{uu} - \frac{2x^2}{y^2} f_{uv} + \frac{x^2}{y^4} f_{vv} + \frac{2x}{y^3} f_v。$$

所以 $x^2 \dfrac{\partial^2 z}{\partial x^2} - y^2 \dfrac{\partial^2 z}{\partial y^2} = 4x^2 f_{uv} - \dfrac{2x}{y} f_v = 4uv f_{uv} - 2v f_v$，变换为新变量 u,v 所得方程为

$2uv f_{uv} - v f_v = 0$。

题型五　隐函数求偏导

例 25　设 $z = f(x,y)$ 是由方程 $e^{-xy} - 2z + e^z = 0$ 所确定的隐函数，试求 $\dfrac{\partial^2 z}{\partial x \partial y}$。

解　设 $F(x,y,z) = e^{-xy} - 2z + e^z$，则

$$F_x = -y e^{-xy}, \quad F_y = -x e^{-xy}, \quad F_z = e^z - 2。$$

当 $z \neq \ln 2$ 时，应用公式可得

$$\frac{\partial z}{\partial x} = \frac{y e^{-xy}}{e^z - 2}, \quad \frac{\partial z}{\partial y} = \frac{x e^{-xy}}{e^z - 2}。$$

再一次由 $\dfrac{\partial z}{\partial x}$ 对 y 求偏导数，得

$$\frac{\partial^2 z}{\partial x \partial y} = \frac{(e^{-xy} - xy e^{-xy})(e^z - 2) - y e^{-xy} e^z \dfrac{\partial z}{\partial y}}{(e^z - 2)^2}$$

$$= \frac{(e^{-xy} - xy e^{-xy})(e^z - 2) - y e^{-xy} e^z \dfrac{x e^{-xy}}{e^z - 2}}{(e^z - 2)^2}$$

$$= \frac{(e^{-xy} - xy e^{-xy})(e^z - 2)^2 - y e^{-xy} e^z x e^{-xy}}{(e^z - 2)^3}$$

$$= \frac{e^{-xy}\left[(1 - xy)(e^z - 2)^2 - xy e^{z - xy}\right]}{(e^z - 2)^3}。$$

例 26　求由方程 $F(y - x, yz) = 0$ 所确定的函数 $z = z(x,y)$ 的偏导数，其中 F_1'，F_2' 均连续且 $F_2' \neq 0$。

解　把原方程两边对 x,y 分别求偏导，并注意 $z = z(x,y)$，由链式法则得

$$F_1' \cdot (-1) + F_2' \cdot y \frac{\partial z}{\partial x} = 0，$$

$$F_1' + F_2'\left(z + y \frac{\partial z}{\partial y}\right) = 0。$$

解得

$$\frac{\partial z}{\partial x} = \frac{F_1'}{y F_2'}, \quad \frac{\partial z}{\partial y} = -\frac{F_1' + z F_2'}{y F_2'}。$$

例 27　设函数 $\begin{cases} u^3 + xv = y, \\ v^3 + yu = x, \end{cases}$ 求 $\dfrac{\partial u}{\partial x}, \dfrac{\partial u}{\partial y}, \dfrac{\partial v}{\partial x}$ 及 $\dfrac{\partial v}{\partial y}$。

解   将方程组两边对 x 求偏导数,得

$$\begin{cases} 3u^2 \dfrac{\partial u}{\partial x} + v + x \dfrac{\partial v}{\partial x} = 0, \\[2mm] 3v^2 \dfrac{\partial v}{\partial x} + y \dfrac{\partial u}{\partial x} = 1。 \end{cases}$$

解得

$$\frac{\partial u}{\partial x} = -\frac{3v^3 + x}{9u^2 v^2 - xy}, \quad \frac{\partial v}{\partial x} = \frac{3u^2 + vy}{9u^2 v^2 - xy}。$$

同理可得

$$\frac{\partial u}{\partial y} = \frac{3v^2 + ux}{9u^2 v^2 - xy}, \quad \frac{\partial v}{\partial y} = -\frac{3u^3 + y}{9u^2 v^2 - xy}。$$

题型六   偏导数的几何应用

例 28   求曲线 $x = t, y = t^2, z = \mathrm{e}^t$ 在点 $(1,1,\mathrm{e})$ 处的切线及法平面方程。

解   点 $(1,1,\mathrm{e})$ 所对应的参数为 $t = 1$,又

$$\frac{\mathrm{d}x}{\mathrm{d}t} = 1, \quad \frac{\mathrm{d}y}{\mathrm{d}t} = 2t, \quad \frac{\mathrm{d}z}{\mathrm{d}t} = \mathrm{e}^t,$$

当 $t = 1$ 时,切线的方向向量为 $\vec{s} = (1, 2, \mathrm{e})$,故所求切线方程为

$$\frac{x-1}{1} = \frac{y-1}{2} = \frac{z-\mathrm{e}}{\mathrm{e}},$$

法平面方程为

$$x + 2y + \mathrm{e}z - 3 - \mathrm{e}^2 = 0。$$

例 29   求球面 $x^2 + y^2 + z^2 - 4 = 0$ 与圆柱面 $x^2 + y^2 - 2x = 0$ 的交线 Γ 在点 $P_0(1, 1, \sqrt{2})$ 处的切线方程与法平面方程。

解   对两个曲面方程式两端求全微分,得

$$2x\,\mathrm{d}x + 2y\,\mathrm{d}y + 2z\,\mathrm{d}z = 0, \quad 2x\,\mathrm{d}x + 2y\,\mathrm{d}y - 2\,\mathrm{d}x = 0。$$

在点 $P_0(1, 1, \sqrt{2})$ 处,有

$$\begin{cases} 2\,\mathrm{d}x + 2\,\mathrm{d}y + 2\sqrt{2}\,\mathrm{d}z = 0, \\[1mm] 2\,\mathrm{d}x + 2\,\mathrm{d}y - 2\,\mathrm{d}x = 0, \end{cases}$$

解得

$$\frac{\mathrm{d}y}{\mathrm{d}x} = 0, \quad \frac{\mathrm{d}z}{\mathrm{d}x} = \frac{-1}{\sqrt{2}}。$$

于是 Γ 在点 P_0 的切向量为 $\vec{s} = \left(1, 0, -\dfrac{1}{\sqrt{2}}\right)$。 从而求得所求切线方程为

$$\frac{x-1}{1} = \frac{y-1}{0} = \frac{z-\sqrt{2}}{-\dfrac{1}{\sqrt{2}}},$$

即

$$\begin{cases} \dfrac{x-1}{-\sqrt{2}} = z - 2, \\[2mm] y = 0; \end{cases}$$

法平面方程为

$$(x-1)-\frac{1}{\sqrt{2}}(z-\sqrt{2})=0, \quad 即 \sqrt{2}\,x-z=0。$$

例 30 求椭球面 $x^2+2y^2+3z^2=6$ 在点$(1,1,1)$处的切平面及法线方程。

解 设 $F(x,y,z)=x^2+2y^2+3z^2-6$,则 $\boldsymbol{n}=(F_x,F_y,F_z)=(2x,4y,6z)$, $\boldsymbol{n}\big|_{(1,1,1)}=(2,4,6)$,所以在点$(1,1,1)$处此曲面的切平面方程为

$$2(x-1)+4(y-2)+6(z-3)=0,即 x+2y+3z-14=0;$$

法线方程为 $\dfrac{x-1}{1}=\dfrac{y-1}{2}=\dfrac{z-1}{3}$。

例 31 求旋转抛物面 $z=x^2+y^2-1$ 在点$(2,1,4)$处的切平面及法线方程。

解 设 $f(x,y)=x^2+y^2-1$,则 $\vec{n}=(f_x,f_y,-1)=(2x,2y,-1)$,故 $\vec{n}\big|_{(2,1,4)}=(4,2,-1)$。

所以在点$(2,1,4)$处的切平面方程为

$$4(x-2)+2(y-1)-(z-4)=0,即 4x+2y-z-6=0;$$

法线方程为 $\dfrac{x-2}{4}=\dfrac{y-1}{2}=\dfrac{z-4}{-1}$。

例 32 求过直线 $L:\begin{cases}3x-2y-z=5,\\x+y+z=0\end{cases}$ 且与曲面 $2x^2-2y^2+2z=\dfrac{5}{8}$ 相切的切平面方程。

解 过直线 L 的平面束方程为

$3x-2y-z-5+\lambda(x+y+z)=0$,即 $(3+\lambda)x+(\lambda-2)y+(\lambda-1)z=5$,其法向量为 $(3+\lambda,\lambda-2,\lambda-1)$。

设 $F(x,y,z)=2x^2-2y^2+2z-\dfrac{5}{8}$,则曲面 $2x^2-2y^2+2z=\dfrac{5}{8}$ 的切平面法向量由 $(F_x,F_y,F_z)=(4x,-4y,2)$ 决定,设该曲面与所求平面相切点为(x_0,y_0,z_0),则有

$$\begin{cases}\dfrac{3+\lambda}{4x_0}=\dfrac{\lambda-2}{-4y_0}=\dfrac{\lambda-1}{2}=t, & (1)\\[2mm](3+\lambda)x_0+(\lambda-2)y_0+(\lambda-1)z_0-5=0, & (2)\\[2mm]2x_0^2-2y_0^2+2z_0=\dfrac{5}{8}。 & (3)\end{cases}$$

由(1)式及(2)式解得 $\begin{cases}x_0=\dfrac{2+t}{2t},\\[2mm]y_0=-\dfrac{2t-1}{4t},\\[2mm]z_0=-\dfrac{15}{8t^2},\end{cases}$ 代入(3)式得 $t^2-4t+3=0$,解得 $t_1=1,t_2=3$,代

入(1)式得 $\lambda_1=3,\lambda_2=7$。故所求切平面方程为

$$3x-2y-z-5+3(x+y+z)=0 \ 或 \ 3x-2y-z-5+7(x+y+z)=0。$$

例 33 设 $\vec{n}$ 是曲面 $z=x^2+\dfrac{y^2}{2}$ 在点 $P(1,2,3)$ 处指向外侧的法向量,求函数 $u=$

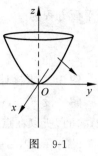

图 9-1

$\sqrt{\dfrac{3x^2+3y^2+z^2}{x}}$ 在 P 点处沿方向 $\vec{n}$ 的方向导数。

解 设 $F(x,y,z)=x^2+\dfrac{y^2}{2}-z$，则 $F_x=2x$，$F_y=y$，$F_z=-1$，

$F_x|_P=2$，$F_y|_P=2$，$F_z|_P=-1$，如图 9-1 容易看出 $\vec{n}$ 与 z 正方向的夹

角为钝角，其 z 轴坐标为负，所以 $\vec{n}=(2,2,-1)$，$\dfrac{\vec{n}}{|\vec{n}|}=\left(\dfrac{2}{3},\dfrac{2}{3},\dfrac{-1}{3}\right)$。

$$\frac{\partial u}{\partial x}=\frac{1}{2}\left(\frac{3x^2+3y^2+z^2}{x}\right)^{-\frac{1}{2}}\frac{3x^2-3y^2-z^2}{x^2},\quad \frac{\partial u}{\partial x}\bigg|_P=-\frac{3}{4}\sqrt{6};$$

$$\frac{\partial u}{\partial y}=\frac{1}{2}\left(\frac{3x^2+3y^2+z^2}{x}\right)^{-\frac{1}{2}}\frac{6y}{x},\quad \frac{\partial u}{\partial y}\bigg|_P=\frac{1}{2}\sqrt{6};$$

$$\frac{\partial u}{\partial z}=\frac{1}{2}\left(\frac{3x^2+3y^2+z^2}{x}\right)^{-\frac{1}{2}}\frac{2z}{x},\quad \frac{\partial u}{\partial z}\bigg|_P=\frac{1}{4}\sqrt{6}。$$

所以 $\dfrac{\partial u}{\partial l}\bigg|_P=-\dfrac{3}{4}\sqrt{6}\times\dfrac{2}{3}+\dfrac{\sqrt{6}}{2}\times\dfrac{2}{3}-\dfrac{\sqrt{6}}{4}\times\dfrac{1}{3}=-\dfrac{\sqrt{6}}{4}$。

例 34 求常数 a,b,c 的值，使函数 $f(x,y,z)=axy^2+byz+cx^3z^2$ 在点 $M(1,2,-1)$

处沿 z 轴正向的方向导数有最大值 64。

解 由梯度定义知 $\operatorname{grad}f(1,2,-1)=(f_x,f_y,f_z)|_{(1,2,-1)}=(4a+3c,4a-b,2b-2c)$。因为沿 z 轴正向，所以 $\operatorname{grad}f(1,2,-1)=(0,0,1)$，于是

$$\begin{cases}4a+3c=0,\\4a-b=0,\\2b-2c=t>0,\end{cases}\quad\text{即}\quad\begin{cases}c=-\dfrac{4a}{3},\\b=4a,\\2b-2c=t>0。\end{cases}\tag{1}$$

由方向导数有最大值 64，可得 $|\operatorname{grad}f(1,2,-1)|=64$，从而 $\sqrt{(2b-2c)^2}=64$ 代入方程组 (1) 可解得 $a=6,b=24,c=-8$。

题型七 求多元函数极值最值

例 35 求函数 $f(x,y)=3axy-x^3-y^3$ 的极值。

解 方程两边同时 x,y 求导，令其为零得

$$\begin{cases}f_x(x,y)=3ay-3x^2=0,\\f_y(x,y)=3ax-3y^2=0,\end{cases}$$

求得驻点为 $(0,0)$，(a,a)。

再求出二阶偏导数

$$f_{xx}(x,y)=-6x,\quad f_{xy}(x,y)=3a,\quad f_{yy}(x,y)=-6y。$$

在点 $(0,0)$ 处，$AC-B^2=-9a^2<0$，所以 $(0,0)$ 不是极值点；在点 (a,a) 处，$AC-B^2=27a^2>0$，又 $A<0$，因此 $f(a,a)=a^3$ 为极大值。

例 36 求曲面方程 $x^2+y^2+z^2-2x+2y-4z-10=0$ 确定的函数 $z=f(x,y)$ 的极值。

解 方程 $x^2+y^2+z^2-2x+2y-4z-10=0$ 两边同时 x,y 求导得

$$\begin{cases} 2x+2zz_x-2-4z_x=0, \\ 2y+2zz_y+2-4z_y=0。 \end{cases}$$

令 $z_x=0,z_y=0$ 解得 $x=1,y=-1$,即 $P(1,-1)$ 为驻点,将 $x=1,y=-1$ 代入原式,解得 $z_1=-2,z_2=6$。

设 $A=z_{xx}|_P=\dfrac{1}{2-z},C=z_{yy}|_P=\dfrac{1}{2-z},B=z_{xy}|_P=0$,因为 $AC-B^2=z_{xx}\cdot z_{yz}-(z_{xy})^2=\dfrac{1}{(2-z)^2}>0\quad(z\neq 2)$,所以极值存在。

在点 $(1,-1,-2)$ 处,$A=z_{xx}|_{z_1=-2}=\dfrac{1}{4}>0$ 取极小值,极小值为 $z=f(1,-1)=-2$。

在点 $(1,-1,6)$ 处,$A=z_{xx}|_{z_1=6}=-\dfrac{1}{4}<0$ 取极大值,极大值为 $z=f(1,-1)=6$。

例 37 证明:函数 $z=f(x,y)=(1+e^y)\cos x-ye^y$ 有无穷多个极大值,但无极小值。

证明 $f_x=(1+e^y)(-\sin x),f_y=(\cos x-1-y)e^y$。

令 $\begin{cases} f_x=0, \\ f_y=0, \end{cases}$ 得驻点 $(x_n,y_n)=(n\pi,\cos n\pi-1),n\in \mathbf{Z}$。

$A=f_{xx}=-(1+e^y)\cos x,C=f_{yy}=(\cos x-2-y)e^y,B=f_{xy}=-e^y\sin x$。

当 n 为偶数时,$f_{xx}f_{yy}-f_{xy}^2=2>0$,故极值存在。因为 $f_{xx}=-2<0$,故 f 在 $(2k\pi,0)$ 上取极大值。

当 n 为奇数时 $f_{xx}f_{yy}-f_{xy}^2=-(1+e^{-2})e^{-2}<0$,因此这时无极值。

所以函数 $z=f(x,y)=(1+e^y)\cos x-ye^y$ 有无穷多个极大值,但无极小值。

例 38 已知 $u=ax^2+by^2+cz^2$,其中 $a>0,b>0,c>0$。求在条件 $x+y+z=1$ 下的最小值。

解 解法 1 运用拉格朗日乘数法,构造函数
$$L=ax^2+by^2+cz^2+\lambda(x+y+z-1)。$$
求 L 的所有一阶偏导数,并令其等于零

$$\begin{cases} L_x=2ax+\lambda=0, \\ L_y=2by+\lambda=0, \\ L_z=2cz+\lambda=0, \\ L_\lambda=x+y+z-1=0, \end{cases}$$

解得

$$x=\frac{bc}{ab+bc+ca}, \quad y=\frac{ca}{ab+bc+ca}, \quad z=\frac{ab}{ab+bc+ca}。$$

显然 f 存在最小值,而驻点唯一,故该点即为最小值点,因此最小值为

$$u_{\min}=a\left(\frac{bc}{ab+bc+ca}\right)^2+b\left(\frac{ca}{ab+bc+ca}\right)^2+c\left(\frac{ab}{ab+bc+ca}\right)^2=\frac{abc}{ab+bc+ca}。$$

解法 2 把条件极值问题转化为无条件极值。条件 $x+y+z=1$ 相当于 $z=1-x-y$,

代入目标函数得 $F=ax^2+by^2+c(1-x-y)^2$，因此可用二元函数极值充分条件来判断。事实上

$$F_{xx}=2a+2c,\quad F_{yy}=2b+2c,\quad F_{xy}=-2c,$$

$$F_{xx}F_{yy}-(F_{xy})^2=4(a+c)(b+c)-4c^2>0,\quad F_{xx}>0,$$

所以，稳定点为极小值点，显然 u 没有最大值，故该点必为最小值点。

例 39　求函数 $z=2x^2+y^2-8x-2y+9$ 在 $D:2x^2+y^2\leqslant 1$ 上的最大值和最小值。

解　$z_x=4x-8$，$z_y=2y-2$，令其为零得 $x=2$，$y=1$。因点 $(2,1)\notin D$，故 z 在 D 上的最大最小值只能在 D 的边界 $2x^2+y^2=1$ 上取到。于是问题转化为：

求 $z=2x^2+y^2-8x-2y+9$ 在条件 $2x^2+y^2=1$ 下的最大最小值。

构造拉格朗日函数 $L=-8x-2y+10-\lambda(2x^2+y^2-1)$，求 L 的所有偏导数，并令其等于零得

$$\begin{cases}-8-4\lambda x=0,\\-2-2\lambda y=0,\\2x^2+y^2-1=0,\end{cases}$$

解得 $x=\dfrac{2}{3}$，$y=\dfrac{1}{3}$，或 $x=-\dfrac{2}{3}$，$y=-\dfrac{1}{3}$，代入得 $z_{\max}=16$，$z_{\min}=4$。

例 40　求二元函数 $z=f(x,y)=x^2y(4-x-y)$ 在直线 $x+y=6$，x 轴和 y 轴所围成的闭域 D 上的最大值与最小值。

解　先求函数在区域内的驻点

$$f_x=2xy(4-x-y)-x^2y,\quad f_y=x^2(4-x-y)-x^2y,$$

令其为零解得

$$\begin{cases}x=0,\\y\in[0,6];\end{cases}\quad\begin{cases}x=4,\\y=0;\end{cases}\quad\begin{cases}x=2,\\y=1.\end{cases}$$

在 D 内只有驻点 $(2,1)$，此时 $f(2,1)=4$。

再求函数 $f(x,y)$ 在 D 的边界上的最值，此时相当于条件极值问题。

在边界 $x=0(0\leqslant y\leqslant 6)$ 和 $y=0(0\leqslant x\leqslant 6)$，$f(x,y)=0$；

在边界 $x+y=6$ 上，将 $y=6-x$ 代入得 $f(x,y)=x^2(6-x)(-2)=2x^2(x-6)$，令

$$f'=6x^2-24x=0,\text{得}\begin{cases}x=0,\text{这时 }y=6,\\x=4,\text{这时 }y=2,\end{cases}$$

$f(0,4)=0$，$f(4,2)=-64$。比较极值与边界值可得最大值为 $f(2,1)=4$，最小值为 $f(4,2)=-64$。

例 41　在椭球面 $\dfrac{x^2}{a^2}+\dfrac{y^2}{b^2}+\dfrac{z^2}{c^2}=1(x>0,y>0,z>0)$ 上找一点，使过该点的切平面与三坐标平面所围成的四面体的体积最小。

解　设 (x_0,y_0,z_0) 为椭球面上在第一卦限的一点，过此点的切平面方程为

$$\frac{2x_0}{a^2}(x-x_0)+\frac{2y_0}{b^2}(y-y_0)+\frac{2z_0}{c^2}(z-z_0)=0,$$

化为截距式方程得

$$\frac{x}{\dfrac{x_0}{a^2}}+\frac{y}{\dfrac{y_0}{b^2}}+\frac{z}{\dfrac{z_0}{c^2}}=1,$$

此切平面与坐标面围成四面体的体积为 $V=\dfrac{1}{6}\dfrac{(abc)^2}{x_0y_0z_0}$。（下面去掉下标0）

即要求函数 $V=\dfrac{1}{6}\dfrac{(abc)^2}{xyz}$ 满足条件 $\dfrac{x^2}{a^2}+\dfrac{y^2}{b^2}+\dfrac{z^2}{c^2}=1(x>0,y>0,z>0)$ 的最小值,只需

求 $f(x,y,z)=xyz$ 满足条件 $\dfrac{x^2}{a^2}+\dfrac{y^2}{b^2}+\dfrac{z^2}{c^2}=1(x>0,y>0,z>0)$ 的最大值。

由拉格朗日乘数法,只需求以下函数的驻点:

$$F(x,y,z,\lambda)=xyz+\lambda\left(\frac{x^2}{a^2}+\frac{y^2}{b^2}+\frac{z^2}{c^2}-1\right)。$$

$$
\begin{cases}
F_x=yz+\lambda\dfrac{2x}{a^2}=0, & (1)\\[2mm]
F_y=xz+\lambda\dfrac{2y}{b^2}=0, & (2)\\[2mm]
F_z=xy+\lambda\dfrac{2z}{c^2}=0, & (3)\\[2mm]
\dfrac{x^2}{a^2}+\dfrac{y^2}{b^2}+\dfrac{z^2}{c^2}=1, & (4)
\end{cases}
$$

$(1)\times x+(2)\times y+(3)\times z$ 得 $3xyz+2\lambda=0$,由此得 $x^2=\dfrac{a^2}{3},y^2=\dfrac{b^2}{3},z^2=\dfrac{c^2}{3}$,所以 $x=\dfrac{\sqrt{3}}{3}a,y=\dfrac{\sqrt{3}}{3}b,z=\dfrac{\sqrt{3}}{3}c$,故当 $x=\dfrac{\sqrt{3}}{3}a,y=\dfrac{\sqrt{3}}{3}b,z=\dfrac{\sqrt{3}}{3}c$ 时,有最小体积,最小体积为 $\dfrac{\sqrt{3}}{2}abc$。

9.3 同步训练

（一）填空题

1. 设函数 $z=z(x,y)$ 由方程 $z=\mathrm{e}^{2x-3z}+2y$ 确定,则 $3\dfrac{\partial z}{\partial x}+\dfrac{\partial z}{\partial y}=$ _____。

2. 已知理想气体状态方程为 $PV=RT$,则 $\dfrac{\partial P}{\partial V}\cdot\dfrac{\partial V}{\partial T}\cdot\dfrac{\partial T}{\partial P}=$ _____。

3. 设 $u=\mathrm{e}^{-x}\sin\dfrac{x}{y}$,则 $\dfrac{\partial^2 u}{\partial x\partial y}$ 在点 $\left(2,\dfrac{1}{\pi}\right)$ 处的值为 _____。

4. 设 $z=\ln\sqrt{x^2+y^2}+\arctan\dfrac{x+y}{x-y}$,则 $\mathrm{d}z=$ _____。

5. 设 $z=\dfrac{1}{x}f(xy)+y\varphi(x+y)$,$f,\varphi$ 具有二阶连续的导数,则 $\dfrac{\partial^2 z}{\partial x\partial y}=$ _____。

6. 函数 $u=x\sqrt{\dfrac{x}{y}}$ 在点 $(1,1)$ 的梯度为 _____。

7. 由方程 $xyz+\sqrt{x^2+y^2+z^2}=\sqrt{2}$ 所确定的函数 $z=z(x,y)$ 在点 $(1,0,-1)$ 处的全微分 $\mathrm{d}z=$ _____。

8. 已知 $\dfrac{x}{z}=\varphi\left(\dfrac{y}{z}\right)$，其中 φ 为可微函数，则 $x\dfrac{\partial z}{\partial x}+y\dfrac{\partial z}{\partial y}=$ _____。

9. 设函数 $f(u,v)$ 由关系式 $f[xg(y),y]=x+g(y)$ 确定，其中函数 $g(y)$ 可微，且 $g(y)\neq 0$，则 $\dfrac{\partial^2 f}{\partial u\partial v}=$ _____。

10. 已知曲面 $z=xy$ 上的点 P 处的法线 l 平行于直线 $l_1:\dfrac{x-6}{2}=\dfrac{y-3}{-1}=\dfrac{2z-1}{2}$，则该法线方程为 _____。

11. 设二元函数 $z=x\mathrm{e}^{x+y}+(x+1)\ln(1+y)$，则 $\mathrm{d}z\big|_{(1,0)}=$ _____。

12. 设函数 $u(x,y,z)=1+\dfrac{x^2}{6}+\dfrac{y^2}{12}+\dfrac{z^2}{18}$，单位向量 $\vec{n}=\dfrac{1}{\sqrt{3}}(1,1,1)$，则 $\dfrac{\partial u}{\partial \vec{n}}\bigg|_{(1,2,3)}=$ _____。

13. 曲面 $z=x^2+y^2$ 与平面 $2x+4y-z=0$ 平行的切平面方程是 _____。

14. 设函数 $f(u,v)$ 具有二阶连续的偏导数，$z=f(x,xy)$，则 $\dfrac{\partial^2 z}{\partial x\partial y}=$ _____。

15. 曲线 $\sin(xy)+\ln(x-y)=x$ 在点 $(0,1)$ 处的切线方程为 _____。

16. 设 $f(u,v)$ 为可微函数，$z=f(x^y,y^x)$，则 $\dfrac{\partial z}{\partial x}=$ _____。

17. 若函数 $z=z(x,y)$ 由方程 $\mathrm{e}^z+xyz+x+\cos x=2$ 确定，则 $\mathrm{d}z\big|_{(0,1)}=$ _____。

18. 若函数 $z=z(x,y)$ 由方程 $\mathrm{e}^{x+2y+3z}+xyz=1$ 确定，则 $\mathrm{d}z\big|_{(0,0)}=$ _____。

19. 设函数 $f(u,v)$ 可微，$z=z(x,y)$ 由方程 $(x+1)z-y^2=x^2 f(x-z,y)$ 确定，则 $\mathrm{d}z\big|_{(0,1)}=$ _____。

（二）选择题

1. 设函数 $u(x,y)=\varphi(x+y)+\varphi(x-y)+\displaystyle\int_{x-y}^{x+y}\psi(t)\mathrm{d}t$，其中函数 φ 具有二阶导数，ψ 具有一阶导数，则必有（　　）。

A. $\dfrac{\partial^2 u}{\partial x^2}=-\dfrac{\partial^2 u}{\partial y^2}$　　　　　　　　B. $\dfrac{\partial^2 u}{\partial x^2}=\dfrac{\partial^2 u}{\partial y^2}$

C. $\dfrac{\partial^2 u}{\partial x\partial y}=\dfrac{\partial^2 u}{\partial y^2}$　　　　　　　　D. $\dfrac{\partial^2 u}{\partial x\partial y}=\dfrac{\partial^2 u}{\partial x^2}$

2. 二元函数 $f(x,y)$ 在点 (x_0,y_0) 处的两个偏导数 $f'_x(x_0,y_0)$，$f'_y(x_0,y_0)$ 存在是 $f(x,y)$ 在该点连续的（　　）。

A. 充分条件而非必要条件　　　　　　B. 必要条件而非充分条件
C. 充分必要条件　　　　　　　　　　D. 既非充分条件又非必要条件

3. 已知 $\dfrac{(x+ay)\mathrm{d}x+y\mathrm{d}y}{(x+y)^2}$ 为某函数的全微分，则 a 等于（　　）。

A. -1　　　　　　B. 0　　　　　　C. 1　　　　　　D. 2

4. 二元函数 $f(x,y)=\begin{cases}\dfrac{xy}{x^2+y^2}, & (x,y)\neq(0,0),\\[2mm] 0, & (x,y)=(0,0)\end{cases}$ 在点 $(0,0)$ 处(　　)。

  A. 连续、偏导数存在   B. 连续、偏导数不存在

  C. 不连续、偏导数存在   D. 不连续、偏导数不存在

5. 设可微函数 $f(x,y)$ 在点 (x_0,y_0) 处取得极小值,则下列结论正确的是(　　)。

  A. $f(x_0,y)$ 在 $y=y_0$ 处的导数等于零

  B. $f(x_0,y)$ 在 $y=y_0$ 处的导数大于零

  C. $f(x_0,y)$ 在 $y=y_0$ 处的导数小于零

  D. $f(x_0,y)$ 在 $y=y_0$ 处的导数不存在

6. 设 $f(x,y)$ 在点 $(0,0)$ 的某个邻域内有定义,且 $f_x(0,0)=3$,$f_y(0,0)=1$,则下列结论正确的是(　　)。

  A. $\mathrm{d}z\,|_{(0,0)}=3\mathrm{d}x+\mathrm{d}y$

  B. 曲面 $z=f(x,y)$ 在点 $(0,0,f(0,0))$ 处的法向量为 $\{3,1,1\}$

  C. 曲线 $\begin{cases}z=f(x,y),\\ y=0\end{cases}$ 在点 $(0,0,f(0,0))$ 处的切向量为 $\{1,0,3\}$

  D. 曲线 $\begin{cases}z=f(x,y),\\ y=0\end{cases}$ 在点 $(0,0,f(0,0))$ 处的切向量为 $\{3,0,1\}$

7. 设函数 $z=z(x,y)$ 由方程 $F\left(\dfrac{y}{x},\dfrac{z}{x}\right)=0$ 确定,其中 F 为可微函数,且 $F_2'\neq0$,则 $x\dfrac{\partial z}{\partial x}+y\dfrac{\partial z}{\partial y}=$(　　)。

  A. x B. z C. $-x$ D. $-z$

8. 函数 $f(x,y)=\arctan\dfrac{x}{y}$ 在点 $(0,1)$ 处的梯度等于(　　)。

  A. $\boldsymbol{i}$ B. $-\boldsymbol{i}$ C. $\boldsymbol{j}$ D. $-\boldsymbol{j}$

9. 设 $f(x,y),\varphi(x,y)$ 均为可微函数,且 $\varphi_y(x,y)\neq0$,已知 (x_0,y_0) 是 $f(x,y)$ 在约束条件 $\varphi(x,y)=0$ 下的一个极值点,下列选项正确的是(　　)。

  A. 若 $f_x(x_0,y_0)=0$,则 $f_y(x_0,y_0)=0$

  B. 若 $f_x(x_0,y_0)=0$,则 $f_y(x_0,y_0)\neq0$

  C. 若 $f_x(x_0,y_0)\neq0$,则 $f_y(x_0,y_0)=0$

  D. 若 $f_x(x_0,y_0)\neq0$,则 $f_y(x_0,y_0)\neq0$

10. 设函数 $f(u,v)$ 满足 $f\left(x+y,\dfrac{y}{x}\right)=x^2-y^2$,则 $\dfrac{\partial f}{\partial u}\Big|_{\substack{u=1\\v=1}}$,$\dfrac{\partial f}{\partial v}\Big|_{\substack{u=1\\v=1}}$ 依次是(　　)。

  A. $\dfrac{1}{2},0$ B. $0,\dfrac{1}{2}$ C. $-\dfrac{1}{2},0$ D. $0,-\dfrac{1}{2}$

11. 已知函数 $f(x,y)=\dfrac{\mathrm{e}^x}{x-y}$,则(　　)。

  A. $f_x-f_y=0$ B. $f_x+f_y=0$ C. $f_x-f_y=f$ D. $f_x+f_y=y$

12. 函数 $f(x,y,z)=x^2 y+z^2$ 在点 $(1,2,0)$ 处沿向量 $\vec{n}=(1,2.2)$ 的方向导数为(   )。

    A. 12   B. 6   C. 4   D. 2

（三）计算题

1. 设 $z=f(x^2-y^2,\mathrm{e}^{xy})$，其中 f 具有连续一阶的偏导数，求 $\dfrac{\partial z}{\partial x},\dfrac{\partial z}{\partial y}$。

2. 设 $z=f(\mathrm{e}^x\sin y,x^2+y^2)$，其中 f 具有二阶连续的偏导数，求 $\dfrac{\partial^2 z}{\partial x\partial y}$。

3. 设 $z=f\left(xy,\dfrac{x}{y}\right)+g\left(\dfrac{y}{x}\right)$，其中 f 具有二阶连续偏导数，其中 g 具有二阶连续导数，求 $\dfrac{\partial^2 z}{\partial x\partial y}$。

4. 设函数 $z=f(x,y)$ 在点 $(1,1)$ 处可微，且 $f(1,1)=1,\left.\dfrac{\partial f}{\partial x}\right|_{(1,1)}=2,\left.\dfrac{\partial f}{\partial y}\right|_{(1,1)}=3$，$\varphi(x)=f(x,f(x,x))$，求 $\left.\dfrac{\mathrm{d}}{\mathrm{d}x}\varphi^3(x)\right|_{x=1}$。

5. 设 $y=y(x),z=z(x)$ 是由方程 $z=xf(x+y)$ 和 $F(x,y,z)=0$ 所确定的函数，其中 f 和 F 分别具有一阶连续的导数和一阶连续的偏导数，求 $\dfrac{\mathrm{d}z}{\mathrm{d}x}$。

6. 设 $u=f(x,y,z),\varphi(x^2,\mathrm{e}^y,z)=0,y=\sin x$，其中 f,φ 都具有一阶连续偏导数，且 $\dfrac{\partial\varphi}{\partial z}\neq0$，求 $\dfrac{\mathrm{d}u}{\mathrm{d}x}$。

7. 设函数 $f(u)$ 具有二阶连续导数，而 $z=f(\mathrm{e}^x\sin y)$ 满足方程 $\dfrac{\partial^2 z}{\partial x^2}+\dfrac{\partial^2 z}{\partial y^2}=\mathrm{e}^{2x}z$，求 $f(u)$。

8. 设 $f(u)$ 具有二阶连续的导数，且 $g(x,y)=f\left(\dfrac{y}{x}\right)+yf\left(\dfrac{x}{y}\right)$，求 $x^2\dfrac{\partial^2 g}{\partial x^2}-y^2\dfrac{\partial^2 g}{\partial y^2}$。

9. 设函数 $u=f(x,y,z)$ 有连续的偏导数，且 $z=z(x,y)$ 由方程 $x\mathrm{e}^x-y\mathrm{e}^y=z\mathrm{e}^z$ 所确定，求 $\mathrm{d}u$。

10. 设 $u=f(x,y,z)$ 有连续的一阶偏导数，又函数 $y=y(x)$ 及 $z=z(x)$ 分别由下列两式确定：$\mathrm{e}^{xy}-xy=2$ 和 $\mathrm{e}^x=\displaystyle\int_0^{x-z}\dfrac{\sin t}{t}\mathrm{d}t$，求 $\dfrac{\mathrm{d}u}{\mathrm{d}x}$。

11. 若可微函数 $f(x,y)$ 对任意 x,y,t 满足 $f(tx,ty)=t^2 f(x,y)$，$P_0(1,-2,2)$ 是曲面 $z=f(x,y)$ 上的一点，且 $f_x(1,-2)=4$，求曲面在 P_0 处的切平面方程。

12. 求抛物线 $y=x^2$ 到直线 $x-y-2=0$ 间的最短距离。

13. 已知 x,y,z 为常数，且 $\mathrm{e}^x+y^2+|z|=3$，求证：$\mathrm{e}^x y^2|z|\leqslant1$。

14. 求函数 $f(x,y)=x^2+2y^2-x^2 y^2$ 在区域 $D=\{(x,y)|x^2+y^2\leqslant4,y\geqslant0\}$ 上的最大值和最小值。

15. 求椭球面 $\dfrac{x^2}{a^2}+\dfrac{y^2}{b^2}+\dfrac{x^2}{c^2}=1$ 与平面 $lx+my+nz=0$ 相交形成的椭圆的面积。

16. 设直线 $\begin{cases} x+y+b=0, \\ x+ay-z-3=0 \end{cases}$ 在平面 Π 上,而平面 Π 与曲面 $z=x^2+y^2$ 相切于点 $P(1,-2,5)$,求 a,b 的值。

17. 已知函数 $f(x,y)=x+y+xy$,曲线 $C:x^2+y^2+xy=3$,求 $f(x,y)$ 在曲线上的最大方向导数。

18. 已知函数 $f(x,y)$ 满足 $f_{xy}(x,y)=2(y+1)\mathrm{e}^x$,$f_x(x,0)=(x+1)\mathrm{e}^x$,$f(0,y)=y^2+2y$,求 $f(x,y)$ 的极值。

19. 已知函数 $z=z(x,y)$ 由方程 $(x^2+y^2)z+\ln z+2(x+y+1)=0$ 确定,求函数 $z=z(x,y)$ 的极值。

20. 设函数 $f(u,v)$ 具有二阶连续偏导数,$y=f(\mathrm{e}^x,\cos x)$,求 $\dfrac{\mathrm{d}y}{\mathrm{d}x}\Big|_{x=0}$,$\dfrac{\mathrm{d}^2y}{\mathrm{d}x^2}\Big|_{x=0}$。

21. 已知函数 $u(x,y)$ 满足 $2\dfrac{\partial^2 u}{\partial x^2}-2\dfrac{\partial^2 u}{\partial y^2}+3\dfrac{\partial u}{\partial x}+3\dfrac{\partial u}{\partial y}=0$,求 a,b 的值,使得在变换 $u(x,y)=v(x,y)\mathrm{e}^{ax+by}$ 下,上述等式可化为 $v(x,y)$ 不含一阶偏导数的等式。

22. 将长为 2m 的铁丝分成三段,依次围成圆、正方形与正三角形。三个图形的面积之和是否存在最小值? 若存在,求出最小值。

23. 设 a,b 为实数,函数 $z=2+ax^2+by^2$ 在点 $(3,4)$ 处的方向导数中,沿方向 $\vec{l}=-3\vec{i}-4\vec{j}$ 的方向导数最大,最大值为 10。求 a,b。

9.4 参考答案

(一) 填空题

1. 2。　　2. -1。　　3. $\left(\dfrac{\pi}{\mathrm{e}}\right)^2$。

4. $\dfrac{1}{x^2+y^2}[(x-y)\mathrm{d}x+(x+y)\mathrm{d}y]$。　　5. $yf''(xy)+\varphi'(x+y)+y\varphi''(x+y)$。

6. $(1,-1)$。　　7. $\mathrm{d}x-\sqrt{2}\mathrm{d}y$。　　8. z。　　9. $-\dfrac{g'(v)}{g^2(v)}$。

10. $\dfrac{x-1}{2}=\dfrac{y+2}{-1}=\dfrac{z+2}{1}$。　　11. $2\mathrm{e}\mathrm{d}x+(\mathrm{e}+2)\mathrm{d}y$。　　12. $\dfrac{1}{\sqrt{3}}$。　　13. $2x+4y-z=5$。

14. $\dfrac{\partial^2 z}{\partial x\partial y}=xf''_{11}+xyf''_{12}+f'_2$。　　15. $y=x+1$。　　16. $\dfrac{\partial z}{\partial x}=yx^{y-1}f_u+f_v y^x\ln y$。

17. $\mathrm{d}z|_{(0,1)}=-\mathrm{d}x$。　　18. $\mathrm{d}z|_{(0,0)}=-\dfrac{1}{3}(\mathrm{d}x+2\mathrm{d}y)$。　　19. $\mathrm{d}z|_{(0,1)}=-\mathrm{d}x+2\mathrm{d}y$。

(二) 选择题

1. B。　　2. D。　　3. D。　　4. C。　　5. A。　　6. C。　　7. B。

8. A。　　9. D。　　10. D。　　11. D。　　12. D。

（三）计算题

1. $\dfrac{\partial z}{\partial x}=2xf_1'+y\mathrm{e}^{xy}f_2'$，　$\dfrac{\partial z}{\partial y}=-2yf_1'+x\mathrm{e}^{xy}f_2'$。

2. $-4xyf_{11}''+2(x^2-y^2)\mathrm{e}^{xy}f_{12}''+xy\mathrm{e}^{2xy}f_{22}''+\mathrm{e}^{xy}(1+xy)f_{21}''$。

3. $f_1'-\dfrac{1}{y^2}f_2'+xyf_{11}''-\dfrac{x}{y^3}f_{22}''-\dfrac{1}{x^2}g'-\dfrac{y}{x^3}g''$。　　4. 51。

5. $\dfrac{\mathrm{d}z}{\mathrm{d}x}=\dfrac{(f+xf')F_y-xf'F_x}{F_y+xf'F_z}$　$(F_y+xf'F_z\neq0)$。

6. $\dfrac{\mathrm{d}u}{\mathrm{d}x}=\dfrac{\partial f}{\partial x}+\dfrac{\partial f}{\partial y}\cdot\cos x-\dfrac{\partial f}{\partial z}\cdot\dfrac{1}{\varphi_3'}(2x\varphi_1'+\mathrm{e}^{\sin x}\varphi_2'\cos x)$。

7. $f(u)=C_1\mathrm{e}^u+C_2\mathrm{e}^{-u}$　（其中 C_1,C_2 为任意常数）。　　8. $\dfrac{2y}{x}f'\left(\dfrac{y}{x}\right)$。

9. $\mathrm{d}u=\dfrac{\partial u}{\partial x}\mathrm{d}x+\dfrac{\partial u}{\partial y}\mathrm{d}y=\left(f_x+f_z\dfrac{x+1}{z+1}\mathrm{e}^{x-z}\right)\mathrm{d}x+\left(f_y-f_z\dfrac{y+1}{z+1}\mathrm{e}^{y-z}\right)\mathrm{d}y$。

10. $\dfrac{\mathrm{d}u}{\mathrm{d}x}=\dfrac{\partial f}{\partial x}-\dfrac{y}{x}\dfrac{\partial f}{\partial y}+\left[1-\dfrac{\mathrm{e}^x(x-z)}{\sin(x-z)}\right]\dfrac{\partial f}{\partial z}$。

11. $4x-z-2=0$。　　12. $\dfrac{7\sqrt{2}}{8}$。

13. 证明：设 $a=\mathrm{e}^x,b=y^2,c=|z|$，此问题变为求函数 $f(a,b,c)=abc$ 满足条件 $a+b+c=3$ 的最大值，其中 a,b,c 都大于零。考虑函数
$$F(a,b,c)=abc+\lambda(a+b+c-3),$$
令 $\begin{cases}bc+\lambda=0,\\ac+\lambda=0,\\ab+\lambda=0,\\a+b+c=3,\end{cases}$　解此方程组可得 $a=b=c=1$，所以所求最大值为 1，即有 $\mathrm{e}^x+y^2+|z|=3$ 时，$\mathrm{e}^xy^2|z|\leqslant1$。

14. 最大值为 8，最小值为 0。

15. 只需要知道椭圆的长半轴和短半轴的长度就可以求面积。长半轴和短半轴长度恰为原点到椭圆上点距离的最大值和最小值。按照条件极值的求法可以求得
$$S=\pi abc\sqrt{(l^2+m^2+n^2)/(a^2l^2+b^2m^2+c^2n^2)}。$$

16. $a=-5,b=-2$。

17. $\dfrac{\partial f}{\partial x}=1+y,\dfrac{\partial f}{\partial y}=1+x,f(x,y)=x+y+xy$ 在 (x,y) 处的梯度为 $(1+y,1+x)$，$f(x,y)$ 在 (x,y) 处最大方向导数的方向为梯度方向，最大值为梯度的模 $|\operatorname{grad}f|=\sqrt{(1+y)^2+(1+x)^2}$。此题转化为求 $F(x,y)=(1+y)^2+(1+x)^2$ 在条件 $x^2+y^2+xy=3$ 下的条件极值问题，用拉格朗日乘数法。设
$$L(x,y,\lambda)=(1+y)^2+(1+x)^2+\lambda(x^2+y^2+xy-3),$$
$$\begin{cases}L_x=2(1+x)+\lambda(2x+y)=0,\\L_y=2(1+y)+\lambda(2y+x)=0,\\L_\lambda=x^2+y^2+xy-3=0,\end{cases}$$

解得可能极值点为$(1,1),(-1,-1),(2,-1),(-1,2)$。比较得,在$(2,-1),(-1,2)$点取最大,最大为$3$。

18. 对$f_{xy}(x,y)=2(y+1)\mathrm{e}^x$两边对$y$积分得$f_x(x,y)=(y^2+2y)\mathrm{e}^x+\varphi_1(x)$,由于$f_x(x,0)=(x+1)\mathrm{e}^x$,所以$f_x(x,y)=(y^2+2y)\mathrm{e}^x+(x+1)\mathrm{e}^x$,对其两边对$x$积分得$f(x,y)=(y^2+2y)\mathrm{e}^x+x\mathrm{e}^x+\varphi_2(y)$。由于$f(0,y)=y^2+2y$,所以$\varphi_2(y)=0$,故$f(x,y)=(y^2+2y)\mathrm{e}^x+x\mathrm{e}^x$,按求极值方法可求极小值$f(0,-1)=-1$。

19. 方程两边对x,y求偏导得

$$\begin{cases}2xz+(x^2+y^2)\dfrac{\partial z}{\partial x}+\dfrac{1}{z}\dfrac{\partial z}{\partial x}+2=0,\\[2mm]2yz+(x^2+y^2)\dfrac{\partial z}{\partial y}+\dfrac{1}{z}\dfrac{\partial z}{\partial y}+2=0。\end{cases}$$

令$\dfrac{\partial z}{\partial x}=\dfrac{\partial z}{\partial y}=0$得$\begin{cases}xz+1=0,\\yz+1=0,\end{cases}$解得$z=0$(舍)或$y=x$。

当$x\neq0$时,将$\begin{cases}z=-\dfrac{1}{x},\\y=x\end{cases}$代入$(x^2+y^2)z+\ln z+2(x+y+1)=0$,得$2x^2x\left(-\dfrac{1}{x}\right)+$

$\ln\left(-\dfrac{1}{x}\right)+2(2x+1)=0$,解得$x=-1,y=-1,z=1$,则$(-1,-1)$为驻点。

在$2xz+(x^2+y^2)\dfrac{\partial z}{\partial x}+\dfrac{1}{z}\dfrac{\partial z}{\partial x}+2=0$两边对$x,y$求偏导

$$\begin{cases}2z+2x\dfrac{\partial z}{\partial x}+(x^2+y^2)\dfrac{\partial^2 z}{\partial x^2}-\dfrac{1}{z^2}\left(\dfrac{\partial z}{\partial x}\right)^2+\dfrac{1}{z}\dfrac{\partial^2 z}{\partial x^2}=0,\\[2mm]2x\dfrac{\partial z}{\partial y}+2y\dfrac{\partial z}{\partial x}+(x^2+y^2)\dfrac{\partial^2 z}{\partial x\partial y}-\dfrac{1}{z^2}\dfrac{\partial z}{\partial x}\cdot\dfrac{\partial z}{\partial y}+\dfrac{1}{z}\dfrac{\partial^2 z}{\partial x\partial y}=0。\end{cases}$$

在$2yz+(x^2+y^2)\dfrac{\partial z}{\partial y}+\dfrac{1}{z}\dfrac{\partial z}{\partial y}+2=0$两边对$y$求导得

$$2z+2y\dfrac{\partial z}{\partial y}+(x^2+y^2)\dfrac{\partial^2 z}{\partial y^2}-\dfrac{1}{z^2}\left(\dfrac{\partial z}{\partial y}\right)^2+\dfrac{1}{z}\dfrac{\partial^2 z}{\partial y^2}=0。$$

把$x=-1,y=-1,z=1$代入上面三个式子可得

$$A=\dfrac{\partial^2 z}{\partial x^2}=-\dfrac{2}{3},\quad B=\dfrac{\partial^2 z}{\partial x\partial y}=0,\quad C=\dfrac{\partial^2 z}{\partial y^2}=-\dfrac{2}{3}。$$

由于$AC-B^2=\dfrac{4}{9}>0,A<0$,所以$(-1,-1)$为极大值点,极大值为$z=1$。

20. $\dfrac{\mathrm{d}y}{\mathrm{d}x}\Big|_{x=0}=f_1(0,0),\dfrac{\mathrm{d}^2 y}{\mathrm{d}x^2}\Big|_{x=0}=f''_{11}(1,1)+f_1(1,1)-f_2(1,1)$。

21.

$$\dfrac{\partial u}{\partial x}=\dfrac{\partial v}{\partial x}\mathrm{e}^{ax+by}+av(x,y)\mathrm{e}^{ax+by},$$

$$\dfrac{\partial u}{\partial y}=\dfrac{\partial v}{\partial y}\mathrm{e}^{ax+by}+bv(x,y)\mathrm{e}^{ax+by},$$

$$\frac{\partial^2 u}{\partial x^2}=\frac{\partial^2 v}{\partial x^2}\mathrm{e}^{ax+by}+2a\,\frac{\partial v}{\partial x}\mathrm{e}^{ax+by}+a^2 v(x,y)\mathrm{e}^{ax+by},$$

$$\frac{\partial^2 u}{\partial y^2}=\frac{\partial^2 v}{\partial y^2}\mathrm{e}^{ax+by}+2b\,\frac{\partial v}{\partial x}\mathrm{e}^{ax+by}+b^2 v(x,y)\mathrm{e}^{ax+by}。$$

把上述式子代入 $2\dfrac{\partial^2 u}{\partial x^2}-2\dfrac{\partial^2 u}{\partial y^2}+3\dfrac{\partial u}{\partial x}+3\dfrac{\partial u}{\partial y}=0$,得

$$2\frac{\partial^2 v}{\partial x^2}-2\frac{\partial^2 v}{\partial y^2}+4a\,\frac{\partial v}{\partial x}+(3-4b)\frac{\partial v}{\partial y}+(2a^2-2b^2+3b)v(x,y)=0。$$

所以当 $a=0,b=\dfrac{3}{4}$ 时,可化为 $v(x,y)$ 不含一阶偏导数的等式。

22. 设围成圆、正方形与正三角形三段铁丝分别长 x,y,z,由题知 $x+y+z=2$。

面积之和为 $S(x,y,z)=\dfrac{x^2}{4\pi}+\dfrac{y^2}{16}+\dfrac{\sqrt{3}}{36}z^2$,即求在条件 $x+y+z=2$ 下 $S(x,y,z)$ 的最值。

设 $L(x,y,z,\lambda)=\dfrac{x^2}{4\pi}+\dfrac{y^2}{16}+\dfrac{\sqrt{3}}{36}z^2+\lambda(x+y+z-2)$,取

$$\begin{cases} L_x=\dfrac{x}{2\pi}+\lambda=0,\\[2mm] L_y=\dfrac{y}{8}+\lambda=0,\\[2mm] L_z=\dfrac{\sqrt{3}\,z}{18}+\lambda=0,\\[2mm] L_\lambda=x+y+z-2=0, \end{cases}$$

解得 $x=\dfrac{2}{1+\dfrac{4}{\pi}+\dfrac{3\sqrt{3}}{\pi}},y=\dfrac{4}{\pi}\dfrac{2}{1+\dfrac{4}{\pi}+\dfrac{3\sqrt{3}}{\pi}},z=\dfrac{3\sqrt{3}}{\pi}\dfrac{2}{1+\dfrac{4}{\pi}+\dfrac{3\sqrt{3}}{\pi}}$。由于驻点唯一,三个图形

的面积之和的最小值存在,最小值为 $S=\dfrac{1}{\pi+4+3\sqrt{3}}$。

23. $a=b=-1$。

第10章

重 积 分

10.1 知识点

1. 二重积分的定义

设 $f(x,y)$ 是定义在有界闭区域 D 上的有界函数,将闭区域 D 任意分成 n 个小闭区域:

$$\Delta\sigma_1,\Delta\sigma_2,\cdots,\Delta\sigma_n,$$

其中 $\Delta\sigma_i$ 既表示第 i 个小闭区域,也表示它的面积,在每个小闭区域 $\Delta\sigma_i$ 上任取一点(ξ_i,η_i),作乘积 $f(\xi_i,\eta_i)\Delta\sigma_i(i=1,2,\cdots,n)$,并作和 $\sum_{i=1}^{n}f(\xi_i,\eta_i)\Delta\sigma_i$。如果当这些小闭区域直径的最大值 λ 趋于零时,和式的极限

$$\lim_{\lambda\to 0}\sum_{i=1}^{n}f(\xi_i,\eta_i)\Delta\sigma_i$$

存在,此极限与闭区域 D 的分法及点(ξ_i,η_i) 在 $\Delta\sigma_i$ 上的取法无关,则称函数 $f(x,y)$ 在闭区域 D 上可积,此极限值称为函数 $f(x,y)$ 在闭区域 D 上的二重积分,记作$\iint\limits_{D}f(x,y)\mathrm{d}\sigma$,即

$$\iint\limits_{D}f(x,y)\mathrm{d}\sigma =\lim_{\lambda\to 0}\sum_{i=1}^{n}f(\xi_i,\eta_i)\Delta\sigma_i, \tag{1}$$

其中 $f(x,y)$ 称为被积函数,$f(x,y)\mathrm{d}\sigma$ 称为被积表达式,$\mathrm{d}\sigma$ 称为面积元素,x 与 y 称为积分变量,D 称为积分区域,$\sum_{i=1}^{n}f(\xi_i,\eta_i)\Delta\sigma_i$ 称为积分和。

2. 二重积分的几何意义

若在区域 D 上 $f(x,y)\geqslant 0$,则$\iint\limits_{D}f(x,y)\mathrm{d}\sigma$ 表示曲面 $z=f(x,y)$ 在区域 D 上所对应的曲顶柱体的体积。当 $f(x,y)$ 在区域 D 上有正有负时,$\iint\limits_{D}f(x,y)\mathrm{d}\sigma$ 表示曲面$z=f(x,y)$

在区域 D 上所对应的曲顶柱体的体积的代数和。

3. 二重积分的性质

(1) $\iint\limits_{D}[f(x,y)\pm g(x,y)]\mathrm{d}\sigma=\iint\limits_{D}f(x,y)\mathrm{d}\sigma\pm\iint\limits_{D}g(x,y)\mathrm{d}\sigma$。

(2) $\iint\limits_{D}kf(x,y)\mathrm{d}\sigma=k\iint\limits_{D}f(x,y)\mathrm{d}\sigma$　（k 为常数）。

(3) 设积分区域 D 可分割成为 D_1,D_2 两部分，则有

$$\iint\limits_{D}f(x,y)\mathrm{d}\sigma=\iint\limits_{D_1}f(x,y)\mathrm{d}\sigma+\iint\limits_{D_2}f(x,y)\mathrm{d}\sigma。$$

(4) 若 $f(x,y)\geqslant g(x,y)$，其中 $(x,y)\in D$，则

$$\iint\limits_{D}f(x,y)\mathrm{d}\sigma\geqslant\iint\limits_{D}g(x,y)\mathrm{d}\sigma。$$

(5) 设 $m\leqslant f(x,y)\leqslant M$，其中 $(x,y)\in D$，而 m,M 为常数，则

$$m\sigma\leqslant\iint\limits_{D}f(x,y)\mathrm{d}\sigma\leqslant M\sigma，$$

其中 σ 表示区域 D 的面积。

(6) 若 $f(x,y)$ 在有界闭区域 D 上连续，则在 D 上至少存在一点 $(\xi,\eta)\in D$，使得

$$\iint\limits_{D}f(x,y)\mathrm{d}\sigma=f(\xi,\eta)\sigma。$$

其中 σ 表示区域 D 的面积。

4. 二重积分的计算

(1) 二重积分在直角坐标系下的计算

直角坐标系下的面积元素 $\mathrm{d}\sigma=\mathrm{d}x\mathrm{d}y$，且

① 若 $D:\varphi_1(x)\leqslant y\leqslant\varphi_2(x),a\leqslant x\leqslant b$，则 $\iint\limits_{D}f(x,y)\mathrm{d}x\mathrm{d}y=\int_a^b\left[\int_{\varphi_1(x)}^{\varphi_2(x)}f(x,y)\mathrm{d}y\right]\mathrm{d}x$，

② 若 $D:\psi_1(y)\leqslant x\leqslant\psi_2(y),c\leqslant y\leqslant d$，则 $\iint\limits_{D}f(x,y)\mathrm{d}x\mathrm{d}y=\int_c^d\left[\int_{\psi_1(y)}^{\psi_2(y)}f(x,y)\mathrm{d}x\right]\mathrm{d}y$。

(2) 二重积分在极坐标系下的计算

极坐标系下的面积元素 $\mathrm{d}\sigma=r\mathrm{d}r\mathrm{d}\theta$，极坐标与直角坐标的关系 $\begin{cases}x=r\cos\theta,\\y=r\sin\theta。\end{cases}$ 若 $D:r_1(\theta)\leqslant$ $r\leqslant r_2(\theta),\alpha\leqslant\theta\leqslant\beta$，则

$$\iint\limits_{D}f(x,y)\mathrm{d}x\mathrm{d}y=\iint\limits_{D}f(r\cos\theta,r\sin\theta)r\mathrm{d}r\mathrm{d}\theta=\int_\alpha^\beta\left[\int_{r_1(\theta)}^{r_2(\theta)}f(r\cos\theta,r\sin\theta)r\mathrm{d}r\right]\mathrm{d}\theta。$$

5. 三重积分的定义

设 $f(x,y,z)$ 是定义在空间有界闭区域 Ω 上的有界函数，将 Ω 任意分成 n 个小闭区域：

$$\Delta v_1,\Delta v_2,\cdots,\Delta v_n，$$

其中 Δv_i 既表示第 i 个小闭区域,也表示它的体积,在每个小闭区域 Δv_i 上任取一点 $(\xi_i,$ $\eta_i,\zeta_i)$,作乘积 $f(\xi_i,\eta_i,\zeta_i)\Delta v_i(i=1,2,\cdots,n)$,并作和 $\displaystyle\sum_{i=1}^{n}f(\xi_i,\eta_i,\zeta_i)\Delta v_i$。 如果当这些小闭区域直径的最大值 λ 趋于零时,和式的极限

$$\lim_{\lambda\to 0}\sum_{i=1}^{n}f(\xi_i,\eta_i,\zeta_i)\Delta v_i$$

存在,此极限与闭区域 Ω 的分法及点 (ξ_i,η_i,ζ_i) 在 Δv_i 上的取法无关,则称函数 $f(x,y,z)$ 在空间有界闭区域 Ω 上可积,此极限值称为函数 $f(x,y,z)$ 在闭区域 Ω 上的三重积分,记作 $\iiint\limits_{\Omega}f(x,y,z)\mathrm{d}v$。

6. 三重积分的计算

(1) 三重积分在直角坐标系下的计算

在直角坐标系下,体积元素 $\mathrm{d}V=\mathrm{d}x\mathrm{d}y\mathrm{d}z$,因此有

$$\iiint\limits_{\Omega}f(x,y,z)\mathrm{d}V=\iiint\limits_{\Omega}f(x,y,z)\mathrm{d}x\mathrm{d}y\mathrm{d}z。$$

此处只给出当 Ω 由

$$\begin{cases} f_1(x,y)\leqslant z\leqslant f_2(x,y),\\ \phi_1(x)\leqslant y\leqslant \phi_2(x),\\ a\leqslant x\leqslant b \end{cases}$$

表示时三重积分的计算公式

$$\iiint\limits_{\Omega}f(x,y,z)\mathrm{d}V=\int_a^b\mathrm{d}x\int_{\phi_1(x)}^{\phi_2(x)}\mathrm{d}y\int_{f_1(x,y)}^{f_2(x,y)}f(x,y,z)\mathrm{d}z。$$

(2) 三重积分在柱面坐标系下的计算

在柱面坐标系下,体积元素 $\mathrm{d}V=r\mathrm{d}r\mathrm{d}\theta\mathrm{d}z$,因此有

$$\iiint\limits_{\Omega}f(x,y,z)\mathrm{d}V=\iiint\limits_{\Omega}f(r\cos\theta,r\sin\theta,z)r\mathrm{d}r\mathrm{d}\theta\mathrm{d}z。$$

此处只给出当 Ω 由

$$\begin{cases} f_1(r\cos\theta,r\sin\theta)\leqslant z\leqslant f_2(r\cos\theta,r\sin\theta),\\ \phi_1(\theta)\leqslant r\leqslant \phi_2(\theta),\\ \alpha\leqslant\theta\leqslant\beta \end{cases}$$

表示时三重积分的计算公式

$$\iiint\limits_{\Omega}f(x,y,z)\mathrm{d}V=\int_{\alpha}^{\beta}\mathrm{d}\theta\int_{\phi_1(\theta)}^{\phi_2(\theta)}r\mathrm{d}r\int_{f_1(r\cos\theta,r\sin\theta)}^{f_2(r\cos\theta,r\sin\theta)}f(r\cos\theta,r\sin\theta,z)\mathrm{d}z。$$

(3) 三重积分在球面坐标系下的计算

在球面坐标系下,体积元素 $\mathrm{d}V=r^2\sin\varphi\mathrm{d}r\mathrm{d}\varphi\mathrm{d}\theta$,因此有

$$\iiint\limits_{\Omega}f(x,y,z)\mathrm{d}V=\iiint\limits_{\Omega}f(r\sin\varphi\cos\theta,r\sin\varphi\sin\theta,r\cos\varphi)r^2\sin\varphi\mathrm{d}r\mathrm{d}\varphi\mathrm{d}\theta。$$

此处只给出当 Ω 由

$$\begin{cases} r_1(\varphi,\theta) \leqslant r \leqslant r_2(\varphi,\theta), \\ \varphi_1(\theta) \leqslant \varphi \leqslant \varphi_2(\theta), \\ \alpha \leqslant \theta \leqslant \beta \end{cases}$$

表示时三重积分的计算公式

$$\iiint\limits_{\Omega} f(x,y,z)\mathrm{d}V = \int_{\alpha}^{\beta}\mathrm{d}\theta\int_{\varphi_1(\theta)}^{\varphi_2(\theta)}\mathrm{d}\varphi\int_{r_1(\varphi,\theta)}^{r_2(\varphi,\theta)} f(r\sin\varphi\cos\theta, r\sin\varphi\sin\theta, r\cos\varphi)r^2\sin\varphi\,\mathrm{d}r。$$

7. 重积分的应用

（1）重积分的几何应用

① 曲面的面积

由方程 $z=z(x,y)$ 决定的单值光滑曲面 Σ 的面积为

$$S = \iint\limits_{D_{xy}} \sqrt{1+\left(\frac{\partial z}{\partial x}\right)^2+\left(\frac{\partial z}{\partial y}\right)^2}\,\mathrm{d}x\,\mathrm{d}y,$$

其中 D_{xy} 是该曲面在 xOy 平面上的投影区域。

② 空间立体的体积

若空间立体占有空间区域：$z_1(x,y)\leqslant z\leqslant z_2(x,y)$，$(x,y)\in D$，$z_1(x,y)$，$z_2(x,y)$ 在 D 上连续，则其体积为

$$V = \iint\limits_{D}[z_2(x,y)-z_1(x,y)]\mathrm{d}x\,\mathrm{d}y。$$

（2）重积分的物理应用

设平面薄片的面密度为 $\mu=\rho(x,y)$，薄片在 xOy 坐标面上的投影为 D，则

① 薄片质量，$M = \iint\limits_{D}\rho(x,y)\mathrm{d}x\,\mathrm{d}y$。

② 薄片质心 $(\bar{x},\bar{y})$，

$$\bar{x} = \frac{\iint\limits_{D}x\rho(x,y)\mathrm{d}x\,\mathrm{d}y}{\iint\limits_{D}\rho(x,y)\mathrm{d}x\,\mathrm{d}y}, \quad \bar{y} = \frac{\iint\limits_{D}y\rho(x,y)\mathrm{d}x\,\mathrm{d}y}{\iint\limits_{D}\rho(x,y)\mathrm{d}x\,\mathrm{d}y}。$$

特别地，若 $\mu=\rho(x,y)$ 是常量，则把均匀薄片的质心称为这平面薄片所占平面图形的形心。

③ 薄片关于 x，y 轴及原点的转动惯量分别为

$$I_x = \iint\limits_{D}y^2\rho(x,y)\mathrm{d}x\,\mathrm{d}y, \quad I_y = \iint\limits_{D}x^2\rho(x,y)\mathrm{d}x\,\mathrm{d}y, \quad I_O = \iint\limits_{D}(x^2+y^2)\rho(x,y)\mathrm{d}x\,\mathrm{d}y。$$

设空间形体 Ω 的体密度为 $\mu=\rho(x,y,z)$，则

④ 空间形体 Ω 的质量为

$$M = \iiint\limits_{\Omega}\rho(x,y,z)\mathrm{d}x\,\mathrm{d}y\,\mathrm{d}z。$$

⑤ 空间形体 Ω 的质心 $(\bar{x},\bar{y},\bar{z})$ 的各个分量为

$$\bar{x}=\frac{\iiint\limits_{\Omega}x\rho(x,y,z)\mathrm{d}x\mathrm{d}y\mathrm{d}z}{\iiint\limits_{\Omega}\rho(x,y,z)\mathrm{d}x\mathrm{d}y\mathrm{d}z},\quad \bar{y}=\frac{\iiint\limits_{\Omega}y\rho(x,y,z)\mathrm{d}x\mathrm{d}y\mathrm{d}z}{\iiint\limits_{\Omega}\rho(x,y,z)\mathrm{d}x\mathrm{d}y\mathrm{d}z},\quad \bar{z}=\frac{\iiint\limits_{\Omega}z\rho(x,y,z)\mathrm{d}x\mathrm{d}y\mathrm{d}z}{\iiint\limits_{\Omega}\rho(x,y,z)\mathrm{d}x\mathrm{d}y\mathrm{d}z}\text{。}$$

⑥ 空间形体 Ω 对 x,y,z 轴及原点的转动惯量分别为

$$I_x=\iiint\limits_{\Omega}(y^2+z^2)\rho(x,y,z)\mathrm{d}x\mathrm{d}y\mathrm{d}z,\quad I_y=\iiint\limits_{\Omega}(x^2+z^2)\rho(x,y,z)\mathrm{d}x\mathrm{d}y\mathrm{d}z,$$

$$I_z=\iiint\limits_{\Omega}(x^2+y^2)\rho(x,y,z)\mathrm{d}x\mathrm{d}y\mathrm{d}z,\quad I_O=\iiint\limits_{\Omega}(x^2+y^2+z^2)\rho(x,y,z)\mathrm{d}x\mathrm{d}y\mathrm{d}z\text{。}$$

10.2 典型例题

题型一 更换重积分的积分次序

例 1 更换二重积分的积分次序:

(1) $I_1=\int_0^1\mathrm{d}x\int_0^{\frac{x^2}{2}}f(x,y)\mathrm{d}y+\int_1^3\mathrm{d}x\int_0^{\sqrt{9-x^2}}f(x,y)\mathrm{d}y$;

(2) $I_2=\int_0^1\mathrm{d}y\int_{1-\sqrt{1-y^2}}^{3-y}f(x,y)\mathrm{d}x$。

解 (1) 由题目中已给的累次积分的上下限,可知表示积分区域的不等式组为

$$D_1:\begin{cases}0\leqslant y\leqslant\dfrac{x^2}{2},\\[2mm]0\leqslant x\leqslant 1,\end{cases}\quad D_2:\begin{cases}0\leqslant y\leqslant\sqrt{9-x^2},\\[2mm]1\leqslant x\leqslant 3\text{。}\end{cases}$$

依据不等式组可知积分区域 D 的图形如图 10-1 所示。积分区域 D 由 x 轴和 $y=\dfrac{x^2}{2}$,$y=$

$\sqrt{9-x^2}$,$x=1$ 所围成,交点分别为 $A\left(1,\dfrac{1}{2}\right)$,$B(1,2\sqrt{2})$。

积分区域 D 也可用下列不等式组表示

$$D_3:\begin{cases}\sqrt{2y}\leqslant x\leqslant\sqrt{9-y^2},\\[2mm]0\leqslant y\leqslant\dfrac{1}{2},\end{cases}\quad D_4:\begin{cases}1\leqslant x\leqslant\sqrt{9-y^2},\\[2mm]\dfrac{1}{2}\leqslant y\leqslant 2\sqrt{2}\text{。}\end{cases}$$

所以

$$I_1=\int_0^{\frac{1}{2}}\mathrm{d}y\int_{\sqrt{2y}}^{\sqrt{9-y^2}}f(x,y)\mathrm{d}x+\int_{\frac{1}{2}}^{2\sqrt{2}}\mathrm{d}y\int_1^{\sqrt{9-y^2}}f(x,y)\mathrm{d}x\text{。}$$

(2) 由题目中已给的累次积分的上下限,可知表示积分区域的不等式组为

$$D:\begin{cases}1-\sqrt{1-y^2}\leqslant x\leqslant 3-y,\\[2mm]0\leqslant y\leqslant 1\text{。}\end{cases}$$

依据不等式组可知积分区域 D 的图形如图 10-2 所示。积分区域 D 由 x 轴、$y=1$、$x+y=3$ 及 $x=1-\sqrt{1-y^2}$ 所围成。

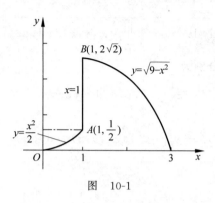

图 10-1

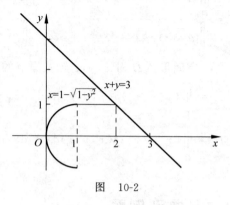

图 10-2

积分区域 D 也可用下列不等式组表示

$$D_1 = \begin{cases} 0 \leqslant y \leqslant \sqrt{1-(x-1)^2}, \\ 0 \leqslant x \leqslant 1, \end{cases} \quad D_2 = \begin{cases} 0 \leqslant y \leqslant 1, \\ 1 \leqslant x \leqslant 2, \end{cases} \quad D_3 = \begin{cases} 0 \leqslant y \leqslant 3-x, \\ 2 \leqslant x \leqslant 3, \end{cases}$$

所以

$$I_2 = \int_0^1 dx \int_0^{\sqrt{1-(x-1)^2}} f(x,y)dy + \int_1^2 dx \int_0^1 f(x,y)dy + \int_2^3 dx \int_0^{3-x} f(x,y)dy 。$$

【小结】解题程序:

(1) 由所给累次积分的上下限写出表示积分区域 D 的不等式组;

(2) 依据不等式组画出积分区域 D 的草图;

(3) 写出新的累次积分。

题型二 选择二重积分的积分次序

例 2 计算下列各二重积分:

(1) $I = \iint\limits_D x^2 e^{-y^2} dx\,dy$,其中 D 是以 $(0,0)$,$(1,1)$,$(0,1)$ 为顶点的三角形;

(2) $I = \iint\limits_D \dfrac{\sin x}{x} dx\,dy$,其中 D 由 $y=x$ 及 $y=x^2$ 所围成。

解 (1) 画出积分区域 D,如图 10-3(a)所示。

由于积分 $\int e^{-y^2} dy$ 不能用初等函数表示,故考虑选择积分次序为先 x 后 y,积分区域 D 的不等式组表示为 $D:\begin{cases} 0 \leqslant x \leqslant y, \\ 0 \leqslant y \leqslant 1, \end{cases}$ 则

$$I = \int_0^1 e^{-y^2} dy \int_0^y x^2 dx = \frac{1}{3} \int_0^1 y^3 e^{-y^2} dy = \frac{1}{6}\left(1 - \frac{2}{e}\right) 。$$

(2) 画出积分区域 D,如图 10-3(b)所示。

由于积分 $\int \dfrac{\sin x}{x} dx$ 不能用初等函数表示,故选择积分次序为先 y 后 x,积分区域 D 的不

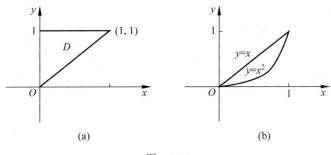

图 10-3

等式组表示为 D：$\begin{cases} x^2 \leqslant y \leqslant x, \\ 0 \leqslant x \leqslant 1, \end{cases}$ 则

$$I = \int_0^1 \frac{\sin x}{x} \mathrm{d}x \int_{x^2}^x \mathrm{d}y = \int_0^1 (1-x)\sin x \, \mathrm{d}x = 1 - \sin 1 \text{。}$$

【小结】凡遇如下形式积分：$\int \dfrac{\sin x}{x} \mathrm{d}x$，$\int \sin x^2 \mathrm{d}x$，$\int \cos x^2 \mathrm{d}x$，$\int \mathrm{e}^{-x^2} \mathrm{d}x$，$\int \mathrm{e}^{x^2} \mathrm{d}x$，$\int \mathrm{e}^{\frac{y}{x}} \mathrm{d}x$，

$\int \dfrac{1}{\ln x} \mathrm{d}x$，等等，一定要将其放在后面积分。

题型三　利用极坐标系计算二重积分

例 3　极坐标系下二重积分的计算：

（1）计算 $I = \iint\limits_D x \, \mathrm{d}x \, \mathrm{d}y$，其中 D 由 $y = x$ 及 $y = \sqrt{2x - x^2}$ 所围成。

（2）计算 $I = \iint\limits_D (x^2 + y^2) \mathrm{d}x \, \mathrm{d}y$，其中 D 由不等式 $\sqrt{2x-x^2} \leqslant y \leqslant \sqrt{4-x^2}$ 所确定的域。

解　（1）积分区域 D 为图 10-4(a) 的阴影部分。

根据被积函数及积分域的特点，若转换为极坐标系下的二次积分计算较为简单。在极坐标系下，由边界曲线 $y = x$，可得 $\theta = \dfrac{\pi}{4}$；由边界曲线 $y = \sqrt{2x-x^2}$，可得 $r = 2\cos\theta$。所以

积分区域 D 的极坐标表示为 D：$\begin{cases} 0 \leqslant r \leqslant 2\cos\theta, \\ \dfrac{\pi}{4} \leqslant \theta \leqslant \dfrac{\pi}{2}, \end{cases}$ 则

$$I = \int_{\frac{\pi}{4}}^{\frac{\pi}{2}} \mathrm{d}\theta \int_0^{2\cos\theta} r^2 \cos\theta \, \mathrm{d}r = \frac{8}{3} \int_{\frac{\pi}{4}}^{\frac{\pi}{2}} \cos^4\theta \, \mathrm{d}\theta = \frac{\pi}{4} - \frac{2}{3} \text{。}$$

（2）积分区域 D 是用不等式给出，注意不等式中取等号所得的曲线是两个半圆，但它们构不成封闭围线，要使 $\sqrt{2x-x^2}$ 及 $\sqrt{4-x^2}$ 有意义，必须限制变量 $x \in [0,2]$，因此，积分区域为图 10-4(b) 中的阴影部分。

根据被积函数与积分区域的特点，转换为极坐标系下的二次积分计算，则

$$I = \int_0^{\frac{\pi}{2}} \mathrm{d}\theta \int_{2\cos\theta}^2 r^3 \, \mathrm{d}r = 4\int_0^{\frac{\pi}{2}} (1 - \cos^4\theta) \mathrm{d}\theta = \frac{4}{5}\pi \text{。}$$

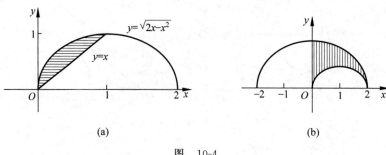

图　10-4

题型四　利用积分区域的对称性和被积函数的奇偶性简化二重积分的计算

例 4　计算下列二重积分:

(1) 计算 $I = \iint\limits_{D} | x | \, \mathrm{d}x \, \mathrm{d}y$,其中,$D$ 是以原点为圆心、以 a 为半径的上半圆。

(2) 计算 $I = \iint\limits_{x^2+y^2 \leqslant a^2} (x^2 - 2x + 3y + 2) \mathrm{d}x \, \mathrm{d}y$。

解　(1) 由于积分区域关于 y 轴对称,被积函数是关于 x 的偶函数,所以,在 D 上的二重积分等于两倍的在第一象限 D_1 的二重积分,即

$$I = 2\iint\limits_{D_1} | x | \, \mathrm{d}x \, \mathrm{d}y = 2\int_0^a \mathrm{d}x \int_0^{\sqrt{a^2-x^2}} x \, \mathrm{d}y = \frac{2}{3} a^3。$$

(2) 由二重积分的性质,则

$$I = \iint\limits_{D} x^2 \mathrm{d}x \, \mathrm{d}y - \iint\limits_{D} 2x \mathrm{d}x \, \mathrm{d}y + \iint\limits_{D} 3y \mathrm{d}x \, \mathrm{d}y + \iint\limits_{D} 2 \mathrm{d}x \, \mathrm{d}y。$$

因积分区域为圆域 $x^2 + y^2 \leqslant a^2$,关于 x 轴、y 轴及坐标原点均对称,所以

$$\iint\limits_{D} x^2 \mathrm{d}x \, \mathrm{d}y = \iint\limits_{D} y^2 \mathrm{d}x \, \mathrm{d}y = \frac{1}{2} \iint\limits_{D} (x^2 + y^2) \mathrm{d}x \, \mathrm{d}y = \frac{1}{2} \int_0^{2\pi} \mathrm{d}\theta \int_0^a r^3 \mathrm{d}r = \frac{\pi}{4} a^4。$$

又因为 $2x$、$3y$ 分别为 x、y 的奇函数,故

$$\iint\limits_{D} 2x \mathrm{d}x \, \mathrm{d}y = \iint\limits_{D} 3y \mathrm{d}x \, \mathrm{d}y = 0。$$

而 $\iint\limits_{D} 2\mathrm{d}x \, \mathrm{d}y = 2\pi a^2$,所以 $I = \frac{\pi}{4} a^4 + 2\pi a^2$。

【小结】

(1) 如果 D 关于 y 轴对称,则有

$$\iint\limits_{D} f(x,y) \mathrm{d}x \, \mathrm{d}y = \begin{cases} 0, & \text{当 } f(-x,y) = -f(x,y), \\ 2\iint\limits_{D_1} f(x,y) \mathrm{d}x \, \mathrm{d}y, & \text{当 } f(-x,y) = f(x,y), \end{cases}$$

其中 $D_1 = \{(x,y) | (x,y) \in D, x \geqslant 0\}$。

(2) 如果 D 关于 x 轴对称,则有

$$\iint\limits_{D} f(x,y)\mathrm{d}x\mathrm{d}y = \begin{cases} 0, & \text{当 } f(x,-y) = -f(x,y), \\ 2\iint\limits_{D_2} f(x,y)\mathrm{d}x\mathrm{d}y, & \text{当 } f(x,-y) = f(x,y), \end{cases}$$

其中 $D_2 = \{(x,y) \mid (x,y) \in D, y \geqslant 0\}$。

（3）如果 D 关于 x 轴对称，关于 y 轴对称，则有

$$\iint\limits_{D} f(x,y)\mathrm{d}x\mathrm{d}y = \begin{cases} 0, & \text{当 } f(x,-y) = -f(x,y) \text{ 或 } f(-x,y) = -f(x,y), \\ 4\iint\limits_{D_2} f(x,y)\mathrm{d}x\mathrm{d}y, & \text{当 } f(x,-y) = f(x,y) = f(-x,y), \end{cases}$$

其中 $D_2 = \{(x,y) \mid (x,y) \in D, x \geqslant 0, y \geqslant 0\}$。

题型五 利用重积分的中值定理计算

例 5 设 $f(x,y)$ 连续，$D: x^2 + y^2 \leqslant r^2$，求 $\lim\limits_{r \to 0^+} \dfrac{1}{\pi r^2} \iint\limits_{D} f(x,y)\mathrm{d}x\mathrm{d}y$。

解 利用二重积分的中值定理可知，$\iint\limits_{D} f(x,y)\mathrm{d}x\mathrm{d}y = f(\bar{x},\bar{y}) S_D$，其中 $(\bar{x},\bar{y}) \in D$，S_D 表示 D 的面积。则

$$\lim\limits_{r \to 0^+} \frac{1}{\pi r^2} \iint\limits_{D} f(x,y)\mathrm{d}x\mathrm{d}y = \lim\limits_{r \to 0^+} \frac{1}{\pi r^2} f(\bar{x},\bar{y})(\pi r^2) = \lim\limits_{r \to 0^+} f(\bar{x},\bar{y}) = f(0,0)。$$

题型六 利用重积分求函数的解析表达式

例 6 设在 $[0,+\infty)$ 上的连续函数 $f(t)$ 满足

$$f(t) = \iint\limits_{x^2+y^2 \leqslant t^2} x \left[1 - \frac{f(\sqrt{x^2+y^2})}{x^2+y^2} \right] \mathrm{d}x\mathrm{d}y, \quad x,y,t > 0,$$

求 $f(t)$。

解 注意到 $x,y,t > 0$，有

$$f(t) = \iint\limits_{x^2+y^2 \leqslant t^2} x \left[1 - \frac{f(\sqrt{x^2+y^2})}{x^2+y^2} \right] \mathrm{d}x\mathrm{d}y = \int_0^{\frac{\pi}{2}} \cos\theta\,\mathrm{d}\theta \int_0^t r \left[1 - \frac{f(r)}{r^2} \right] r\,\mathrm{d}r = \int_0^t [r^2 - f(r)]\mathrm{d}r。$$

上式两边对 t 求导，得一阶线性微分方程 $f'(t) = t^2 - f(t)$，所以 $f(t) = t^2 - 2t + 2 + C\mathrm{e}^{-t}$。

由已知条件显然应有 $f(0) = 0$，因此 $C = -2$。故所求

$$f(t) = t^2 - 2t + 2 - 2\mathrm{e}^{-t}。$$

题型七 二重积分不等式的证明

例 7 已知 $f(x)$ 在 $[a,b]$ 上连续，且 $f(x) > 0$，证明

$$\int_a^b f(x)\mathrm{d}x \int_a^b \frac{1}{f(x)}\mathrm{d}x \geqslant (b-a)^2。$$

证明 因为 $\int_a^b f(x)\mathrm{d}x \int_a^b \frac{1}{f(x)}\mathrm{d}x = \int_a^b f(x)\mathrm{d}x \int_a^b \frac{1}{f(y)}\mathrm{d}y = \int_a^b f(y)\mathrm{d}y \int_a^b \frac{1}{f(x)}\mathrm{d}x$，故得

$$\int_a^b f(x)\mathrm{d}x \int_a^b \frac{1}{f(x)}\mathrm{d}x = \frac{1}{2}\left[\int_a^b\int_a^b \frac{f(x)}{f(y)}\mathrm{d}x\,\mathrm{d}y + \int_a^b\int_a^b \frac{f(y)}{f(x)}\mathrm{d}x\,\mathrm{d}y\right]$$

$$= \frac{1}{2}\int_a^b\int_a^b \left[\frac{f(x)}{f(y)} + \frac{f(y)}{f(x)}\right]\mathrm{d}x\,\mathrm{d}y = \frac{1}{2}\int_a^b\int_a^b \left[\frac{f^2(x)+f^2(y)}{f(y)f(x)}\right]\mathrm{d}x\,\mathrm{d}y$$

$$\geqslant \int_a^b\int_a^b \mathrm{d}x\,\mathrm{d}y = (b-a)^2 \text{。}$$

题型八　二重积分等式的证明

例 8　设 $f(x,y)$ 在单位圆上有连续的偏导数,且在边界上取值为零,证明

$$f(0,0) = \lim_{\varepsilon \to 0+0} \frac{-1}{2\pi}\iint\limits_{D} \frac{x\dfrac{\partial f}{\partial x} + y\dfrac{\partial f}{\partial y}}{x^2+y^2}\mathrm{d}x\,\mathrm{d}y,$$

其中 D 为圆环域,$\varepsilon^2 \leqslant x^2+y^2 \leqslant 1$。

证明　令 $x = r\cos\theta, y = r\sin\theta$,则

$$\frac{\partial f}{\partial r} = \frac{\partial f}{\partial x}\cdot\frac{\partial x}{\partial r} + \frac{\partial f}{\partial y}\cdot\frac{\partial y}{\partial r} = \frac{\partial f}{\partial x}\cos\theta + \frac{\partial f}{\partial y}\sin\theta,$$

$$r\frac{\partial f}{\partial r} = r\cos\theta\frac{\partial f}{\partial x} + r\sin\theta\frac{\partial f}{\partial y} = x\frac{\partial f}{\partial x} + y\frac{\partial f}{\partial y},$$

于是

$$I = \iint\limits_{D} \frac{x\dfrac{\partial f}{\partial x} + y\dfrac{\partial f}{\partial y}}{x^2+y^2}\mathrm{d}x\,\mathrm{d}y = \iint\limits_{D} \frac{r\dfrac{\partial f}{\partial r}}{r^2}r\,\mathrm{d}r\,\mathrm{d}\theta = \int_0^{2\pi}\mathrm{d}\theta\int_\varepsilon^1 \frac{\partial f}{\partial r}\mathrm{d}r$$

$$= \int_0^{2\pi} f(r\cos\theta, r\sin\theta)\Big|_\varepsilon^1 \mathrm{d}\theta = \int_0^{2\pi} f(\cos\theta,\sin\theta)\mathrm{d}\theta - \int_0^{2\pi} f(\varepsilon\cos\theta,\varepsilon\sin\theta)\mathrm{d}\theta \text{。}$$

因为 $f(x,y)$ 在单位圆边界上取值为零,故 $f(\cos\theta,\sin\theta)=0$。

利用定积分的中值定理,可知

$$I = -\int_0^{2\pi} f(\varepsilon\cos\theta,\varepsilon\sin\theta)\mathrm{d}\theta = -2\pi f(\varepsilon\cos\theta^*,\varepsilon\sin\theta^*),$$

其中,$\theta^* \in [0,2\pi]$,故

$$\lim_{\varepsilon\to 0^+} \frac{-1}{2\pi}\iint\limits_{D} \frac{x\dfrac{\partial f}{\partial x} + y\dfrac{\partial f}{\partial y}}{x^2+y^2}\mathrm{d}x\,\mathrm{d}y = \lim_{\varepsilon\to 0^+} \frac{-1}{2\pi}(-2\pi)f(\varepsilon\cos\theta^*,\varepsilon\sin\theta^*) = f(0,0)\text{。}$$

【小结】被积函数为复合函数型命题,一般是用变量替换法证明。

题型九　利用直角坐标系计算三重积分

例 9　计算 $\displaystyle\iiint\limits_{\Omega} xy^2z^3\,\mathrm{d}x\,\mathrm{d}y\,\mathrm{d}z$,其中,$\Omega$ 是由曲面 $z=xy$ 与平面 $y=x, y=1, z=0$ 所围成的闭区域。

解 积分区域 Ω 如图 10-5 所示。

将 Ω 向 xOy 面投影得： $\begin{cases} 0 \leqslant x \leqslant 1, \\ x \leqslant y \leqslant 1, \end{cases}$ 则积分区域可表示成 $\begin{cases} 0 \leqslant x \leqslant 1, \\ x \leqslant y \leqslant 1, \\ 0 \leqslant z \leqslant xy, \end{cases}$

因而

$$\iiint\limits_{\Omega} xy^2 z^3 \mathrm{d}x\mathrm{d}y\mathrm{d}z = \int_0^1 \mathrm{d}x \int_x^1 \mathrm{d}y \int_0^{xy} xy^2 z^3 \mathrm{d}z$$

$$= \int_0^1 \mathrm{d}x \int_x^1 \frac{1}{4} x^5 y^6 \mathrm{d}y = \frac{1}{28} \int_0^1 (x^5 - x^{12}) \mathrm{d}x$$

$$= \frac{1}{312}.$$

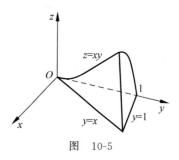

图 10-5

题型十 利用柱面坐标系计算三重积分

例 10 计算 $\iiint\limits_{\Omega} \dfrac{\mathrm{d}x\mathrm{d}y\mathrm{d}z}{x^2 + y^2 + 1}$，其中，$\Omega$ 是旋转抛物面 $x^2 + y^2 = z$ 及平面 $z = 1$ 所围成的区域。

解 Ω 在 xOy 坐标面的投影区域 D 为圆域 $x^2 + y^2 \leqslant 1$，因此可选用柱面坐标，积分区域 Ω 可以表示成 $\begin{cases} r^2 \leqslant z \leqslant 1, \\ 0 \leqslant r \leqslant 1, \\ 0 \leqslant \theta \leqslant 2\pi, \end{cases}$ 所以

$$\iiint\limits_{\Omega} \frac{\mathrm{d}x\mathrm{d}y\mathrm{d}z}{x^2 + y^2 + 1} = \int_0^{2\pi} \mathrm{d}\theta \int_0^1 \frac{r}{1+r^2} \mathrm{d}r \int_{r^2}^1 \mathrm{d}z = 2\pi \int_0^1 \frac{r}{1+r^2} z \Big|_{r^2}^1 \mathrm{d}r = \pi(2\ln 2 - 1).$$

例 11 计算 $\iiint\limits_{\Omega} z \mathrm{d}v$，其中，积分区域 Ω 为 $z = 6 - x^2 - y^2$ 及 $z = \sqrt{x^2 + y^2}$ 所围成的公共部分。

解 Ω 的下底面为锥面 $z = \sqrt{x^2 + y^2}$，上底面为抛物面 $z = 6 - x^2 - y^2$，其交线为平面 $z = 2$ 上的圆周 $x^2 + y^2 = 4$，可选用柱面坐标系，积分区域 Ω 可以表示成

$$\begin{cases} r \leqslant z \leqslant 6 - r^2, \\ 0 \leqslant r \leqslant 2, \\ 0 \leqslant \theta \leqslant 2\pi, \end{cases}$$

因而有

$$\iiint\limits_{\Omega} z \mathrm{d}v = \int_0^{2\pi} \mathrm{d}\theta \int_0^2 \mathrm{d}r \int_r^{6-r^2} rz \mathrm{d}z = \pi \int_0^2 (36r - 13r^3 + r^5) \mathrm{d}r = \frac{92}{3}\pi.$$

【小结】 将空间区域 Ω 向 xOy 面投影，投影区域为 D_{xy}，如果在投影区域 D_{xy} 上的二重积分适合用极坐标表示、计算，则区域 Ω 上的三重积分适合于用柱面坐标计算。当积分区域 Ω 是圆柱形区域（包括圆柱形区域的一部分）或区域 Ω 的投影区域是圆域，被积函数仅仅是 $x^2 + y^2$ 或 z^2 的函数时，考虑采用柱面坐标计算。

题型十一　利用球面坐标系计算三重积分

例 12　计算 $\iiint\limits_{\Omega}(x^2+y^2)\mathrm{d}v$，其中，$\Omega$ 是两球面 $z=\sqrt{A^2-x^2-y^2}$ 及 $z=\sqrt{a^2-x^2-y^2}(A>a>0)$ 与平面 $z=0$ 所围部分 $(z\geqslant0)$。

解　选用球面坐标，积分区域 Ω 可以表示成 $\begin{cases} a\leqslant r\leqslant A, \\ 0\leqslant\varphi\leqslant\dfrac{\pi}{2}, \\ 0\leqslant\theta\leqslant2\pi, \end{cases}$

因而

$$\iiint\limits_{\Omega}(x^2+y^2)\mathrm{d}v=\int_0^{2\pi}\mathrm{d}\theta\int_0^{\frac{\pi}{2}}\mathrm{d}\varphi\int_a^A r^2\sin^2\varphi\, r^2\sin\varphi\,\mathrm{d}r$$

$$=2\pi\int_0^{\frac{\pi}{2}}\sin^3\varphi\,\mathrm{d}\varphi\int_a^A r^4\,\mathrm{d}r=\frac{4}{15}(A^5-a^5)\pi。$$

【小结】一般仅当积分区域是球形域上或上半部分是球面下半部分是顶点在原点的锥面，被积函数具有 $f(x^2+y^2+z^2)$ 的形式时，可以考虑采用球面坐标计算。

题型十二　利用"先二后一"法计算三重积分

例 13　证明 $\iiint\limits_{\Omega}f(z)\mathrm{d}v=\pi\int_{-1}^1 f(u)(1-u^2)\mathrm{d}u$，其中，$\Omega$ 是球体 $x^2+y^2+z^2\leqslant1$。

证明　选用"先二后一"法。将 Ω 向 z 轴投影，得 $-1\leqslant z\leqslant1$，并用垂直于 z 轴的平面截 Ω 得 D_z：$x^2+y^2\leqslant1-z^2$，所以有

$$\iiint\limits_{\Omega}f(z)\mathrm{d}v=\int_{-1}^1\mathrm{d}z\iint\limits_{D_z}f(z)\mathrm{d}x\mathrm{d}y=\pi\int_{-1}^1 f(z)(1-z^2)\mathrm{d}z=\pi\int_{-1}^1 f(u)(1-u^2)\mathrm{d}u。$$

【小结】当被积函数 $f(x,y,z)$ 仅是 z 的函数或用平面 $z=z$ 去截 Ω 所得 D_z 的面积很容易求得时，可以采用"先二后一"法。

题型十三　重积分的应用

例 14　设半径为 r 的球的球心在半径为 a（常数）的定球面上，试问当前者夹在定球内部的表面积为最大时，r 取多少？

解　以定球球心为原点，二球心连线为 Oz 轴建立直角坐标系，则二球面方程分别为

$$x^2+y^2+z^2=a^2,\quad x^2+y^2+(z-a)^2=r^2，$$

联立求解，得两球面交线方程为

$$\begin{cases} z=a-\dfrac{r^2}{2a}, \\ x^2+y^2=\dfrac{r^2}{4a^2}(4a^2-r^2)。 \end{cases}$$

设 D 为所求球面在 xOy 平面上的投影，则 D：$x^2+y^2\leqslant\dfrac{r^2}{4a^2}(4a^2-r^2)$。设半径为 r 的球

夹在定球内部的表面积为 S,这部分球面的方程为 $z=a-\sqrt{r^2-x^2-y^2}$,故所求的面积

$$S=\iint\limits_{D}\sqrt{1+\left(\frac{\partial z}{\partial x}\right)^2+\left(\frac{\partial z}{\partial y}\right)^2}\,\mathrm{d}x\,\mathrm{d}y=\iint\limits_{D}\frac{r}{\sqrt{r^2-x^2-y^2}}\mathrm{d}x\,\mathrm{d}y$$

$$=\int_0^{2\pi}\mathrm{d}\theta\int_0^{\frac{r}{2a}\sqrt{4a^2-r^2}}\frac{r}{\sqrt{r^2-\rho^2}}\rho\,\mathrm{d}\rho=2\pi r^3-\frac{\pi r^3}{a}。$$

因为 $S'=4\pi r-\dfrac{3\pi r^2}{a},S''=4\pi-\dfrac{6\pi r}{a}$。令 $S'=0$,得 $r_1=0,r_2=\dfrac{4}{3}a$。显然 $r=0$ 使 S 为最小,而 $S''\big|_{r=\frac{4}{3}a}=-4\pi<0$,所以当 $r=\dfrac{4}{3}a$ 时,另一球夹在定球内部的表面积为极大,亦即最大。

例 15 设有一半径为 R 球体,P_0 是此球的表面上的一定点,球体上任一点的密度与该点到 P_0 距离的平方成正比(比例常数 $k>0$),求球体的重心坐标。

解 取 P_0 为坐标原点,球心 O_1 位于 Oz 正向,则球心 O_1 的坐标为 $(0,0,R)$,记球体为 Ω,球面方程为 $x^2+y^2+z^2=2Rz$。设 Ω 的重心位置为 $(\bar{x},\bar{y},\bar{z})$,由对称性,得

$$\bar{x}=0,\quad \bar{y}=0,\quad \bar{z}=\frac{\iiint\limits_{\Omega}zk(x^2+y^2+z^2)\mathrm{d}v}{\iiint\limits_{\Omega}k(x^2+y^2+z^2)\mathrm{d}v},$$

而 $\iiint\limits_{\Omega}zk(x^2+y^2+z^2)\mathrm{d}v=4\int_0^{\frac{\pi}{2}}\mathrm{d}\theta\int_0^{\frac{\pi}{4}}\mathrm{d}\varphi\int_0^{2R\cos\varphi}r^5\sin\varphi\cos\varphi\,\mathrm{d}r=\dfrac{8}{3}\pi R^6$,所以,$\bar{z}=\dfrac{5}{4}R$,故球体 Ω 的重心位置为 $\left(0,0,\dfrac{5}{4}R\right)$。

10.3　同步训练

1. $\displaystyle\int_0^2\mathrm{d}x\int_x^{3x}f(\sqrt{x^2+y^2})\mathrm{d}y$ 化为极坐标系下的先对 ρ 后对 θ 的二次积分为_____。

2. 使二重积分 $\displaystyle\iint\limits_{D}(4-4x^2-y^2)\mathrm{d}\sigma$ 达到最大的平面区域 D 为_____。

3. 计算 $\displaystyle\iiint\limits_{\Omega}(x^2+z^2)\mathrm{d}v$,其中 Ω 是球面 $x^2+y^2+(z-R)^2=R^2(R>0)$ 所包围的区域。

4. 若函数 $f(x,y)$ 在区域 D:$0\leqslant x\leqslant1,0\leqslant y\leqslant2$ 上连续,且 $\displaystyle\iint\limits_{D}f(x,y)\mathrm{d}x\,\mathrm{d}y=f(x,y)+1$,则 $\displaystyle\iint\limits_{D}f(x,y)\mathrm{d}x\,\mathrm{d}y$ _____。

5. 在密度为 1 的半球体 $0\leqslant z\leqslant\sqrt{R^2-x^2-y^2}$ 的底面接上一个相同材料的柱体 $-h\leqslant z\leqslant0,x^2+y^2\leqslant R^2(h>0)$,为使整个立体 Ω 的重心恰好落在球心上,问 h 为多少? 并求

该立体关于 z 轴的转动惯量。

6. 设函数 $f(x) = \int_x^1 e^{y^2} dy$，求 $\int_0^1 f(x) dx$。

7. 证明：$\dfrac{4\sqrt[3]{2}}{3}\pi < \iiint\limits_V \sqrt[3]{x + 2y - 2z + 5}\, dV < \dfrac{8}{3}\pi$，其中 V 为球体 $x^2 + y^2 + z^2 \leqslant 1$。

8. 交换二次积分的积分次序：$\int_{-1}^0 dy \int_2^{1-y} f(x, y) dx = $ _____。

9. 计算二重积分 $\iint\limits_D e^{\max\{x^2, y^2\}} dx\, dy$，其中 $D = \{(x, y) \mid 0 \leqslant x \leqslant 1, 0 \leqslant y \leqslant 1\}$。

10. 设函数 $f(x)$ 连续且恒大于零，而

$$F(t) = \frac{\iiint\limits_{\Omega(t)} f(x^2 + y^2 + z^2) dv}{\iint\limits_{D(t)} f(x^2 + y^2) d\sigma}, \quad G(t) = \frac{\iint\limits_{D(t)} f(x^2 + y^2) d\sigma}{\int_{-1}^1 f(x^2) dx},$$

其中 $\Omega(t) = \{(x, y, z) \mid x^2 + y^2 + z^2 \leqslant t^2\}$，$D(t) = \{(x, y) \mid x^2 + y^2 \leqslant t^2\}$。

(1) 讨论 $F(t)$ 在区间 $(0, +\infty)$ 内的单调性。

(2) 证明当 $t > 0$ 时，$F(t) > \dfrac{2}{\pi} G(t)$。

11. 设 $f(x)$ 为连续函数，$F(t) = \int_1^t dy \int_y^t f(x) dx$，则 $F'(2)$ 等于（　　）。

　　A. $2f(2)$　　　　　　　B. $f(2)$　　　　　　C. $-f(2)$　　　　　D. 0

12. 设 $D = \{(x, y) \mid x^2 + y^2 \leqslant \sqrt{2}, x \geqslant 0, y \geqslant 0\}$，$[1 + x^2 + y^2]$ 表示不超过 $1 + x^2 + y^2$ 的最大整数。计算二重积分 $\iint\limits_D xy[1 + x^2 + y^2] dx\, dy$。

13. 设 $f(x, y)$ 为连续函数，则 $\int_0^{\frac{\pi}{4}} d\theta \int_0^1 f(r\cos\theta, r\sin\theta) r dr$ 等于（　　）。

　　A. $\int_0^{\frac{\sqrt{2}}{2}} dx \int_x^{\sqrt{1-x^2}} f(x, y) dy$　　　　　　　B. $\int_0^{\frac{\sqrt{2}}{2}} dx \int_0^{\sqrt{1-x^2}} f(x, y) dy$

　　C. $\int_0^{\frac{\sqrt{2}}{2}} dy \int_y^{\sqrt{1-y^2}} f(x, y) dx$　　　　　　　D. $\int_0^{\frac{\sqrt{2}}{2}} dy \int_0^{\sqrt{1-y^2}} f(x, y) dx$

14. 设区域 $D = \{(x, y) \mid x^2 + y^2 \leqslant 1, x \geqslant 0\}$，计算二重积分 $I = \iint\limits_D \dfrac{1 + xy}{1 + x^2 + y^2} dx\, dy$。

15. 如图 10-6 所示，正方形 $\{(x, y) \mid |x| \leqslant 1, |y| \leqslant 1\}$ 被其对角线划分为四个区域 $D_k (k = 1, 2, 3, 4)$，$I_k = \iint\limits_{D_k} y\cos x\, dx\, dy$，则

$\max\limits_{1 \leqslant k \leqslant 4} \{I_k\} = ($　　$)$。

　　A. I_1　　　　　　　　　B. I_2

　　C. I_3　　　　　　　　　D. I_4

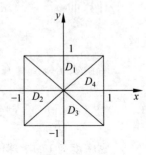

16. 设 $\Omega = \{(x, y, z) \mid x^2 + y^2 + z^2 \leqslant 1\}$，则

$\iiint\limits_\Omega z^2 dx\, dy\, dz = $ _____。

图　10-6

17. 已知平面区域 $D = \left\{ (r, \theta) \mid 2 \leqslant r \leqslant 2(1 + \cos\theta), -\dfrac{\pi}{2} \leqslant \theta \leqslant \dfrac{\pi}{2} \right\}$，计算二重积分 $\displaystyle\iint\limits_{D} x \, \mathrm{d}x \, \mathrm{d}y$。

18. 设平面区域 D 由曲线 $\begin{cases} x = t - \sin t, \\ y = 1 - \cos t \end{cases}$ $(0 \leqslant t \leqslant 2\pi)$ 与 x 轴围成，计算二重积分 $\displaystyle\iint\limits_{D} (x + 2y) \, \mathrm{d}x \, \mathrm{d}y$。

19. 设 $D_k (k = 1, 2, 3, 4)$ 是圆域 $D = \{(x, y) \mid x^2 + y^2 \leqslant 1\}$ 位于第 k 象限的部分，记 $I_k = \displaystyle\iint\limits_{D_k} (y - x) \, \mathrm{d}x \, \mathrm{d}y$，则（　　）。

      A. $I_1 > 0$ B. $I_2 > 0$ C. $I_3 > 0$ D. $I_4 > 0$

10.4　参考答案

1. $\displaystyle\int_{\frac{\pi}{4}}^{\arctan 3} \mathrm{d}\theta \int_{0}^{\frac{2}{\cos\theta}} f(\rho) \rho \, \mathrm{d}\rho$。　　2. $D = \{(x, y) \mid 4x^2 + y^2 \leqslant 4\}$。　　3. $\dfrac{10}{9}\pi R^4$。

4. 2。　　5. $h = \dfrac{1}{\sqrt{2}} R$；$\left(\dfrac{4}{15} + \dfrac{\sqrt{2}}{4}\right)\pi R^5$。　　6. $\dfrac{1}{2}(\mathrm{e} - 1)$。

7. 设 $u = x + 2y - 2z + 5$，讨论函数 u 在球体 $x^2 + y^2 + z^2 \leqslant 1$ 上的最大值和最小值，可得最小值为 2，最大值为 8。利用三重积分的性质，可得所证不等式。

8. $\displaystyle\int_{1}^{2} \mathrm{d}x \int_{0}^{1-x} f(x, y) \, \mathrm{d}y$。　　9. $\mathrm{e} - 1$。

10. 利用导数讨论单调性。三重积分用球坐标，二重积分用极坐标。

11. B。（交换积分次序）。　　12. $\dfrac{3}{8}$。　　13. C。　　14. $\dfrac{\pi}{2}\ln 2$。

15. A。　　16. $\dfrac{4\pi}{15}$。　　17. $5\pi + \dfrac{32}{3}$。　　18. $3\pi^2 + 5\pi$。　　19. B。

第11章

曲线积分与曲面积分

11.1　知识点

1. 对弧长的曲线积分

（1）定义

设 L 为 xOy 面内一条光滑曲线弧，函数 $f(x,y)$ 在 L 上有界，用 L 上的点 $M_1, M_2, \cdots,$ M_{n-1} 把 L 分成 n 个小段，设第 i 个小段的长度为 Δs_i，又 (ξ_i, η_i) 为第 i 个小段上任意取定的一点，作乘积 $f(\xi_i, \eta_i)\Delta s_i$，并作和 $\sum\limits_{i=1}^{n} f(\xi_i, \eta_i)\Delta s_i$，如果当各小弧段的长度的最大值 $\lambda \to 0$ 时，这个和的极限存在，则称此极限为函数 $f(x,y)$ 在曲线弧 L 上对弧长的曲线积分或第一类曲线积分，记作 $\int_L f(x,y)\mathrm{d}s$，即

$$\int_L f(x,y)\mathrm{d}s = \lim_{\lambda \to 0} \sum_{i=1}^{n} f(\xi_i, \eta_i)\Delta s_i \text{。}$$

曲线形构件的质量 $M = \int_L \rho(x,y)\mathrm{d}s$。

（2）存在条件

当 $f(x,y)$ 在光滑曲线弧 L 上连续时，对弧长的曲线积分 $\int_L f(x,y)\mathrm{d}s$ 存在。

（3）推广

函数 $f(x,y,z)$ 在空间曲线弧 Γ 上对弧长的曲线积分为

$$\int_\Gamma f(x,y,z)\mathrm{d}s = \lim_{\lambda \to 0} \sum_{i=1}^{n} f(\xi_i, \eta_i, \zeta_i)\Delta s_i \text{。}$$

注意：

① 若 L（或 Γ）是分段光滑的（$L = L_1 + L_2$），

$$\int_{L_1+L_2} f(x,y)\mathrm{d}s = \int_{L_1} f(x,y)\mathrm{d}s + \int_{L_2} f(x,y)\mathrm{d}s \text{。}$$

② 函数 $f(x,y)$ 在闭曲线 L 上对弧长的曲线积分为 $\oint_L f(x,y)\mathrm{d}s$。

（4）性质

① $\int_L [f(x,y) \pm g(x,y)] \mathrm{d}s = \int_L f(x,y) \mathrm{d}s \pm \int_L g(x,y) \mathrm{d}s$。

② $\int_L kf(x,y) \mathrm{d}s = k \int_L f(x,y) \mathrm{d}s$（$k$ 为常数）。

（5）对弧长曲线积分的计算

设 $f(x,y)$ 在曲线弧 L 上有定义且连续，L 的参数方程为 $\begin{cases} x = \varphi(t), \\ y = \psi(t), \end{cases}$（$\alpha \leqslant t \leqslant \beta$），其中 $\varphi(t), \psi(t)$ 在 $[\alpha, \beta]$ 上具有一阶连续导数，则

$$\int_L f(x,y) \mathrm{d}s = \int_{\alpha}^{\beta} f[\varphi(t), \psi(t)] \sqrt{\varphi'^2(t) + \psi'^2(t)} \, \mathrm{d}t, \quad \alpha < \beta。$$

注意：

① 定积分的下限 α 一定要小于上限 β；

② $f(x,y)$ 中 x,y 不彼此独立，而是相互有关的。

特殊情形

① $L: y = \psi(x), a \leqslant x \leqslant b$，则

$$\int_L f(x,y) \mathrm{d}s = \int_a^b f[x, \psi(x)] \sqrt{1 + \psi'^2(x)} \, \mathrm{d}x, \quad a < b；$$

② $L: x = \varphi(y), c \leqslant y \leqslant d$，则

$$\int_L f(x,y) \mathrm{d}s = \int_c^d f[\varphi(y), y] \sqrt{1 + \varphi'^2(y)} \, \mathrm{d}y, \quad c < d。$$

推广：

$\Gamma: x = \varphi(t), y = \psi(t), z = \omega(t), \alpha \leqslant t \leqslant \beta$，则

$$\int_{\Gamma} f(x,y,z) \mathrm{d}s = \int_{\alpha}^{\beta} f[\varphi(t), \psi(t), \omega(t)] \sqrt{\varphi'^2(t) + \psi'^2(t) + \omega'^2(t)} \, \mathrm{d}t, \quad \alpha < \beta。$$

2. 对坐标的曲线积分

（1）定义

设 L 为 xOy 面内从点 A 到点 B 的一条有向光滑曲线弧，函数 $P(x,y), Q(x,y)$ 在 L 上有界，用 L 上的点 $M_1(x_1, y_1), M_2(x_2, y_2), \cdots, M_{n-1}(x_{n-1}, y_{n-1})$ 把 L 分成 n 个有向小弧段 $M_{i-1}M_i$（$i = 1, 2, \cdots, n; M_0 = A, M_n = B$），设 $\Delta x_i = x_i - x_{i-1}, \Delta y_i = y_i - y_{i-1}$，点 (ξ_i, η_i) 为 $M_{i-1}M_i$ 上任意取定的点。如果当各小弧段长度的最大值 $\lambda \to 0$ 时，$\sum_{i=1}^{n} P(\xi_i, \eta_i) \Delta x_i$ 的极限存在，则称此极限为函数 $P(x,y)$ 在有向曲线弧 L 上对坐标 x 的曲线积分（或称第二类曲线积分），记作 $\int_L P(x,y) \mathrm{d}x = \lim\limits_{\lambda \to 0} \sum\limits_{i=1}^{n} P(\xi_i, \eta_i) \Delta x_i$。类似地定义 $\int_L Q(x,y) \mathrm{d}y = \lim\limits_{\lambda \to 0} \sum\limits_{i=1}^{n} Q(\xi_i, \eta_i) \Delta y_i$，其中 $P(x,y), Q(x,y)$ 称为被积函数，L 称为积分弧段。

（2）存在条件

当 $P(x,y), Q(x,y)$ 在光滑曲线弧 L 上连续时，第二类曲线积分存在。

（3）组合形式

$$\int_L P(x,y)\mathrm{d}x + \int_L Q(x,y)\mathrm{d}y = \int_L P(x,y)\mathrm{d}x + Q(x,y)\mathrm{d}y = \int_L \boldsymbol{F} \cdot \mathrm{d}\boldsymbol{s} \, .$$

其中 $\boldsymbol{F} = P\boldsymbol{i} + Q\boldsymbol{j}$，$\mathrm{d}\boldsymbol{s} = \mathrm{d}x\boldsymbol{i} + \mathrm{d}y\boldsymbol{j}$。

（4）推广

空间有向曲线弧 Γ，$\int_\Gamma P\mathrm{d}x + Q\mathrm{d}y + R\mathrm{d}z$，其中

$$\int_\Gamma P(x,y,z)\mathrm{d}x = \lim_{\lambda\to 0}\sum_{i=1}^n P(\xi_i,\eta_i,\zeta_i)\Delta x_i,$$

$$\int_\Gamma Q(x,y,z)\mathrm{d}y = \lim_{\lambda\to 0}\sum_{i=1}^n Q(\xi_i,\eta_i,\zeta_i)\Delta y_i,$$

$$\int_\Gamma R(x,y,z)\mathrm{d}z = \lim_{\lambda\to 0}\sum_{i=1}^n R(\xi_i,\eta_i,\zeta_i)\Delta z_i.$$

（5）性质

① 如果把 L 分成 L_1 和 L_2，则 $\int_L P\mathrm{d}x + Q\mathrm{d}y = \int_{L_1} P\mathrm{d}x + Q\mathrm{d}y + \int_{L_2} P\mathrm{d}x + Q\mathrm{d}y$。

② 设 L 是有向曲线弧，$-L$ 是与 L 方向相反的有向曲线弧，则

$$\int_{-L} P(x,y)\mathrm{d}x + Q(x,y)\mathrm{d}y = -\int_L P(x,y)\mathrm{d}x + Q(x,y)\mathrm{d}y,$$

即对坐标的曲线积分与曲线的方向有关。

（6）对坐标的曲线积分的计算

设 $P(x,y),Q(x,y)$ 在曲线弧 L 上有定义且连续，L 的参数方程为 $\begin{cases} x=\varphi(t), \\ y=\psi(t), \end{cases}$ 当参数 t 单调地由 α 到 β 时，点 $M(x,y)$ 从 L 的起点 A 沿 L 运动到终点 B，$\varphi(t),\psi(t)$ 在以 α 及 β 为端点的闭区间上具有一阶连续导数，且 $\varphi'^2(t)+\psi'^2(t)\neq 0$，则曲线积分 $\int_L P(x,y)\mathrm{d}x + Q(x,y)\mathrm{d}y$ 存在，且

$$\int_L P(x,y)\mathrm{d}x + Q(x,y)\mathrm{d}y = \int_\alpha^\beta \{P[\varphi(t),\psi(t)]\varphi'(t) + Q[\varphi(t),\psi(t)]\psi'(t)\}\mathrm{d}t.$$

特殊情形

① L：$y=y(x)$，x 起点为 a，终点为 b，则

$$\int_L P\mathrm{d}x + Q\mathrm{d}y = \int_a^b \{P[x,y(x)] + Q[x,y(x)]y'(x)\}\mathrm{d}x.$$

② L：$x=x(y)$，y 起点为 c，终点为 d，则

$$\int_L P\mathrm{d}x + Q\mathrm{d}y = \int_c^d \{P[x(y),y]x'(y) + Q[x(y),y]\}\mathrm{d}y.$$

③ 推广 Γ：$\begin{cases} x=\varphi(t), \\ y=\psi(t), \\ z=\omega(t), \end{cases}$ t 起点为 α，终点为 β，则

$$\int_\Gamma P\mathrm{d}x + Q\mathrm{d}y + R\mathrm{d}z = \int_\alpha^\beta \{P[\varphi(t),\psi(t),\omega(t)]\varphi'(t) + Q[\varphi(t),\psi(t),\omega(t)]\psi'(t) + R[\varphi(t),\psi(t),\omega(t)]\omega'(t)\}\mathrm{d}t.$$

3. 两类曲线积分之间的联系

设有向平面曲线弧为 L：$\begin{cases} x = \varphi(t), \\ y = \psi(t), \end{cases}$ L 上点 (x, y) 处的切线向量的方向角为 α, β，则

$$\int_L P\,\mathrm{d}x + Q\,\mathrm{d}y = \int_L (P\cos\alpha + Q\cos\beta)\,\mathrm{d}s,$$

其中 $\cos\alpha = \dfrac{\varphi'(t)}{\sqrt{\varphi'^2(t) + \psi'^2(t)}}$，$\cos\beta = \dfrac{\psi'(t)}{\sqrt{\varphi'^2(t) + \psi'^2(t)}}$。

此形式可以推广到空间曲线上。Γ 上点 (x, y, z) 处的切线向量的方向角为 α, β, γ，则

$$\int_\Gamma P\,\mathrm{d}x + Q\,\mathrm{d}y + R\,\mathrm{d}z = \int_\Gamma (P\cos\alpha + Q\cos\beta + R\cos\gamma)\,\mathrm{d}s。$$

可用向量表示为

$$\int_\Gamma P\,\mathrm{d}x + Q\,\mathrm{d}y + R\,\mathrm{d}z = \int_\Gamma \boldsymbol{A} \cdot \boldsymbol{t}\,\mathrm{d}s = \int_\Gamma \boldsymbol{A} \cdot \mathrm{d}\boldsymbol{r} = \int_\Gamma A_t\,\mathrm{d}s,$$

其中 $\boldsymbol{A} = (P, Q, R)$，$\boldsymbol{t} = (\cos\alpha, \cos\beta, \cos\gamma)$ 为 Γ 上点 (x, y, z) 处的单位切向量，$\mathrm{d}\boldsymbol{r} = \boldsymbol{t}\,\mathrm{d}s = (\mathrm{d}x, \mathrm{d}y, \mathrm{d}z)$ 为有向曲线元；A_t 为向量 $\boldsymbol{A}$ 在向量 $\boldsymbol{t}$ 上的投影。

4. 格林公式及其应用

（1）格林公式

设闭区域 D 由分段光滑的曲线 L 围成，函数 $P(x, y)$ 及 $Q(x, y)$ 在 D 上具有一阶连续偏导数，则有下面的格林公式

$$\iint_D \left(\frac{\partial Q}{\partial x} - \frac{\partial P}{\partial y} \right) \mathrm{d}x\,\mathrm{d}y = \oint_L P\,\mathrm{d}x + Q\,\mathrm{d}y,$$ 其中 L 是 D 的取正向的边界曲线。

（2）平面上曲线积分与路径无关的条件

设开区域 G 是一个单连通域，函数 $P(x, y)$，$Q(x, y)$ 在 G 内具有一阶连续偏导数，则曲线积分 $\int_L P\,\mathrm{d}x + Q\,\mathrm{d}y$ 在 G 内与路径无关（或沿 G 内任意闭曲线的曲线积分为零）的充要条件是 $\dfrac{\partial P}{\partial y} = \dfrac{\partial Q}{\partial x}$ 在 G 内恒成立。

有关定理的说明：

① 开区域 G 是一个单连通域；

② 函数 $P(x, y)$，$Q(x, y)$ 在 G 内具有一阶连续偏导数。

两条件缺一不可。

（3）二元函数的全微分求积

设开区域 G 是一个单连通域，函数 $P(x, y)$，$Q(x, y)$ 在 G 内具有一阶连续偏导数，则 $P(x, y)\mathrm{d}x + Q(x, y)\mathrm{d}y$ 在 G 内为某一函数 $u(x, y)$ 的全微分的充要条件是等式 $\dfrac{\partial P}{\partial y} = \dfrac{\partial Q}{\partial x}$ 在 G 内恒成立。

5. 对面积的曲面积分

（1）定义

设曲面 Σ 是光滑的，函数 $f(x, y, z)$ 在 Σ 上有界，把 Σ 分成 n 小块 ΔS_i（ΔS_i 同时也表

示第 i 小块曲面的面积),设点 (ξ_i,η_i,ζ_i) 为 ΔS_i 上任意取定的点,作乘积 $f(\xi_i,\eta_i,\zeta_i)\Delta S_i$,

并作和 $\sum\limits_{i=1}^{n}f(\xi_i,\eta_i,\zeta_i)\Delta S_i$,如果当各小块曲面的直径的最大值 $\lambda\to0$ 时,这和式的极限

存在,则称此极限为函数 $f(x,y,z)$ 在曲面 Σ 上对面积的曲面积分或第一类曲面积分。记

为 $\iint\limits_{\Sigma}f(x,y,z)\mathrm{d}S$,即

$$\iint\limits_{\Sigma}f(x,y,z)\mathrm{d}S=\lim_{\lambda\to0}\sum_{i=1}^{n}f(\xi_i,\eta_i,\zeta_i)\Delta S_i,$$

其中 $f(x,y,z)$ 称为被积函数,Σ 称为积分曲面。

(2) 性质

若 Σ 可分为分片光滑的曲面 Σ_1 及 Σ_2,则

$$\iint\limits_{\Sigma}f(x,y,z)\mathrm{d}S=\iint\limits_{\Sigma_1}f(x,y,z)\mathrm{d}S+\iint\limits_{\Sigma_2}f(x,y,z)\mathrm{d}S。$$

(3) 对面积的曲面积分的计算

按照曲面的不同情况分为以下三种:

① 若曲面 Σ:$z=z(x,y)$,则

$$\iint\limits_{\Sigma}f(x,y,z)\mathrm{d}S=\iint\limits_{D_{xy}}f[x,y,z(x,y)]\sqrt{1+z_x'^2+z_y'^2}\,\mathrm{d}x\mathrm{d}y;$$

② 若曲面 Σ:$y=y(x,z)$,则

$$\iint\limits_{\Sigma}f(x,y,z)\mathrm{d}S=\iint\limits_{D_{xz}}f[x,y(x,z),z]\sqrt{1+y_x'^2+y_z'^2}\,\mathrm{d}x\mathrm{d}z;$$

③ 若曲面 Σ:$x=x(y,z)$,则

$$\iint\limits_{\Sigma}f(x,y,z)\mathrm{d}S=\iint\limits_{D_{yz}}f[x(y,z),y,z]\sqrt{1+x_y'^2+x_z'^2}\,\mathrm{d}y\mathrm{d}z。$$

6. 对坐标的曲面积分

(1) 定义

设 Σ 为光滑的有向曲面,函数在 Σ 上有界,把 Σ 分成 n 块小曲面 ΔS_i(ΔS_i 同时又表示第 i 块小曲面的面积),ΔS_i 在 xOy 面上的投影为 $(\Delta S_i)_{xy}$,(ξ_i,η_i,ζ_i) 是 ΔS_i 上任意取定的一点,如果当各小块曲面的直径的最大值 $\lambda\to0$ 时,$\lim\limits_{\lambda\to0}\sum\limits_{i=1}^{n}R(\xi_i,\eta_i,\zeta_i)(\Delta S_i)_{xy}$ 存在,则称此极限为函数 $R(x,y,z)$ 在有向曲面 Σ 上对坐标 x,y 的曲面积分(也称第二类曲面积分),记作 $\iint\limits_{\Sigma}R(x,y,z)\mathrm{d}x\mathrm{d}y$,即 $\iint\limits_{\Sigma}R(x,y,z)\mathrm{d}x\mathrm{d}y=\lim\limits_{\lambda\to0}\sum\limits_{i=1}^{n}R(\xi_i,\eta_i,\zeta_i)(\Delta S_i)_{xy}$。

类似可定义

$$\iint\limits_{\Sigma}P(x,y,z)\mathrm{d}y\mathrm{d}z=\lim_{\lambda\to0}\sum_{i=1}^{n}P(\xi_i,\eta_i,\zeta_i)(\Delta S_i)_{yz},$$

$$\iint\limits_{\Sigma} Q(x,y,z)\mathrm{d}z\,\mathrm{d}x =\lim_{\lambda\to 0}\sum_{i=1}^{n}Q(\xi_i,\eta_i,\zeta_i)(\Delta S_i)_{zx}\,.$$

（2）存在条件

当 $P(x,y,z),Q(x,y,z),R(x,y,z)$ 在有向光滑曲面 Σ 上连续时，对坐标的曲面积分存在。

（3）组合形式

$$\iint\limits_{\Sigma}P(x,y,z)\mathrm{d}y\,\mathrm{d}z + Q(x,y,z)\mathrm{d}z\,\mathrm{d}x + R(x,y,z)\mathrm{d}x\,\mathrm{d}y\,.$$

（4）性质

① $$\iint\limits_{\Sigma_1+\Sigma_2}P\mathrm{d}y\,\mathrm{d}z + Q\mathrm{d}z\,\mathrm{d}x + R\mathrm{d}x\,\mathrm{d}y$$
$$=\iint\limits_{\Sigma_1}P\mathrm{d}y\,\mathrm{d}z + Q\mathrm{d}z\,\mathrm{d}x + R\mathrm{d}x\,\mathrm{d}y +\iint\limits_{\Sigma_2}P\mathrm{d}y\,\mathrm{d}z + Q\mathrm{d}z\,\mathrm{d}x + R\mathrm{d}x\,\mathrm{d}y\,.$$

② $$\iint\limits_{-\Sigma}P(x,y,z)\mathrm{d}y\,\mathrm{d}z =-\iint\limits_{\Sigma}P(x,y,z)\mathrm{d}y\,\mathrm{d}z\,,$$
$$\iint\limits_{-\Sigma}Q(x,y,z)\mathrm{d}z\,\mathrm{d}x =-\iint\limits_{\Sigma}Q(x,y,z)\mathrm{d}z\,\mathrm{d}x\,,$$
$$\iint\limits_{-\Sigma}R(x,y,z)\mathrm{d}x\,\mathrm{d}y =-\iint\limits_{\Sigma}R(x,y,z)\mathrm{d}x\,\mathrm{d}y\,.$$

（5）对坐标的曲面积分的计算

设积分曲面 Σ 是由方程 $z=z(x,y)$ 所给出的曲面上侧，Σ 在 xOy 面上的投影区域为 D_{xy}，函数 $z=z(x,y)$ 在 D_{xy} 上具有一阶连续偏导数，被积函数 $R(x,y,z)$ 在 Σ 上连续。

$$\iint\limits_{\Sigma}R(x,y,z)\mathrm{d}x\,\mathrm{d}y =\lim_{\lambda\to 0}\sum_{i=1}^{n}R(\xi_i,\eta_i,\zeta_i)(\Delta S_i)_{xy}$$

因为 Σ 取上侧，故 $\cos\gamma>0$，所以 $(\Delta S_i)_{xy}=(\Delta\sigma)_{xy}$。又因为 $\zeta_i=z(\xi_i,\eta_i)$，所以

$$\lim_{\lambda\to 0}\sum_{i=1}^{n}R(\xi_i,\eta_i,\zeta_i)(\Delta S_i)_{xy} =\lim_{\lambda\to 0}\sum_{i=1}^{n}R(\xi_i,\eta_i,z(\xi_i,\eta_i))(\Delta\sigma_i)_{xy}\,,$$

即 $$\iint\limits_{\Sigma}R(x,y,z)\mathrm{d}x\,\mathrm{d}y =\iint\limits_{D_{xy}}R[x,y,z(x,y)]\mathrm{d}x\,\mathrm{d}y\,.$$

若 Σ 取下侧，则 $\cos\gamma<0$，所以 $(\Delta S_i)_{xy}=-(\Delta\sigma)_{xy}$，

$$\iint\limits_{\Sigma}R(x,y,z)\mathrm{d}x\,\mathrm{d}y =-\iint\limits_{D_{xy}}R[x,y,z(x,y)]\mathrm{d}x\,\mathrm{d}y\,.$$

如果 Σ 由 $x=x(y,z)$ 给出，则有

$$\iint\limits_{\Sigma}P(x,y,z)\mathrm{d}y\,\mathrm{d}z =\pm\iint\limits_{D_{yz}}P[x(y,z),y,z]\mathrm{d}y\,\mathrm{d}z\,.$$

如果 Σ 由 $y=y(x,z)$ 给出，则有

$$\iint\limits_{\Sigma}Q(x,y,z)\mathrm{d}z\,\mathrm{d}x =\pm\iint\limits_{D_{zx}}Q[x,y(z,x),z]\mathrm{d}z\,\mathrm{d}x\,.$$

注意：对坐标的曲面积分，必须注意曲面所取的侧。

7. 两类曲面积分之间的联系

设有向曲面 Σ 由方程 $z=z(x,y)$ 给出，Σ 在 xOy 面上的投影区域为 D_{xy}，函数 $z=z(x,y)$ 在 D_{xy} 上具有一阶连续偏导数，$R(x,y,z)$ 在 Σ 上连续。对坐标的曲面积分为

$$\iint\limits_{\Sigma}R(x,y,z)\mathrm{d}x\,\mathrm{d}y=\pm\iint\limits_{D_{xy}}R[x,y,z(x,y)]\mathrm{d}x\,\mathrm{d}y，曲面 \Sigma 的法向量的方向余弦为$$

$$\cos\alpha=\frac{\mp z_x}{\sqrt{1+z_x^2+z_y^2}}，\quad \cos\beta=\frac{\mp z_y}{\sqrt{1+z_x^2+z_y^2}}，\quad \cos\gamma=\frac{\pm 1}{\sqrt{1+z_x^2+z_y^2}}。$$

对面积的曲面积分为

$$\iint\limits_{\Sigma}R(x,y,z)\cos\gamma\,\mathrm{d}S=\pm\iint\limits_{D_{xy}}R[x,y,z(x,y)]\mathrm{d}x\,\mathrm{d}y。$$

所以 $\iint\limits_{\Sigma}R(x,y,z)\mathrm{d}x\,\mathrm{d}y=\iint\limits_{\Sigma}R(x,y,z)\cos\gamma\,\mathrm{d}S$　（注意取曲面的两侧均成立）。

两类曲面积分之间的联系

$$\iint\limits_{\Sigma}P\,\mathrm{d}y\,\mathrm{d}z+Q\,\mathrm{d}z\,\mathrm{d}x+R\,\mathrm{d}x\,\mathrm{d}y=\iint\limits_{\Sigma}(P\cos\alpha+Q\cos\beta+R\cos\gamma)\mathrm{d}S。$$

向量形式为

$$\iint\limits_{\Sigma}\boldsymbol{A}\cdot\mathrm{d}\boldsymbol{S}=\iint\limits_{\Sigma}\boldsymbol{A}\cdot\boldsymbol{n}\,\mathrm{d}S\quad 或\quad \iint\limits_{\Sigma}\boldsymbol{A}\cdot\mathrm{d}\boldsymbol{S}=\iint\limits_{\Sigma}A_n\,\mathrm{d}S，$$

其中 $\boldsymbol{A}=(P,Q,R)$，$\boldsymbol{n}=(\cos\alpha,\cos\beta,\cos\gamma)$ 为有向曲面 Σ 上点 (x,y,z) 处的单位法向量，$\mathrm{d}\boldsymbol{S}=\boldsymbol{n}\,\mathrm{d}S=(\mathrm{d}y\,\mathrm{d}z,\mathrm{d}z\,\mathrm{d}x,\mathrm{d}x\,\mathrm{d}y)$ 称为有向曲面元，A_n 为向量 $\boldsymbol{A}$ 在 $\boldsymbol{n}$ 上的投影。

8. 高斯公式

设空间闭区域 Ω 由分片光滑的闭曲面 Σ 围成，函数 $P(x,y,z)$，$Q(x,y,z)$，$R(x,y,z)$ 在 Ω 上具有一阶连续偏导数，则有下面的高斯公式

$$\iiint\limits_{\Omega}\left(\frac{\partial P}{\partial x}+\frac{\partial Q}{\partial y}+\frac{\partial R}{\partial z}\right)\mathrm{d}v=\oiint\limits_{\Sigma}P\,\mathrm{d}y\,\mathrm{d}z+Q\,\mathrm{d}z\,\mathrm{d}x+R\,\mathrm{d}x\,\mathrm{d}y，$$

或 $$\iiint\limits_{\Omega}\left(\frac{\partial P}{\partial x}+\frac{\partial Q}{\partial y}+\frac{\partial R}{\partial z}\right)\mathrm{d}v=\oiint\limits_{\Sigma}(P\cos\alpha+Q\cos\beta+R\cos\gamma)\mathrm{d}S。$$

这里 Σ 是 Ω 的整个边界曲面的外侧，$\cos\alpha$，$\cos\beta$，$\cos\gamma$ 是 Σ 上点 (x,y,z) 处的法向量的方向余弦。

11.2　典型例题

题型一　对弧长的曲线积分的计算

例 1　计算 $\oint_L \mathrm{e}^{\sqrt{x^2+y^2}}\mathrm{d}s$，其中，$L：x=\sqrt{a^2-y^2}$，$y=x$，$x$ 轴所围图形之边界。

解　设 $L=L_1+L_2+L_3$，其中：

L_1 的方程为 $x = \sqrt{a^2 - y^2}$, $\mathrm{d}s = a\,\mathrm{d}\theta$(圆弧长),

L_2 的方程为 $y = x$, $\mathrm{d}s = \sqrt{2}\,\mathrm{d}x$,

L_3 的方程为 $y = 0$, $\mathrm{d}s = \mathrm{d}x$, 则

$$\oint_L \mathrm{e}^{\sqrt{x^2+y^2}}\,\mathrm{d}s = \int_{L_1} \mathrm{e}^{\sqrt{x^2+y^2}}\,\mathrm{d}s + \int_{L_2} \mathrm{e}^{\sqrt{x^2+y^2}}\,\mathrm{d}s + \int_{L_3} \mathrm{e}^{\sqrt{x^2+y^2}}\,\mathrm{d}s$$

$$= \int_0^{\frac{\pi}{4}} \mathrm{e}^a a\,\mathrm{d}\theta + \int_0^{\frac{a}{\sqrt{2}}} \mathrm{e}^{\sqrt{2}x} \sqrt{2}\,\mathrm{d}x + \int_0^a \mathrm{e}^x\,\mathrm{d}x = \left(\frac{\pi}{4}a + 2\right)\mathrm{e}^a - 2。$$

【小结】定积分的下限一定要小于上限。

例 2 计算 $\displaystyle\int_L |y|\,\mathrm{d}s$, 其中 $L: (x^2 + y^2)^2 = a^2(x^2 - y^2)(a > 0)$。

解 利用极坐标,则 $L: r^2 = a^2 \cos 2\theta$, 是双纽线;因积分路径与被积函数均关于 x 轴、y 轴及原点为对称,故只需计算沿第一象限的曲线段积分,再乘以 4 即可。

$$L_1: r^2 = a^2 \cos 2\theta, 0 \leqslant \theta \leqslant \frac{\pi}{4}, \mathrm{d}s = \sqrt{r^2 + (r')^2}\,\mathrm{d}\theta = \frac{a}{\sqrt{\cos 2\theta}}\,\mathrm{d}\theta,$$

故 $\displaystyle I = \int_L |y|\,\mathrm{d}s = 4\int_0^{\frac{\pi}{4}} r\sin\theta \frac{a}{\sqrt{\cos 2\theta}}\,\mathrm{d}\theta = 4a^2 \int_0^{\frac{\pi}{4}} \sin\theta\,\mathrm{d}\theta = 4a^2\left(1 - \frac{\sqrt{2}}{2}\right)$。

例 3 计算曲线积分 $\displaystyle I = \int_L \sqrt{2y^2 + z^2}\,\mathrm{d}s$, 其中 L 为球面 $x^2 + y^2 + z^2 = a^2$ 与平面 $x = y$ 相交的圆周。

解 曲线弧 L 的方程为 $\begin{cases} x^2 + y^2 + z^2 = a^2, \\ x = y, \end{cases}$ 整理可化为 $\begin{cases} 2y^2 + z^2 = a^2, \\ x = y, \end{cases}$ 故

$$I = \int_L \sqrt{2y^2 + z^2}\,\mathrm{d}s = a\int_L \mathrm{d}s = a(2\pi a) = 2\pi a^2。$$

例 4 计算 $\displaystyle\oint_L z^2\,\mathrm{d}s$, 其中 $L: \begin{cases} x^2 + y^2 + z^2 = R^2, \\ x + y + z = 0 \end{cases} (R > 0)$。

解 由于曲线 L 为关于 x, y, z 具有轮换对称性的空间圆周,故有

$$\oint_L z^2\,\mathrm{d}s = \oint_L x^2\,\mathrm{d}s = \oint_L y^2\,\mathrm{d}s,$$

则

$$\oint_L z^2\,\mathrm{d}s = \frac{1}{3}\oint_L (x^2 + y^2 + z^2)\,\mathrm{d}s = \frac{R^2}{3}\oint_L \mathrm{d}s = \frac{2\pi R^3}{3}。$$

题型二 对坐标的曲线积分的计算

例 5 计算 $\displaystyle\int_\Gamma (y - z)\mathrm{d}x + (z - x)\mathrm{d}y + (x - y)\mathrm{d}z$, 其中 Γ 为椭圆 $x^2 + y^2 = 1$, $x + z = 1$, 若从 x 轴正向看去,Γ 的方向是顺时针的。

解 曲线 Γ 的参数式方程为 $\begin{cases} x = \cos\theta, \\ y = \sin\theta, \\ z = 1 - \cos\theta, \end{cases}$ 且 θ 从 2π 到 0, 故

$$I = \int_{2\pi}^0 \left[(\sin\theta - 1 + \cos\theta)(-\sin\theta) + (1 - 2\cos\theta)\cos\theta + (\cos\theta - \sin\theta)\sin\theta\right]\mathrm{d}\theta$$

$$= \int_{2\pi}^0 (\sin\theta + \cos\theta - 2)\mathrm{d}\theta = 4\pi。$$

【小结】积分下限与上限分别为积分路径的起点与终点所对应的参变量值。

题型三 利用积分与路径无关的条件计算曲线积分

例 6 计算曲线积分 $\displaystyle\int_{\Gamma}\frac{x-y}{x^2+y^2}\mathrm{d}x+\frac{x+y}{x^2+y^2}\mathrm{d}y$，其中 Γ 是从点 $A(-a,0)$ 经上半椭圆

$\dfrac{x^2}{a^2}+\dfrac{y^2}{b^2}=1(y\geqslant 0)$ 到点 $B(a,0)$ 的弧段。

解 记 $P=\dfrac{x-y}{x^2+y^2}$，$Q=\dfrac{x+y}{x^2+y^2}$，则 $\dfrac{\partial P}{\partial y}=\dfrac{y^2-2xy-x^2}{(x^2+y^2)^2}$，$\dfrac{\partial Q}{\partial x}=\dfrac{y^2-2xy-x^2}{(x^2+y^2)^2}$，

除原点外 $P,Q,\dfrac{\partial P}{\partial y},\dfrac{\partial Q}{\partial x}$ 处处连续，且 $\dfrac{\partial P}{\partial y}=\dfrac{\partial Q}{\partial x}$。则可得在不含原点的区域内，积分与路径

无关。

作 Γ' 是从点 $A(-a,0)$ 经上半圆 $x^2+y^2=a^2(y\geqslant 0)$ 到点 $B(a,0)$ 的弧段，则

$$I=\int_{\Gamma}\frac{x-y}{x^2+y^2}\mathrm{d}x+\frac{x+y}{x^2+y^2}\mathrm{d}y=\int_{\Gamma'}\frac{x-y}{x^2+y^2}\mathrm{d}x+\frac{x+y}{x^2+y^2}\mathrm{d}y$$

$$=\int_{\pi}^{0}\big[(\cos\theta-\sin\theta)(-\sin\theta)+(\cos\theta+\sin\theta)\cos\theta\big]\mathrm{d}\theta=\int_{\pi}^{0}\mathrm{d}\theta=-\pi.$$

【小结】积分路径的选择：常选直线段、折线段、圆弧线等，以沿所选路径积分方便为
原则。

题型四 利用格林公式计算曲线积分

例 7 计算曲线积分 $I=\displaystyle\oint_{C}\frac{x\mathrm{d}y-y\mathrm{d}x}{4x^2+y^2}$，其中 C 是以点 $(1,0)$ 为中心，R 为半径的圆

$(R>1)$，取逆时针方向。

解 设 $P=\dfrac{-y}{4x^2+y^2}$，$Q=\dfrac{x}{4x^2+y^2}$，则

$$\frac{\partial P}{\partial y}=\frac{y^2-4x^2}{(4x^2+y^2)^2}=\frac{\partial Q}{\partial x}\quad(x,y)\neq(0,0).$$

作小椭圆 $L:\begin{cases}x=\dfrac{1}{2}\delta\cos\theta,\\ y=\delta\sin\theta,\end{cases}(0\leqslant\theta\leqslant2\pi,\delta<R-1)$，取逆时针方向。于是由格林公式，有

$$\oint_{C+L^-}\frac{x\mathrm{d}y-y\mathrm{d}x}{4x^2+y^2}=0,$$

即有

$$I=\oint_{C}\frac{x\mathrm{d}y-y\mathrm{d}x}{4x^2+y^2}=\oint_{L}\frac{x\mathrm{d}y-y\mathrm{d}x}{4x^2+y^2}=\int_{0}^{2\pi}\frac{\dfrac{1}{2}\delta^2}{\delta^2}\mathrm{d}\theta=\pi.$$

例 8 计算曲线积分 $\displaystyle\int_{AmB}[\varphi(y)\cos x-\pi y]\mathrm{d}x+[\varphi'(y)\sin x-\pi]\mathrm{d}y$，其中 AmB 为连

结点 $A(\pi,2)$ 与点 $B(3\pi,4)$ 的线段 $\overline{AB}$ 之下方的任意路线，且该路线与线段 $\overline{AB}$ 所围图形的

面积为 2。

解 依据格林公式有

$$\int_{AmBA} [\varphi(y)\cos x - \pi y]\mathrm{d}x + [\varphi'(y)\sin x - \pi]\mathrm{d}y = \iint\limits_{D} \pi \mathrm{d}\sigma = 2\pi,$$

故

$$\int_{AmB} [\varphi(y)\cos x - \pi y]\mathrm{d}x + [\varphi'(y)\sin x - \pi]\mathrm{d}y$$

$$= 2\pi - \int_{BA} [\varphi(y)\cos x - \pi y]\mathrm{d}x + [\varphi'(y)\sin x - \pi]\mathrm{d}y。$$

而线段 $\overline{AB}$ 的方程为 $y = \dfrac{x}{\pi} + 1\ (\pi \leqslant x \leqslant 3\pi)$ 或 $\begin{cases} x = \pi(t-1), \\ y = t \end{cases}\ (2 \leqslant t \leqslant 4)$，故

$$\int_{BA} [\varphi(y)\cos x - \pi y]\mathrm{d}x + [\varphi'(y)\sin x - \pi]\mathrm{d}y$$

$$= \int_{4}^{2} [\pi\varphi(t)\cos(\pi(t-1)) - \pi^2 t + \varphi'(t)\sin(\pi(t-1)) - \pi]\mathrm{d}t$$

$$= \int_{4}^{2} (-\pi^2 t - \pi)\mathrm{d}t + \int_{4}^{2} [\pi\varphi(t)\cos(\pi(t-1)) + \varphi'(t)\sin(\pi(t-1))]\mathrm{d}t$$

$$= 2\pi + 6\pi^2 + [\varphi(t)\sin(\pi(t-1))]_{4}^{2} = 2\pi + 6\pi^2,$$

故所求曲线积分 $\int_{AmB} [\varphi(y)\cos x - \pi y]\mathrm{d}x + [\varphi'(y)\sin x - \pi]\mathrm{d}y = -6\pi^2$。

题型五 对面积的曲面积分的计算

例 9 计算 $\iint\limits_{\Sigma} x \,\mathrm{d}s$，其中 Σ 为圆柱面 $x^2 + y^2 = 1$ 被平

面 $z = x + 2$ 及 $z = 0$ 所截得的部分。

解 为了计算方便，将曲面 Σ 向坐标面 xOz 上投

影，得投影区域 D，如图 11-1。

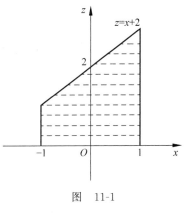

图 11-1

记 Σ_1 的方程为 $y = \sqrt{1-x^2}$，Σ_2 的方程为 $y = -\sqrt{1-x^2}$，则 Σ_1 和 Σ_2 在坐标面 xOz 上投影区域为

$D:\begin{cases} -1 \leqslant x \leqslant 1, \\ 0 \leqslant z \leqslant x+2, \end{cases}$ 故

$$\iint\limits_{\Sigma} x \,\mathrm{d}s = \iint\limits_{\Sigma_1} x \,\mathrm{d}s + \iint\limits_{\Sigma_2} x \,\mathrm{d}s = 2\iint\limits_{D} \frac{x}{\sqrt{1-x^2}}\mathrm{d}x\,\mathrm{d}z$$

$$= 2\int_{-1}^{1}\mathrm{d}x \int_{0}^{x+2} \frac{x}{\sqrt{1-x^2}}\mathrm{d}y = 2\int_{-1}^{1} \frac{x(x+2)}{\sqrt{1-x^2}}\mathrm{d}x = \pi。$$

例 10 设 Σ 为椭球面 $\dfrac{x^2}{2} + \dfrac{y^2}{2} + z^2 = 1$ 的上半部分，点 $P(x,y,z) \in \Sigma$，π 为 Σ 在点

P 处的切平面，$\rho(x,y,z)$ 为点 $O(0,0,0)$ 到平面 π 的距离，求 $\iint\limits_{\Sigma} \dfrac{z}{\rho(x,y,z)}\mathrm{d}s$。

解 设 (X,Y,Z) 是 Σ 在点 $P(x,y,z)$ 处的切平面 π 上的任意一点，则切平面 π 的方程为

$$x(x-X)+y(y-Y)+2z(z-Z)=0,$$

即 $\qquad xX+yY+2zZ-(x^2+y^2+2z^2)=0。$

因为 $P(x,y,z)\in\Sigma$，则 $x^2+y^2+2z^2=2$，故切平面 π 的方程为 $xX+yY+2zZ=2$。

从而点 $O(0,0,0)$ 到平面 π 的距离 $\rho(x,y,z)=\dfrac{2}{\sqrt{x^2+y^2+4z^2}}$，由于 Σ 是椭球面的上

半部分，所以 $z=\sqrt{1-\dfrac{x^2}{2}-\dfrac{y^2}{2}}$。而 $ds=\dfrac{\sqrt{4-x^2-y^2}}{\sqrt{4-2x^2-2y^2}}dxdy$，$\Sigma$ 在 xOy 坐标面上的投影

区域 $D_{xy}=\{(x,y)\mid x^2+y^2\leqslant 2\}$，故

$$\iint\limits_{\Sigma}\frac{z}{\rho(x,y,z)}ds=\frac{1}{2}\iint\limits_{\Sigma}z\sqrt{x^2+y^2+4z^2}ds。$$

又

$$\iint\limits_{\Sigma}z\sqrt{x^2+y^2+4z^2}ds$$

$$=\frac{1}{\sqrt{2}}\iint\limits_{D_{xy}}\sqrt{1-\frac{x^2}{2}-\frac{y^2}{2}}\cdot\sqrt{x^2+y^2+4\left(1-\frac{x^2}{2}-\frac{y^2}{2}\right)}\cdot\frac{\sqrt{4-x^2-y^2}}{\sqrt{2-x^2-y^2}}dxdy$$

$$=\frac{1}{2}\iint\limits_{D_{xy}}(4-x^2-y^2)dxdy=\frac{1}{2}\int_0^{2\pi}d\theta\int_0^{\sqrt{2}}(4-r^2)rdr=3\pi,$$

所以 $\qquad\qquad\displaystyle\iint\limits_{\Sigma}\frac{z}{\rho(x,y,z)}ds=\frac{3}{2}\pi。$

题型六　对坐标的曲面积分的计算

例 11　计算 $I=\displaystyle\iint\limits_{\Sigma}xdydz+ydzdx+zdxdy$，其中 Σ：曲面 $z=\sqrt{x^2+y^2}$ 外法线方向

$(0\leqslant z\leqslant 1)$。

解　补平面 Σ_1：$z=1$，法线方向取 z 轴正向，由高斯公式，有

$$\oiint\limits_{\Sigma+\Sigma_1}xdydz+ydzdx+zdxdy=\iiint\limits_{\Omega}3dxdydz=3\cdot\frac{1}{3}\pi1^2\cdot 1=\pi$$

其中 Ω 是 Σ 与 Σ_1 所围的立体域。

因为 $I_1=\displaystyle\iint\limits_{\Sigma_1}xdydz+ydzdx+zdxdy=\iint\limits_{\Sigma_1}zdxdy=\pi$，从而

$$I=\iint\limits_{\Sigma}xdydz+ydzdx+zdxdy=0。$$

例 12　计算 $\displaystyle\iint\limits_{\Sigma}xyzdxdy$ 其中 Σ 是球面 $x^2+y^2+z^2=1$ 外侧在 $x\geqslant 0,y\geqslant 0$ 的

部分。

解　把 Σ 分成 Σ_1：$z_1=-\sqrt{1-x^2-y^2}$ 和 Σ_2：$z_2=\sqrt{1-x^2-y^2}$ 两部分，则

$$\iint\limits_{\Sigma} xyz\,\mathrm{d}x\,\mathrm{d}y = \iint\limits_{\Sigma_2} xyz\,\mathrm{d}x\,\mathrm{d}y + \iint\limits_{\Sigma_1} xyz\,\mathrm{d}x\,\mathrm{d}y$$

$$= \iint\limits_{D_{xy}} xy\sqrt{1-x^2-y^2}\,\mathrm{d}x\,\mathrm{d}y - \iint\limits_{D_{xy}} xy(-\sqrt{1-x^2-y^2})\,\mathrm{d}x\,\mathrm{d}y$$

$$= 2\iint\limits_{D_{xy}} xy\sqrt{1-x^2-y^2}\,\mathrm{d}x\,\mathrm{d}y$$

$$= 2\iint\limits_{D_{xy}} r^2\sin\theta\cos\theta\sqrt{1-r^2}\,r\,\mathrm{d}r\,\mathrm{d}\theta = \frac{2}{15}.$$

例 13 计算 $\iint\limits_{\Sigma}(z^2+x)\mathrm{d}y\,\mathrm{d}z - z\,\mathrm{d}x\,\mathrm{d}y$,其中 Σ 是旋转抛物面 $z=\dfrac{1}{2}(x^2+y^2)$ 介于平面 $z=0$ 及 $z=2$ 之间的部分的下侧。

解 $\iint\limits_{\Sigma}(z^2+x)\mathrm{d}y\,\mathrm{d}z = \iint\limits_{\Sigma}(z^2+x)\cos\alpha\,\mathrm{d}s = \iint\limits_{\Sigma}(z^2+x)\dfrac{\cos\alpha}{\cos\gamma}\mathrm{d}x\,\mathrm{d}y.$

在曲面 Σ 上,有 $\cos\alpha = \dfrac{x}{\sqrt{1+x^2+y^2}}$,$\cos\gamma = \dfrac{-1}{\sqrt{1+x^2+y^2}}$,故

$$\iint\limits_{\Sigma}(z^2+x)\mathrm{d}y\,\mathrm{d}z - z\,\mathrm{d}x\,\mathrm{d}y = \iint\limits_{\Sigma}[(z^2+x)(-x)-z]\mathrm{d}x\,\mathrm{d}y$$

$$= -\iint\limits_{D_{xy}}\left\{\left[\frac{1}{4}(x^2+y^2)+x\right]\cdot(-x)-\frac{1}{2}(x^2+y^2)\right\}\mathrm{d}x\,\mathrm{d}y$$

$$= \iint\limits_{D_{xy}}\left[x^2+\frac{1}{2}(x^2+y^2)\right]\mathrm{d}x\,\mathrm{d}y$$

$$= \int_0^{2\pi}\mathrm{d}\theta\int_0^2\left(r^2\cos^2\theta+\frac{1}{2}r^2\right)r\,\mathrm{d}r = 8\pi.$$

例 14 计算曲面积分 $\iint\limits_{\Sigma}(x^2\cos\alpha + y^2\cos\beta + z^2\cos\gamma)\mathrm{d}S$,其中 Σ 为锥面 $x^2+y^2=z^2$ 介于平面 $z=0$ 及 $z=h(h>0)$ 之间的部分的下侧,$\cos\alpha$,$\cos\beta$,$\cos\gamma$ 是 Σ 在 (x,y,z) 处的法向量的方向余弦。

解 空间曲面在 xOy 面上的投影域为 D_{xy},曲面 Σ 不是封闭曲面,为利用高斯公式补充 $\Sigma_1: z=h(x^2+y^2\leqslant h^2)\Sigma_1$ 取上侧,使 $\Sigma+\Sigma_1$ 构成封闭曲面,$\Sigma+\Sigma_1$ 围成空间区域 Ω,在 Ω 上应用高斯公式,得

$$\iint\limits_{\Sigma+\Sigma_1}(x^2\cos\alpha + y^2\cos\beta + z^2\cos\gamma)\mathrm{d}S = 2\iiint\limits_{\Omega}(x+y+z)\mathrm{d}v$$

$$= 2\iint\limits_{D_{xy}}\mathrm{d}x\,\mathrm{d}y\int_{\sqrt{x^2+y^2}}^{h}(x+y+z)\mathrm{d}z,\text{其中 } D_{xy}=\{(x,y)\mid x^2+y^2\leqslant h^2\}.$$

因 $\iint\limits_{D_{xy}}\mathrm{d}x\,\mathrm{d}y\int_{\sqrt{x^2+y^2}}^{h}(x+y)\mathrm{d}z = 0$,故

$$\iint\limits_{\Sigma+\Sigma_1}(x^2\cos\alpha + y^2\cos\beta + z^2\cos\gamma)\mathrm{d}S = \iint\limits_{D_{xy}}(h^2-x^2-y^2)\mathrm{d}x\,\mathrm{d}y = \frac{1}{2}\pi h^4.$$

又
$$\iint\limits_{\Sigma_1}(x^2\cos\alpha+y^2\cos\beta+z^2\cos\gamma)\mathrm{d}S=\iint\limits_{\Sigma_1}z^2\mathrm{d}S=\iint\limits_{D_{xy}}h^2\mathrm{d}x\,\mathrm{d}y=\pi h^4,$$

故所求积分为
$$\iint\limits_{\Sigma}(x^2\cos\alpha+y^2\cos\beta+z^2\cos\gamma)\mathrm{d}S=\frac{1}{2}\pi h^4-\pi h^4=-\frac{1}{2}\pi h^4.$$

11.3 同步训练

1. 已知 $L:x^2+\dfrac{y^2}{4}=1$, 逆时针方向, 则 $\oint_L\dfrac{x\,\mathrm{d}y-4y\,\mathrm{d}x}{x^2+y^2}=$ _____。

2. 求曲面积分 $\iint\limits_{\Sigma}\dfrac{x^3\mathrm{d}y\,\mathrm{d}z+y^3\mathrm{d}z\,\mathrm{d}x+z^3\mathrm{d}x\,\mathrm{d}y}{\sqrt{(x^2+y^2+z^2)^3}}$, 其中 Σ 为曲线 $\begin{cases}z=\sqrt{1-x^2}\\y=0\end{cases}$, 绕 z 轴旋转一周所成的曲面的上侧。

3. 设 Σ 为球面 $(x-a)^2+(y-b)^2+(z-c)^2=R^2(R>0)$ 的外侧, 则曲面积分 $\oiint\limits_{\Sigma}x\,\mathrm{d}y\,\mathrm{d}z+y\,\mathrm{d}z\,\mathrm{d}x+z\,\mathrm{d}x\,\mathrm{d}y=$ _____。

4. 设 $u(x,y),v(x,y)$ 在区域 $D:x^2+y^2\leqslant2x-2y$ 上具有连续的偏导数, 在 D 的边界曲线 C 上 $u(x,y)=x,v(x,y)=y$, 求 $\iint\limits_{D}\left[\left(\dfrac{\partial u}{\partial x}-\dfrac{\partial u}{\partial y}\right)v+\left(\dfrac{\partial v}{\partial x}-\dfrac{\partial v}{\partial y}\right)u\right]\mathrm{d}x\,\mathrm{d}y$。

5. 设 Γ 是 $\begin{cases}x^2+y^2+z^2=R^2,\\x+y+z=0\end{cases}$ 一周 $(R>0)$, 其线密度为 1, 则其关于 z 轴的转动惯量 $I=$ _____。

6. 设 L 是圆周 $x^2+y^2=1$ 正向, 求 $I=\oint_L\dfrac{x\,\mathrm{d}y-y\,\mathrm{d}x}{Ax^2+2Bxy+Cy^2}(A>0,AC-B^2>0)$。

7. 设 $f(x)$ 具有一阶连续导数, 计算曲线积分 $\int_C f'(x)\sin y\,\mathrm{d}x+[f(x)\cos y-\pi x]\mathrm{d}y$, 其中曲线 C 是从点 $A(2,2\pi)$ 沿圆周 $(x-1)^2+(y-\pi)^2=1+\pi^2$ 的上半圆周到点 $B(0,0)$。

8. 计算 $\iint\limits_{\Sigma}yx\,\mathrm{d}y\,\mathrm{d}z+(x^2+z^2)\mathrm{d}z\,\mathrm{d}x+xy\,\mathrm{d}x\,\mathrm{d}y$, 其中 Σ 为曲面 $4-y=x^2+z^2$ 上 $y\geqslant0$ 部分取外侧。

9. 若 L 为正向圆周 $x^2+y^2=1$, $u(x,y)=x^4+y^4$, 求 $\oint_L\dfrac{\partial u}{\partial n}\mathrm{d}s$, 其中 n 是 L 的单位外法向量。

10. 平面曲线 $L:x^2+y^2=1$, 逆时针方向, 则 $\oint_L\dfrac{-2x^2y\,\mathrm{d}x+y\,\mathrm{d}y}{x^2+y^2}=$ _____。

11. 计算 $\oiint\limits_{S}5x^3\mathrm{d}y\,\mathrm{d}z+y^2\mathrm{d}z\,\mathrm{d}x+3z^2\mathrm{d}x\,\mathrm{d}y$, 其中 S 为球面 $x^2+y^2+(z-1)^2=1$ 的外表面。

12. 计算 $I = \oint_L (y^2 - z^2)\mathrm{d}x + (2z^2 - x^2)\mathrm{d}y + (3x^2 - y^2)\mathrm{d}z$，其中 L 是平面 $x + y + z = 2$ 与柱面 $|x| + |y| = 1$ 的交线，从 z 轴正向看去，L 为逆时针方向。

13. 设函数 $f(x)$ 在 $(-\infty, +\infty)$ 上具有一阶连续导数，L 是上半平面 $(y > 0)$ 内的有向分段光滑曲线，起点为 (a, b)，终点为 (c, d)。记

$$I = \int_L \frac{1}{y}[1 + y^2 f(xy)]\mathrm{d}x + \frac{x}{y^2}[y^2 f(xy) - 1]\mathrm{d}y。$$

(1) 证明曲线积分 I 与路径 L 无关。

(2) 当 $ab = cd$ 时，求 I 的值。

14. 已知平面区域 $D = \{(x, y) \mid 0 \leqslant x \leqslant \pi, 0 \leqslant y \leqslant \pi\}$，$L$ 为 D 的正向边界。试证：

(1) $\oint_L x \mathrm{e}^{\sin y}\mathrm{d}y - y \mathrm{e}^{-\sin x}\mathrm{d}x = \oint_L x \mathrm{e}^{-\sin y}\mathrm{d}y - y \mathrm{e}^{\sin x}\mathrm{d}x$；

(2) $\oint_L x \mathrm{e}^{\sin y}\mathrm{d}y - y \mathrm{e}^{-\sin x}\mathrm{d}x \geqslant 2\pi^2$。

15. 设 L 为正向圆周 $x^2 + y^2 = 2$ 在第一象限中的部分，则曲线积分 $\int_L x \mathrm{d}y - 2y \mathrm{d}x$ 的值为 _____。

16. 计算曲面积分 $I = \iint_\Sigma 2x^3 \mathrm{d}y\mathrm{d}z + 2y^3 \mathrm{d}z\mathrm{d}x + 3(z^2 - 1)\mathrm{d}x\mathrm{d}y$。其中 Σ 是曲面 $z = 1 - x^2 - y^2 (z \geqslant 0)$ 的上侧。

17. 设 Ω 是由锥面 $z = \sqrt{x^2 + y^2}$ 与半球面 $z = \sqrt{R^2 - x^2 - y^2}$ 围成的空间区域，Σ 是 Ω 的整个边界的外侧，则 $\iint_\Sigma x \mathrm{d}y\mathrm{d}z + y \mathrm{d}z\mathrm{d}x + z \mathrm{d}x\mathrm{d}y$ _____。

18. 设函数 $\varphi(y)$ 具有连续导数，在围绕原点的任意分段光滑简单闭曲线 L 上，曲线积分 $\oint_L \frac{\varphi(y)\mathrm{d}x + 2xy\mathrm{d}y}{2x^2 + y^4}$ 的值恒为同一常数。

(1) 证明：对右半平面 $x > 0$ 内的任意分段光滑简单闭曲线 C 有 $\oint_C \frac{\varphi(y)\mathrm{d}x + 2xy\mathrm{d}y}{2x^2 + y^4} = 0$。

(2) 求函数 $\varphi(y)$ 的表达式。

19. 设 Σ 是锥面 $z = \sqrt{x^2 + y^2}$ $(0 \leqslant z \leqslant 1)$ 的下侧，则

$$\iint_\Sigma x \mathrm{d}y\mathrm{d}z + 2y \mathrm{d}z\mathrm{d}x + 3(z - 1)\mathrm{d}x\mathrm{d}y \text{ _____}。$$

20. 设在上半平面 $D = \{(x, y) \mid y > 0\}$ 内，函数 $f(x, y)$ 有连续偏导数，且对任意的 $t > 0$ 都有 $f(tx, ty) = t^{-2} f(x, y)$。证明：对 L 内的任意分段光滑的有向简单闭曲线 L，都有

$$\oint_L y f(x, y)\mathrm{d}x - x f(x, y)\mathrm{d}y = 0。$$

21. 设曲线 L：$f(x, y) = 1$（$f(x, y)$ 具有一阶连续偏导数），过第二象限内的点 M 和第四象限内的点 N，Γ 为 L 上从点 M 到点 N 的一段弧，则下列小于零的是（ ）。

    A. $\int_\Gamma f(x, y)\mathrm{d}x$ B. $\int_\Gamma f(x, y)\mathrm{d}y$

C. $\displaystyle\int_\Gamma f(x,y)\mathrm{d}s$ D. $\displaystyle\int_\Gamma f'_x(x,y)\mathrm{d}x+f'_y(x,y)\mathrm{d}y$

22. 设曲面 Σ：$|x|+|y|+|z|=1$，则 $\displaystyle\oiint_\Sigma(x+|y|)\mathrm{d}S=$ _____。

23. 计算曲面积分 $I=\displaystyle\iint_\Sigma xz\mathrm{d}y\mathrm{d}z+2zy\mathrm{d}z\mathrm{d}x+3xy\mathrm{d}x\mathrm{d}y$，其中 Σ 为曲面 $z=1-x^2-\dfrac{y^2}{4}(0\leqslant z\leqslant1)$ 的上侧。

24. 设曲面 Σ 是 $z=\sqrt{4-x^2-y^2}$ 的上侧，则 $\displaystyle\iint_\Sigma xy\mathrm{d}y\mathrm{d}z+x\mathrm{d}z\mathrm{d}x+x^2\mathrm{d}x\mathrm{d}y=$ _____。

25. 计算曲线积分 $\displaystyle\int_L\sin2x\mathrm{d}x+2(x^2-1)y\mathrm{d}y$，其中 L 是曲线 $y=\sin x$ 上从点 $(0,0)$ 到点 $(\pi,0)$ 的一段。

26. 已知曲线 L：$y=x^2(0\leqslant x\leqslant\sqrt2)$，则 $\displaystyle\int_L x\mathrm{d}s=$ _____。

27. 计算曲面积分 $I=\displaystyle\oiint_\Sigma\dfrac{x\mathrm{d}y\mathrm{d}z+y\mathrm{d}z\mathrm{d}x+z\mathrm{d}x\mathrm{d}y}{(x^2+y^2+z^2)^{\frac{3}{2}}}$，其中 Σ 是曲面 $2x^2+2y^2+z^2=4$ 的外侧。

28. 已知曲线 L 的方程为 $y=1-|x|(x\in[-1,1])$ 起点是 $(-1,0)$，终点是 $(1,0)$，则曲线积分 $\displaystyle\int_L xy\mathrm{d}x+x^2\mathrm{d}y=$ _____。

29. 设 P 为椭球面 S：$x^2+y^2+z^2-yz=1$ 上的动点，若 S 在点 P 处的切平面与 xOy 面垂直，求 P 点的轨迹 C 并计算曲面积分 $I=\displaystyle\iint_\Sigma\dfrac{(x+\sqrt3)|y-2z|}{\sqrt{4+y^2+z^2-4yz}}\mathrm{d}S$，其中 Σ 是椭球面位于 C 上方的部分。

30. 设函数 $f(x,y)$ 满足 $\dfrac{\partial f(x,y)}{\partial x}=(2x+1)\mathrm{e}^{2x-y}$，且 $f(0,y)=y+1$，L_t 是从 $(0,0)$ 到点 $(1,t)$ 的光滑曲线，计算曲线积分 $I(t)=\displaystyle\int_{L_t}\dfrac{\partial f(x,y)}{\partial x}\mathrm{d}x+\dfrac{\partial f(x,y)}{\partial y}\mathrm{d}y$，并求 $I(t)$ 的最小值。

31. 设有界区域 Ω 由平面 $2x+y+2z=2$ 与三个坐标平面围成，Σ 为 Ω 整个表面的外侧，计算曲面积分 $I=\displaystyle\iint_\Sigma(x^2+1)\mathrm{d}y\mathrm{d}z-2y\mathrm{d}z\mathrm{d}x+3z\mathrm{d}x\mathrm{d}y$。

32. 若曲线积分 $\displaystyle\int_L\dfrac{x\mathrm{d}x-ay\mathrm{d}y}{x^2+y^2-1}$ 在区域 $D=\{(x,y)\mid x^2+y^2<1\}$ 内与路径无关，则 $a=$ _____。

33. 曲线 S 由 $x^2+y^2+z^2=1$ 与 $x+y+z=0$ 相交而成，求 $\displaystyle\oint_S xy\mathrm{d}S$。

34. 设函数 $Q(x,y)=\dfrac{x}{y^2}$，如果对上半平面 $(y>0)$ 内的任意有向光滑封闭曲线 C 都有

$$\oint_C P(x,y)\mathrm{d}x + Q(x,y)\mathrm{d}y = 0,那么函数 P(x,y) 可取为（\qquad）。$$

    A. $y - \dfrac{x^2}{y^3}$ B. $\dfrac{1}{y} - \dfrac{x^2}{y^3}$ C. $\dfrac{1}{x} - \dfrac{1}{y}$ D. $x - \dfrac{1}{y}$

35. 设 Σ 为曲面 $x^2 + y^2 + 4z^2 = 4(z \geqslant 0)$ 的上侧，则 $\displaystyle\iint_{\Sigma} \sqrt{4 - x^2 - 4z^2}\,\mathrm{d}x\,\mathrm{d}y = $ _____。

11.4 参考答案

1. 4π。   2. $\dfrac{6}{5}\pi$。   3. $4\pi R^3$。   4. -4π。   5. $\dfrac{4\pi}{3}R^3$。

6. $\dfrac{2\pi}{\sqrt{AC - B^2}}$。   7. $\dfrac{7}{2}\pi^2 - \dfrac{1}{2}\pi^4$。   8. $\dfrac{56}{3}\pi$。   9. 0。

10. $-\dfrac{1}{2}\pi$。   11. 12π。   12. -24。

13. （1）利用曲线积分与积分路径无关的充要条件即可证明。（2）$\dfrac{c}{d} - \dfrac{a}{b}$。

14. （1）利用格林公式计算即可证明。（2）利用重积分的性质即可证明。

15. $\dfrac{3}{2}\pi$。   16. $-\pi$。   17. $(2 - \sqrt{2})\pi R^3$。   18. （2）$\varphi(y) = -y^2$。

19. 2π。   20. 利用格林公式计算即可证明。   21. B。   22. $\dfrac{4\sqrt{3}}{3}$。

23. $\dfrac{\pi}{2}$。   24. 4π。   25. $-\dfrac{\pi^2}{2}$。   26. $\dfrac{13}{6}$。   27. 4π。

28. 0。   29. 2π。   30. 3。   31. $\dfrac{1}{2}$。   32. -1。

33. $-\dfrac{\pi}{3}$。   34. D。   35. $\dfrac{32}{3}$。

第12章

无穷级数

12.1　知识点

1. 数项级数

（1）定义

给定一个无穷数列 $u_1, u_2, \cdots, u_n, \cdots$，则

$$\sum_{n=1}^{\infty} u_n = u_1 + u_2 + \cdots + u_n + \cdots$$

称为数项级数，简称级数，其中第 n 项 u_n 称为级数的通项或一般项。该级数的前 n 项和

$$S_n = u_1 + u_2 + \cdots + u_n = \sum_{k=1}^{n} u_k$$

称为级数 $\sum_{n=1}^{\infty} u_n$ 的前 n 项部分和，并称数列 $\{S_n\}$ 为级数 $\sum_{n=1}^{\infty} u_n$ 的部分和数列。

（2）级数的收敛、发散与级数和

若级数 $\sum_{n=1}^{\infty} u_n$ 的部分和数列 $\{S_n\}$ 的极限存在，即 $\lim\limits_{n \to \infty} S_n = S$，则称级数 $\sum_{n=1}^{\infty} u_n$ 收敛，若部分和数列的极限不存在，则称级数 $\sum_{n=1}^{\infty} u_n$ 发散。

当级数 $\sum_{n=1}^{\infty} u_n$ 收敛时，称其部分和数列的极限 S 为级数 $\sum_{n=1}^{\infty} u_n$ 的和，记为 $\sum_{n=1}^{\infty} u_n = S$。

（3）数项级数的性质

① 若级数 $\sum_{n=1}^{\infty} u_n$ 和 $\sum_{n=1}^{\infty} v_n$ 分别收敛于 S 与 T，则级数 $\sum_{n=1}^{\infty} (u_n \pm v_n)$ 收敛于 $S \pm T$，即

$$\sum_{n=1}^{\infty} (u_n + v_n) = \sum_{n=1}^{\infty} u_n + \sum_{n=1}^{\infty} v_n.$$

② 级数 $\sum\limits_{n=1}^{\infty} u_n$ 和 $\sum\limits_{n=1}^{\infty} cu_n$($c$ 为任一常数,$c \neq 0$) 有相同的敛散性,且若 $\sum\limits_{n=1}^{\infty} u_n$ 收敛于 S,则 $\sum\limits_{n=1}^{\infty} cu_n$ 收敛于 cS,即 $\sum\limits_{n=1}^{\infty} cu_n = c\sum\limits_{n=1}^{\infty} u_n$。

③ 添加、去掉或改变级数的有限项,所得级数的敛散性不变。

④（级数收敛的必要条件）若级数 $\sum\limits_{n=1}^{\infty} u_n$ 收敛,则 $\lim\limits_{n \to \infty} u_n = 0$。

（4）正项级数及其收敛判别法

若 $u_n \geqslant 0 (n = 1, 2, \cdots)$,则称级数 $\sum\limits_{n=1}^{\infty} u_n$ 为正项级数。

① 比较判别法

设 $\sum\limits_{n=1}^{\infty} u_n$ 和 $\sum\limits_{n=1}^{\infty} v_n$ 是两个正项级数,且 $u_n \leqslant v_n (n = 1, 2, \cdots)$,那么有:

若级数 $\sum\limits_{n=1}^{\infty} v_n$ 收敛,则级数 $\sum\limits_{n=1}^{\infty} u_n$ 也收敛;若级数 $\sum\limits_{n=1}^{\infty} u_n$ 发散,则级数 $\sum\limits_{n=1}^{\infty} v_n$ 也发散。

② 比值判别法（达朗贝尔判别法）

设 $\sum\limits_{n=1}^{\infty} u_n$ 是正项级数,且 $\lim\limits_{n \to \infty} \dfrac{u_{n+1}}{u_n} = \rho$,则:

当 $\rho < 1$ 时,级数收敛;当 $\rho > 1$ 时,级数发散;当 $\rho = 1$ 时,级数可能收敛,也可能发散。

③ 根值判别法（柯西判别法）

$\lim\limits_{n \to \infty} \sqrt[n]{u_n} = \rho$,当 $\rho < 1$ 时,级数收敛;当 $\rho > 1$ 时,级数发散;当 $\rho = 1$ 时,级数可能收敛,也可能发散。

（5）交错级数与莱布尼茨判别法

① 交错级数

设 $u_n \geqslant 0 (n = 1, 2, \cdots)$,级数 $\sum\limits_{n=1}^{\infty} (-1)^{n-1} u_n$ 称为交错级数。

② 莱布尼茨判别法

如果交错级数 $\sum\limits_{n=1}^{\infty} (-1)^{n-1} u_n (u_n \geqslant 0, n = 1, 2, \cdots)$ 满足莱布尼茨条件:

$$u_n \geqslant u_{n+1} (n = 1, 2, \cdots) \text{ 且 } \lim\limits_{n \to \infty} u_n = 0,$$

则该级数收敛,且其和 $S \leqslant u_1$,其余项 r_n 的绝对值 $|r_n| \leqslant u_{n+1}$。

（6）绝对收敛与条件收敛

如果级数 $\sum\limits_{n=1}^{\infty} |u_n|$ 收敛,则称级数 $\sum\limits_{n=1}^{\infty} u_n$ 是绝对收敛的;如果级数 $\sum\limits_{n=1}^{\infty} u_n$ 收敛而级数 $\sum\limits_{n=1}^{\infty} |u_n|$ 发散,则称级数 $\sum\limits_{n=1}^{\infty} u_n$ 是条件收敛的。

对于绝对收敛的级数 $\sum\limits_{n=1}^{\infty} u_n$,有如下结论:

如果级数 $\sum\limits_{n=1}^{\infty} u_n$ 是绝对收敛的,则级数 $\sum\limits_{n=1}^{\infty} u_n$ 也收敛。

（7）两个重要级数

① 几何级数

形如

$$\sum_{n=0}^{\infty} aq^n = a + aq + aq^2 + \cdots + aq^{n-1} + \cdots$$

的级数称为几何级数。几何级数的敛散性有如下结论:

当 $|q| < 1$ 时,几何级数 $\sum\limits_{n=0}^{\infty} aq^n$ 收敛于 $\dfrac{a}{1-q}$;当 $|q| \geqslant 1$ 时,几何级数 $\sum\limits_{n=0}^{\infty} aq^n$ 发散。

② p-级数

形如

$$\sum_{n=1}^{\infty} \frac{1}{n^p} = 1 + \frac{1}{2^p} + \frac{1}{3^p} + \cdots + \frac{1}{n^p} + \cdots$$

的级数称为 p-级数。p-级数的敛散性有如下结论:

当 $p > 1$ 时,p-级数 $\sum\limits_{n=1}^{\infty} \dfrac{1}{n^p}$ 收敛;当 $p \leqslant 1$ 时,p-级数 $\sum\limits_{n=1}^{\infty} \dfrac{1}{n^p}$ 发散。

特殊地,$p = 1$ 时的 p-级数 $\sum\limits_{n=1}^{\infty} \dfrac{1}{n}$ 称为调和级数,调和级数是发散的。

2. 幂级数

（1）函数项级数

如果级数

$$f_1(x) + f_2(x) + \cdots + f_n(x) + \cdots$$

的各项都是定义在某个区间 I 上的函数,则称该级数为函数项级数,$f_n(x)$ 称为通项或一般项。当 x 在区间 I 中取定某个常数 x_0 时,该级数是数项级数。如果数项级数 $\sum\limits_{n=1}^{\infty} f_n(x_0)$ 收敛,则称 x_0 为函数项级数 $\sum\limits_{n=1}^{\infty} f_n(x)$ 的一个收敛点;如果发散,则称 x_0 为函数项级数的一个发散点,函数项级数的所有收敛点组成的集合称为它的收敛域。

对于收敛域内的任意一个数 x,函数项级数为该收敛域内的一个数项级数,于是有一个确定的和 S。这样,在收敛域上,函数项级数的和是 x 的函数 $S(x)$,通常称 $S(x)$ 为函数项级数和函数,即

$$S(x) = f_1(x) + f_2(x) + \cdots + f_n(x) + \cdots,$$

其中 x 是收敛域内的任意一个点。

（2）幂级数的定义

形如

$$\sum_{n=0}^{\infty} a_n x^n = a_0 + a_1 x + a_2 x^2 + \cdots + a_n x^n + \cdots$$

的函数项级数称为 x 的幂级数,其中 $a_n (n = 0, 1, 2, \cdots)$ 称为该幂级数的第 n 项系数。

(3) 幂级数的收敛半径

设幂级数的系数满足

$$\lim_{n\to\infty}\left|\frac{a_{n+1}}{a_n}\right|=\lambda,$$

当 $0<\lambda<+\infty$ 时,称 $R=\frac{1}{\lambda}$ 为幂级数的收敛半径。

当 $\lambda=0$ 时,规定收敛半径为 $R=+\infty$;当 $\lambda=+\infty$ 时,规定收敛半径 $R=0$。

(4) 幂级数的收敛区间、收敛域

① 收敛区间

如果幂级数的收敛半径为 R,则称区间 $(-R,R)$ 为幂级数的收敛区间,幂级数在收敛区间内绝对收敛。

② 收敛域

把收敛区间的端点 $x=\pm R$ 代入幂级数中,判断数项级数的敛散性后,就可得到幂级数的收敛域。

(5) 幂级数的性质

设 $\sum_{n=0}^{\infty}a_n x^n=S(x),x\in(-R_1,R_1)$, $\sum_{n=0}^{\infty}b_n x^n=T(x),x\in(-R_2,R_2),R=\min\{R_1,R_2\}$。

① 幂级数的和函数在收敛区间内连续。

② (加法运算) 当 $x\in(-R,R)$ 时,有

$$\sum_{n=0}^{\infty}a_n x^n\pm\sum_{n=0}^{\infty}b_n x^n=\sum_{n=0}^{\infty}(a_n\pm b_n)x^n=S(x)\pm T(x)。$$

③ (逐项微分运算) 当 $x\in(-R,R)$ 时,有

$$S'(x)=\left(\sum_{n=0}^{\infty}a_n x^n\right)'=\sum_{n=0}^{\infty}(a_n x^n)'=\sum_{n=1}^{\infty}na_n x^{n-1},$$

且收敛半径仍为 R。

④ (逐项积分运算) 当 $x\in(-R,R)$ 时,有

$$\int_0^x S(x)\mathrm{d}x=\int_0^x\left(\sum_{n=0}^{\infty}a_n x^n\right)\mathrm{d}x=\sum_{n=0}^{\infty}\int_0^x a_n x^n\mathrm{d}x=\sum_{n=0}^{\infty}\frac{a_n}{n+1}x^{n+1},$$

且收敛半径仍为 R。

(6) 泰勒级数与麦克劳林级数

① 泰勒级数

$$f(x_0)+f'(x_0)(x-x_0)+\frac{f''(x_0)}{2!}(x-x_0)^2+\cdots+\frac{f^{(n)}(x_0)}{n!}(x-x_0)^n+\cdots$$

称为 $f(x)$ 在 $x=x_0$ 处的泰勒级数。

② 麦克劳林级数

$$f(0)+f'(0)x+\frac{f''(0)}{2!}x^2+\cdots+\frac{f^{(n)}(0)}{n!}x^n+\cdots$$

称为 $f(x)$ 的麦克劳林级数。

③ 函数展开成泰勒级数的充要条件

设函数 $f(x)$ 在 $x=x_0$ 的某个邻域内有任意阶导数,则函数 $f(x)$ 的泰勒级数在该邻域内收敛于 $f(x)$ 的充要条件是:$\lim\limits_{n \to \infty} R_n(x)=0$(其中 $R_n(x)$ 是泰勒余项)。如果 $f(x)$ 在 $x=x_0$ 处的泰勒级数收敛于 $f(x)$,则 $f(x)$ 在 $x=x_0$ 处可展开成泰勒级数,即

$$f(x)=\sum_{n=0}^{\infty} \frac{f^{(n)}(x_0)}{n!}(x-x_0)^n,$$

称其为 $f(x)$ 在 $x=x_0$ 处的泰勒展开式,也称为 $f(x)$ 关于 $x-x_0$ 的幂级数。

当 $x_0=0$ 时,有

$$f(x)=\sum_{n=0}^{\infty} \frac{f^{(n)}(0)}{n!}x^n$$

称为函数 $f(x)$ 的麦克劳林展开式。

(7) 常用初等函数的麦克劳林展开式

① $e^x=\sum\limits_{n=0}^{\infty} \frac{1}{n!}x^n=1+x+\frac{x^2}{2!}+\cdots+\frac{x^n}{n!}+\cdots \quad (-\infty < x < +\infty),$

② $\sin x=\sum\limits_{n=0}^{\infty} (-1)^n \frac{1}{(2n+1)!}x^{2n+1}=x-\frac{x^3}{3!}+\cdots+(-1)^n \frac{x^{2n+1}}{(2n+1)!}+\cdots$
$$(-\infty < x < +\infty),$$

③ $\cos x=\sum\limits_{n=0}^{\infty} (-1)^n \frac{1}{(2n)!}x^{2n}=1-\frac{x^2}{2!}+\frac{x^4}{4!}+\cdots+(-1)^n \frac{x^{2n}}{(2n)!}+\cdots$
$$(-\infty < x < +\infty),$$

④ $\ln(1+x)=\sum\limits_{n=0}^{\infty} (-1)^n \frac{1}{n+1}x^{n+1}=x-\frac{x^2}{2}+\frac{x^3}{3}-\frac{x^4}{4}+\cdots+(-1)^n \frac{x^{n+1}}{n+1}+\cdots$
$$(-1 < x \leqslant 1),$$

⑤ $(1+x)^{\alpha}=1+\alpha x+\frac{\alpha(\alpha-1)}{2!}x^2+\cdots+\frac{\alpha(\alpha-1)\cdots(\alpha-n+1)}{n!}x^n+\cdots$
$$(-1 < x < 1),$$

其中 α 为任意实常数

⑥ $\dfrac{1}{1+x}=\sum\limits_{n=0}^{\infty} (-1)^n x^n=1-x+x^2-x^3+\cdots+(-1)^n x^n+\cdots \quad (-1 < x < 1).$

3. 傅里叶级数

(1) 以 2π 为周期的函数 $f(x)$ 展开成傅里叶级数

① 设 $f(x)$ 是周期为 2π 的函数,则 $f(x)$ 的傅里叶系数的公式为

$$a_n=\frac{1}{\pi}\int_{-\pi}^{\pi} f(x)\cos nx \, dx \quad (n=0,1,2,\cdots),$$

$$b_n=\frac{1}{\pi}\int_{-\pi}^{\pi} f(x)\sin nx \, dx \quad (n=1,2,\cdots),$$

由 $f(x)$ 的傅里叶系数所确定的三角级数

$$\frac{a_0}{2}+\sum_{n=1}^{\infty} (a_n \cos nx + b_n \sin nx)$$

称为 $f(x)$ 的傅里叶级数。

② 当 $f(x)$ 是周期为 2π 的奇函数时，$f(x)$ 的傅里叶级数是正弦级数 $\sum_{n=1}^{\infty} b_n \sin nx$，其中系数 $b_n = \dfrac{2}{\pi} \int_0^\pi f(x) \sin nx \, dx \quad (n=1,2,\cdots)$。

③ 当 $f(x)$ 是周期为 2π 的偶函数时，$f(x)$ 的傅里叶级数是余弦级数 $\dfrac{a_0}{2} + \sum_{n=1}^{\infty} a_n \cos nx$，其中系数 $a_n = \dfrac{2}{\pi} \int_0^\pi f(x) \cos nx \, dx \quad (n=0,1,2,\cdots)$。

（2）狄利克雷收敛定理

设以 2π 为周期的函数 $f(x)$ 在 $[-\pi,\pi]$ 上满足狄利克雷条件：

① 连续或仅有有限个第一类间断点；

② 至多只有有限个极值点，

则 $f(x)$ 的傅里叶级数收敛，且有：

① 当 x 是 $f(x)$ 的连续点时，$f(x)$ 的傅里叶级数收敛于 $f(x)$；

② 当 x 是 $f(x)$ 的间断点时，$f(x)$ 的傅里叶级数收敛于这一点左、右极限的算术平均数 $\dfrac{1}{2}[f(x-0)+f(x+0)]$。

（3）$[-\pi,\pi]$ 或 $[0,\pi]$ 上的函数 $f(x)$ 展开成傅里叶级数

如果函数 $f(x)$ 只在区间 $[-\pi,\pi]$ 上有定义且满足狄利克雷收敛定理的条件，我们可以在 $[-\pi,\pi)$ 或 $(-\pi,\pi]$ 外，补充函数的定义，使它拓广成周期为 2π 的周期函数 $F(x)$（按这种方式拓广函数的定义的过程称为周期延拓）。再将 $F(x)$ 展开成傅里叶级数，并且该傅里叶级数在 $x \in (-\pi,\pi)$ 时，就是函数 $f(x)$ 的傅里叶级数，在 $x = \pm\pi$ 处，傅里叶级数收敛于 $\dfrac{1}{2}[f(\pi-0)+f(-\pi+0)]$。

类似地，如果 $f(x)$ 只在 $[0,\pi]$ 上有定义且满足狄利克雷收敛定理的条件，我们在 $(-\pi,0)$ 内补充 $f(x)$ 的定义，得到定义在 $(-\pi,\pi]$ 上的函数 $F(x)$，使它在 $(-\pi,\pi)$ 上成为奇函数（偶函数）（按这种方式拓广函数的定义的过程称为奇延拓（偶延拓））。然后把奇延拓（偶延拓）后的函数 $F(x)$ 展开成傅里叶级数，这个级数必定是正弦级数（余弦级数）。

（4）以 $2l$ 为周期的函数，且在 $[-l,l]$ 上满足狄利克雷收敛定理的条件，得到 $f(x)$ 的傅里叶级数展开式为

$$f(x) = \frac{a_0}{2} + \sum_{n=1}^{\infty}\left(a_n \cos\frac{n\pi x}{l} + b_n \sin\frac{n\pi x}{l}\right),$$

当 x 是 $f(x)$ 的连续点时，上式成立。其中

$$a_n = \frac{1}{l}\int_{-l}^{l} f(x)\cos\frac{n\pi x}{l}dx \quad (n=0,1,2,\cdots),$$

$$b_n = \frac{1}{l}\int_{-l}^{l} f(x)\sin\frac{n\pi x}{l}dx \quad (n=1,2,\cdots).$$

12.2   典型例题

题型一   判断常数项级数的敛散性

例 1   判断下列级数的敛散性：

(1) $\sum\limits_{n=2}^{\infty} \dfrac{1}{\sqrt[n]{\ln n}}$；

(2) $\sum\limits_{n=1}^{\infty} \left(\dfrac{1}{n} - \ln \dfrac{n+1}{n} \right)$；

(3) $\sum\limits_{n=1}^{\infty} \left(\dfrac{\pi^{e}}{e^{\pi}} \right)^{n}$；

(4) $\sum\limits_{n=1}^{\infty} \dfrac{e^{n} n!}{n^{n}}$。

解   (1) 因为 $\dfrac{1}{\sqrt[n]{\ln n}} > \dfrac{1}{\sqrt[n]{n}}$，而 $\lim\limits_{n\to\infty} \sqrt[n]{n} = 1$，故级数 $\sum\limits_{n=2}^{\infty} \dfrac{1}{\sqrt[n]{n}}$ 发散。所以级数 $\sum\limits_{n=2}^{\infty} \dfrac{1}{\sqrt[n]{\ln n}}$ 发散。

(2) 已知 $\ln(1+x) < x \, (x \neq 0, -1 < x < +\infty)$，由此得

$$\ln \frac{n+1}{n} = \ln\left(1 + \frac{1}{n}\right) < \frac{1}{n}$$

及

$$\ln \frac{n+1}{n} = -\ln \frac{n}{n+1} = -\ln\left(1 - \frac{1}{n+1}\right) > \frac{1}{n+1},$$

故

$$0 < \frac{1}{n} - \ln \frac{n+1}{n} < \frac{1}{n} - \frac{1}{n+1} = \frac{1}{n(n+1)},$$

而级数 $\sum\limits_{n=1}^{\infty} \dfrac{1}{n(n+1)}$ 收敛，故级数 $\sum\limits_{n=1}^{\infty} \left(\dfrac{1}{n} - \ln \dfrac{n+1}{n} \right)$ 收敛。

(3) 因为 $0 < \dfrac{\pi^{e}}{e^{\pi}} < 1$，故几何级数 $\sum\limits_{n=1}^{\infty} \left(\dfrac{\pi^{e}}{e^{\pi}} \right)^{n}$ 收敛。

(4) $\lim\limits_{n\to\infty} \dfrac{u_{n+1}}{u_n} = \lim\limits_{n\to\infty} \dfrac{e^{n+1}(n+1)!}{e^{n} n!} \cdot \dfrac{n^{n}}{(n+1)^{n+1}} = \lim\limits_{n\to\infty} \dfrac{e}{\left(1 + \dfrac{1}{n}\right)^{n}} = 1,$

$\rho = 1$，比值法失效。但 $a_n = \left(1 + \dfrac{1}{n}\right)^{n}$ 为单调增且是有界数列，即 $a_n < a_{n+1}$ 及 $a_n < e$，

$(n = 1, 2, \cdots)$，于是有 $\dfrac{u_{n+1}}{u_n} = \dfrac{e}{\left(1 + \dfrac{1}{n}\right)^{n}} > 1 \, (n = 1, 2, \cdots)$，即 $u_{n+1} > u_n$，由此可知 $\lim\limits_{n\to\infty} u_n \neq 0$，

故所给级数发散。

例 2   判别正项级数 $\sum\limits_{n=1}^{\infty} \displaystyle\int_{0}^{\frac{1}{n}} \dfrac{\sin \pi x}{1 + x^{3}} \mathrm{d}x$ 的敛散性。

解 $0 \leqslant u_n = \displaystyle\int_{0}^{\frac{1}{n}} \dfrac{\sin \pi x}{1 + x^{3}} \mathrm{d}x \leqslant \displaystyle\int_{0}^{\frac{1}{n}} \sin \pi x \, \mathrm{d}x = \dfrac{1}{\pi}\left(1 - \cos \dfrac{\pi}{n}\right) = v_n$。

对于级数 $\sum\limits_{n=1}^{\infty} v_n = \sum\limits_{n=1}^{\infty} \dfrac{1}{\pi}\left(1 - \cos \dfrac{\pi}{n}\right)$，因为

$$\lim_{n\to\infty}\frac{v_n}{\frac{1}{n^2}}=\lim_{n\to\infty}\frac{\left(1-\cos\frac{\pi}{n}\right)}{\frac{\pi}{n^2}}=\lim_{n\to\infty}\pi\frac{\left(1-\cos\frac{\pi}{n}\right)}{\frac{\pi^2}{n^2}}=\frac{\pi}{2},$$

所以级数 $\sum\limits_{n=1}^{\infty}v_n$ 与级数 $\sum\limits_{n=1}^{\infty}\frac{1}{n^2}$ 有相同的敛散性,而级数 $\sum\limits_{n=1}^{\infty}\frac{1}{n^2}$ 收敛。故级数 $\sum\limits_{n=1}^{\infty}v_n$ 收敛,由

比较判别法知级数 $\sum\limits_{n=1}^{\infty}\int_0^{\frac{1}{n}}\frac{\sin\pi x}{1+x^3}\mathrm{d}x$ 收敛。

题型二　判断任意项级数的敛散性

例 3　判断下列级数的敛散性,若收敛,指出是绝对收敛还是条件收敛:

(1) $\sum\limits_{n=2}^{\infty}\frac{(-1)^n}{\ln n}$;　　　　　　　　(2) $\sum\limits_{n=1}^{\infty}\frac{(-1)^n}{1+a^n}$　$(a>0)$。

解　(1) 先判断级数 $\sum\limits_{n=2}^{\infty}\left|\frac{(-1)^n}{\ln n}\right|=\sum\limits_{n=2}^{\infty}\frac{1}{\ln n}$ 的敛散性,显然级数 $\sum\limits_{n=2}^{\infty}\frac{1}{\ln n}$ 是正项级数,因

为 $\frac{1}{\ln n}>\frac{1}{n}$,而级数 $\sum\limits_{n=2}^{\infty}\frac{1}{n}$ 发散,由比较判别法知级数 $\sum\limits_{n=2}^{\infty}\frac{1}{\ln n}$ 发散. 又因为级数 $\sum\limits_{n=2}^{\infty}\frac{(-1)^n}{\ln n}$

是一交错级数,$\lim\limits_{n\to\infty}\frac{1}{\ln n}=0$ 且 $\frac{1}{\ln n}>\frac{1}{\ln(n+1)}$,由莱布尼茨判别法知,级数 $\sum\limits_{n=2}^{\infty}\frac{(-1)^n}{\ln n}$ 收

敛,故此级数条件收敛。

(2) 当 $0<a\leqslant1$ 时,$\lim\limits_{n\to\infty}\frac{1}{1+a^n}\neq0$,由级数收敛的必要条件知级数 $\sum\limits_{n=1}^{\infty}\frac{(-1)^n}{1+a^n}$ 发散。

当 $a>1$ 时,先判断级数 $\sum\limits_{n=1}^{\infty}\left|\frac{(-1)^n}{1+a^n}\right|=\sum\limits_{n=1}^{\infty}\frac{1}{1+a^n}$ 的敛散性,因为 $\lim\limits_{n\to\infty}\frac{1+a^n}{1+a^{n+1}}=$

$\lim\limits_{n\to\infty}\frac{1+\frac{1}{a^n}}{a+\frac{1}{a^n}}=\frac{1}{a}<1$,由比值判别法知,级数 $\sum\limits_{n=1}^{\infty}\frac{(-1)^n}{1+a^n}$ 绝对收敛。

例 4　设常数 $\lambda>0$,且级数 $\sum\limits_{n=1}^{\infty}a_n^2$ 收敛,试判断级数 $\sum\limits_{n=1}^{\infty}(-1)^n\frac{|a_n|}{\sqrt{n^2+\lambda}}$ 的敛散性。

解　因为 $\frac{|a_n|}{\sqrt{n^2+\lambda}}\leqslant\frac{1}{2}\left(|a_n|^2+\frac{1}{n^2+\lambda}\right)$,而级数 $\sum\limits_{n=1}^{\infty}a_n^2$ 收敛、级数 $\sum\limits_{n=1}^{\infty}\frac{1}{n^2+\lambda}$ 收敛,

所以级数 $\sum\limits_{n=1}^{\infty}\frac{|a_n|}{\sqrt{n^2+\lambda}}$ 收敛,并且原级数绝对收敛。

例 5　设正项数列 $\{a_n\}$ 单调减少,且 $\sum\limits_{n=1}^{\infty}(-1)^n a_n$ 发散,试问级数 $\sum\limits_{n=1}^{\infty}\left(\frac{1}{a_n+1}\right)^n$ 是否收

敛,并说明理由。

解　由于数列 $\{a_n\}$ 单调减少有下界,故 $\lim\limits_{n\to\infty}a_n$ 存在,记为 a,则 $a\geqslant0$。

如果 $a=0$,将与已知条件 $\sum\limits_{n=1}^{\infty}(-1)^n a_n$ 发散相矛盾,于是 $a>0$。所以

$$\left(\frac{1}{a_n+1}\right)^n < \left(\frac{1}{a+1}\right)^n, \quad \text{有} \frac{1}{a+1}<1。$$

因为 $\sum\limits_{n=1}^{\infty}\left(\frac{1}{a+1}\right)^n\left(\text{公比}\frac{1}{a+1}<1\right)$ 收敛,即原级数收敛。

例 6   判别下列级数的敛散性:

(1) $\sum\limits_{n=1}^{\infty}\sin(\pi\sqrt{n^2+a^2})$;   (2) $\sum\limits_{n=1}^{\infty}(-1)^n(\sqrt{n+1}-\sqrt{n})$;

(3) $\sum\limits_{n=2}^{\infty}(-1)^n\dfrac{1}{\sqrt{n}+(-1)^n}$。

解   (1) 设 $a_n=\sin(\pi\sqrt{n^2+a^2})$。因为

$$a_n=\sin(\pi\sqrt{n^2+a^2})=\sin[n\pi+\pi(\sqrt{n^2+a^2}-n)]=(-1)^n\sin\frac{\pi a^2}{\sqrt{n^2+a^2}+n}。$$

当 n 充分大时,$0<\dfrac{\pi a^2}{\sqrt{n^2+a^2}+n}<\dfrac{\pi}{2}$,而正弦函数 $\sin x$ 在 $\left[0,\dfrac{\pi}{2}\right]$ 上是单调增加的,所以

$$\sin\frac{\pi a^2}{\sqrt{n^2+a^2}+n}>\sin\frac{\pi a^2}{\sqrt{(n+1)^2+a^2}+(n+1)},\text{且}\lim_{n\to\infty}\sin\frac{\pi a^2}{\sqrt{n^2+a^2}+n}=0,$$

故由莱布尼茨定理可知,原级数收敛。

(2) 因为 $u_n=\sqrt{n+1}-\sqrt{n}>0$,故此级数为交错级数。又因为

$$\lim_{n\to\infty}u_n=\lim_{n\to\infty}(\sqrt{n+1}-\sqrt{n})=\lim_{n\to\infty}\frac{1}{(\sqrt{n+1}+\sqrt{n})}=0,$$

$$u_n=\sqrt{n+1}-\sqrt{n}=\frac{1}{\sqrt{n+1}+\sqrt{n}}>\frac{1}{\sqrt{n+2}+\sqrt{n+1}}=\sqrt{n+2}-\sqrt{n+1}=u_{n+1},$$

所以由莱布尼茨定理知原级数收敛。

(3) $\lim\limits_{n\to\infty}u_n=\lim\limits_{n\to\infty}\dfrac{(-1)^n}{\sqrt{n}+(-1)^n}=0$,但 $\dfrac{1}{\sqrt{n}+(-1)^n}$ 不单调,所以不能用莱布尼茨定理判断。

但因为 $u_n=\dfrac{(-1)^n}{\sqrt{n}+(-1)^n}=\dfrac{(-1)^n[\sqrt{n}-(-1)^n]}{n-1}=\dfrac{(-1)^n\sqrt{n}}{n-1}-\dfrac{1}{n-1}$,级数

$\sum\limits_{n=2}^{\infty}\dfrac{(-1)^n\sqrt{n}}{n-1}$ 收敛,级数 $\sum\limits_{n=2}^{\infty}\dfrac{1}{n-1}$ 发散,故原级数发散。

例 7   设 $f(x)$ 二阶连续可微,且 $\lim\limits_{x\to0}\dfrac{f(x)}{x}=0$,证明 $\sum\limits_{n=1}^{\infty}f\left(\dfrac{1}{n}\right)$ 收敛。

证明   由 $\lim\limits_{x\to0}\dfrac{f(x)}{x}=0$ 可推知 $\lim\limits_{x\to0}f(x)=f(0)=0$,于是又有

$$\lim_{x\to0}\frac{f(x)}{x}=\lim_{x\to0}\frac{f(x)-f(0)}{x}=f'(0)=0,$$

因此利用麦克劳林公式有

$$f\left(\frac{1}{n}\right) = f''(0)\frac{1}{n^2} + o\left(\frac{1}{n^2}\right),$$

$$\sum_{n=1}^{\infty} f\left(\frac{1}{n}\right) = \sum_{n=1}^{\infty} \left[f''(0)\frac{1}{n^2} + o\left(\frac{1}{n^2}\right) \right],$$

$$\lim_{n\to\infty} \frac{f''(0)\frac{1}{n^2} + o\left(\frac{1}{n^2}\right)}{\frac{1}{n^2}} = f''(0)。$$

而 $\sum\limits_{n=1}^{\infty} \dfrac{1}{n^2}$ 收敛，所以级数 $\sum\limits_{n=1}^{\infty} f\left(\dfrac{1}{n}\right)$ 收敛。

题型三　计算函数项级数的收敛半径及收敛域

例 8　求幂级数 $\sum\limits_{n=1}^{\infty}(\sqrt{n+1}-\sqrt{n})(x-2)^n$ 的收敛域。

解　设 $a_n = \sqrt{n+1}-\sqrt{n} = \dfrac{1}{\sqrt{n+1}+\sqrt{n}}$，$\lim\limits_{n\to\infty}\dfrac{|a_{n+1}|}{|a_n|} = \lim\limits_{n\to\infty}\dfrac{\sqrt{n+1}+\sqrt{n}}{\sqrt{n+2}+\sqrt{n+1}} = 1$，所以

收敛半径 $R=1$。收敛区间为 $(1,3)$。

当 $x=1$ 时，$\sum\limits_{n=1}^{\infty}(\sqrt{n+1}-\sqrt{n})(x-2)^n = \sum\limits_{n=1}^{\infty}(-1)^n(\sqrt{n+1}-\sqrt{n})$ 收敛；当 $x=3$ 时，

$\sum\limits_{n=1}^{\infty}(\sqrt{n+1}-\sqrt{n})(x-2)^n = \sum\limits_{n=1}^{\infty}(\sqrt{n+1}-\sqrt{n})$ 发散。所以原级数的收敛域为 $[1,3)$。

例 9　求幂级数 $\sum\limits_{n=1}^{\infty} \dfrac{(-1)^n}{3^n(2n+1)} x^{2n+1}$ 的收敛域。

解　此级数缺少 x 的偶数次幂项，故直接利用比值判别法计算收敛半径。由

$$\lim_{n\to\infty}\frac{|u_{n+1}|}{|u_n|} = \lim_{n\to\infty}\frac{3^n(2n+1)}{3^{n+1}(2n+3)} \cdot x^2 = \frac{x^2}{3},$$

令 $\dfrac{x^2}{3}<1$，得 $-\sqrt{3}<x<\sqrt{3}$，故收敛半径为 $R=\sqrt{3}$。

当 $x=-\sqrt{3}$ 时，原级数成为 $\sum\limits_{n=1}^{\infty}\dfrac{(-1)^n\sqrt{3}}{(2n+1)}$ 收敛；当 $x=\sqrt{3}$ 时，原级数成为 $\sum\limits_{n=1}^{\infty}\dfrac{(-1)^{n+1}\sqrt{3}}{(2n+1)}$

收敛。故收敛域为 $[-\sqrt{3},\sqrt{3}]$。

例 10　求幂级数 $\sum\limits_{n=1}^{\infty}\dfrac{2+(-1)^n}{2^n}x^n$ 的收敛半径。

解　因为 $\lim\limits_{n\to\infty}\dfrac{|a_{n+1}|}{|a_n|}$ 不存在，故利用根值审敛法。因

$$\rho = \lim_{n\to\infty}\sqrt[n]{|u_n(x)|} = \lim_{n\to\infty}\sqrt[n]{\left|\frac{2+(-1)^n}{2^n}x^n\right|} = \frac{|x|}{2},$$

故当 $\rho < 1$ 即 $|x| < 2$ 时幂级数收敛,当 $|x| > 2$ 时幂级数发散,所以收敛半径 $R = 2$。

例 11　求级数 $\sum\limits_{n=1}^{\infty} \left(\dfrac{a^n}{n} x^n + \dfrac{b^n}{n^2 x^n} \right)$ 的收敛域 $(a, b > 0)$。

解　对于 $\sum\limits_{n=1}^{\infty} \dfrac{a^n}{n} x^n$,可知其收敛域为 $\left[-\dfrac{1}{a}, \dfrac{1}{a} \right)$。

对于 $\sum\limits_{n=1}^{\infty} \dfrac{b^n}{n^2 x^n}$,对于 x 而言不是幂级数,设 $y_1 = \dfrac{b}{x}$,级数 $\sum\limits_{n=1}^{\infty} \dfrac{b^n}{n^2 x^n}$ 成为级数 $\sum\limits_{n=1}^{\infty} \dfrac{y_1^n}{n^2}$,级

数 $\sum\limits_{n=1}^{\infty} \dfrac{y_1^n}{n^2}$ 的收敛域为 $y_1 = \dfrac{b}{x} \in [-1, 1]$,即级数 $\sum\limits_{n=1}^{\infty} \dfrac{b^n}{n^2 x^n}$ 的收敛域为

$$x \in \left(-\infty, -\dfrac{1}{b} \right] \cup \left[\dfrac{1}{b}, +\infty \right)。$$

因而所求收敛域为

当 $a < b$ 时,$x \in \left[-\dfrac{1}{a}, -\dfrac{1}{b} \right] \cup \left[\dfrac{1}{b}, \dfrac{1}{a} \right)$;

当 $a = b$ 时,$x = -\dfrac{1}{a}$;

当 $a > b$ 时,空集。

题型四　幂级数求和

例 12　求幂级数 $\sum\limits_{n=2}^{\infty} \dfrac{x^n}{2n(n-1)}$ 的收敛域及和函数。

解　$\lim\limits_{n \to \infty} \dfrac{|a_{n+1}|}{|a_n|} = \lim\limits_{n \to \infty} \dfrac{2n(n-1)}{2(n+1)n} = 1$,则 $R = 1$。

当 $x = -1$ 时,原级数成为 $\sum\limits_{n=2}^{\infty} \dfrac{(-1)^n}{2n(n-1)}$,收敛;当 $x = 1$ 时,原级数成为 $\sum\limits_{n=2}^{\infty} \dfrac{1}{2n(n-1)}$,收敛。故原级数的收敛域为 $[-1, 1]$。

设 $s(x) = \sum\limits_{n=2}^{\infty} \dfrac{x^n}{2n(n-1)}$,则

$$s'(x) = \sum\limits_{n=2}^{\infty} \dfrac{x^{n-1}}{2(n-1)}, \quad s''(x) = \sum\limits_{n=2}^{\infty} \dfrac{x^{n-2}}{2} = \dfrac{1}{2(1-x)} \quad |x| < 1,$$

$$s'(x) = \int_0^x s''(x) \mathrm{d}x = \int_0^x \dfrac{1}{2(1-x)} \mathrm{d}x = -\dfrac{1}{2} \ln(1-x),$$

$$s(x) = \int_0^x s'(x) \mathrm{d}x = \dfrac{1}{2} [x + \ln(1-x) - x \ln(1-x)]。$$

特别地

$$s(1) = \sum\limits_{n=2}^{\infty} \dfrac{1}{2n(n-1)} = \lim\limits_{N \to \infty} \sum\limits_{n=2}^{N} \dfrac{1}{2n(n-1)}$$

$$= \lim\limits_{N \to \infty} \sum\limits_{n=2}^{N} \dfrac{1}{2} \left(\dfrac{1}{n-1} - \dfrac{1}{n} \right) = \lim\limits_{N \to \infty} \dfrac{1}{2} \left(1 - \dfrac{1}{N} \right) = \dfrac{1}{2},$$

即
$$\sum_{n=2}^{\infty} \frac{x^n}{2n(n-1)} = \begin{cases} \frac{1}{2}[x + \ln(1-x) - x\ln(1-x)], & x \in [-1,1), \\ \frac{1}{2}, & x = 1。 \end{cases}$$

例 13　求级数 $\sum\limits_{n=3}^{\infty} \dfrac{1}{n(n-2)2^n}$ 的和。

解　幂级数 $\sum\limits_{n=3}^{\infty} \dfrac{x^n}{n(n-2)}$ 在区间 $[-1,1]$ 上收敛。由于当 $x = \dfrac{1}{2}$ 时,即得所求的级数 $\sum\limits_{n=3}^{\infty} \dfrac{1}{n(n-2)2^n}$,为此先求幂级数 $\sum\limits_{n=3}^{\infty} \dfrac{x^n}{n(n-2)}$ 的和函数。

令 $s(x) = \sum\limits_{n=3}^{\infty} \dfrac{x^n}{n(n-2)}$,则有

$$s(x) = \frac{1}{2} \sum_{n=3}^{\infty} \left(\frac{1}{n-2} - \frac{1}{n} \right) x^n = \frac{1}{2} \left[\sum_{n=3}^{\infty} \frac{x^n}{n-2} - \sum_{n=3}^{\infty} \frac{x^n}{n} \right] = \frac{1}{2}[s_1(x) - s_2(x)]。$$

因为 $s_1(x) = \sum\limits_{n=3}^{\infty} \dfrac{x^n}{n-2} = x^2 \sum\limits_{n=3}^{\infty} \dfrac{x^{n-2}}{n-2} = x^2 \sum\limits_{n=1}^{\infty} \dfrac{x^n}{n} = -x^2 \ln(1-x)$,

$$s_2(x) = \sum_{n=3}^{\infty} \frac{x^n}{n} = -\ln(1-x) - x - \frac{x^2}{2},$$

所以 $s(x) = \dfrac{1}{2}[s_1(x) - s_2(x)]$

$$= \frac{1}{2}\left[-x^2\ln(1-x) + \ln(1-x) + x + \frac{x^2}{2} \right]$$

$$= \frac{1}{2}(1-x^2)\ln(1-x) + \frac{x}{2} + \frac{x^2}{4}。$$

又当 $x = \dfrac{1}{2}$ 时,$s\left(\dfrac{1}{2}\right) = \dfrac{1}{2}\left(1 - \left(\dfrac{1}{2}\right)^2\right)\ln\left(\dfrac{1}{2}\right) + \dfrac{1}{4} + \dfrac{1}{16} = \dfrac{5}{16} - \dfrac{3}{8}\ln 2$,故

$$\sum_{n=3}^{\infty} \frac{1}{n(n-2)2^n} = \frac{5}{16} - \frac{3}{8}\ln 2。$$

题型五　函数在某点的幂级数展开

例 14　下列函数展开为 $x - x_0$ 的幂级数:

(1) $f(x) = \dfrac{1}{x+1}, x_0 = -4$;　　　　(2) $f(x) = \dfrac{3x}{2-x-x^2}, x_0 = 0$。

解　(1) 利用等比级数求和公式

$$\frac{1}{x+1} = \frac{1}{x+4-3} = -\frac{1}{3\left(1 - \dfrac{x+4}{3}\right)}。$$

因为 $\dfrac{1}{1-x} = \sum\limits_{n=0}^{\infty} x^n \, (-1 < x < 1)$,所以 $\dfrac{1}{1 - \dfrac{x+4}{3}} = \sum\limits_{n=0}^{\infty} \left(\dfrac{x+4}{3}\right)^n$,$-1 < \dfrac{x+4}{3} < 1$,

得 $-7 < x < -1$,于是

$$\frac{1}{x+1} = -\sum_{n=0}^{\infty} \frac{(x+4)^n}{3^{n+1}}, \qquad -7 < x < -1 。$$

(2) $\dfrac{3x}{2-x-x^2} = \dfrac{1}{1-x} - \dfrac{2}{2+x} = \dfrac{1}{1-x} - \dfrac{1}{1+\dfrac{x}{2}}$,

$$\frac{1}{1-x} = \sum_{n=0}^{\infty} x^n \ (-1 < x < 1);\quad \frac{1}{1+\dfrac{x}{2}} = \sum_{n=0}^{\infty} \left(-\frac{x}{2}\right)^n \quad (-2 < x < 2)。$$

$$\frac{3x}{2-x-x^2} = \sum_{n=0}^{\infty} x^n - \sum_{n=0}^{\infty} \left(-\frac{x}{2}\right)^n = \sum_{n=0}^{\infty} \left[1 - \left(-\frac{1}{2}\right)^n\right] x^n \quad (-1 < x < 1)。$$

例15 将 $f(x) = \dfrac{\mathrm{d}}{\mathrm{d}x}\left(\dfrac{e^x - 1}{x}\right)$ 展开成 x 的幂级数,并求 $\displaystyle\sum_{n=1}^{\infty} \frac{n}{(n+1)!}$ 的和。

解 $\dfrac{e^x - 1}{x} = \dfrac{1}{x}\left(\displaystyle\sum_{n=0}^{\infty} \frac{x^n}{n!} - 1\right) = \dfrac{1}{x}\displaystyle\sum_{n=1}^{\infty} \frac{x^n}{n!} = \displaystyle\sum_{n=1}^{\infty} \frac{x^{n-1}}{n!}$,故

$$f(x) = \frac{\mathrm{d}}{\mathrm{d}x}\left(\frac{e^x-1}{x}\right) = \frac{\mathrm{d}}{\mathrm{d}x}\left(\sum_{n=1}^{\infty} \frac{x^{n-1}}{n!}\right) = \sum_{n=2}^{\infty} \frac{(n-1)x^{n-2}}{n!} = \sum_{n=1}^{\infty} \frac{n x^{n-1}}{(n+1)!} \ (x \neq 0)。$$

令 $x = 1$,即得 $\displaystyle\sum_{n=1}^{\infty} \frac{n}{(n+1)!} = \left[\frac{\mathrm{d}}{\mathrm{d}x}\left(\frac{e^x-1}{x}\right)\right]\Big|_{x=1} = \frac{e^x x - e^x + 1}{x^2}\Big|_{x=1} = 1。$

12.3　同步训练

1. 幂级数 $\displaystyle\sum_{n=0}^{\infty} a_n x^n$ 在 $x = -2$ 处条件收敛,则此级数的收敛半径为 _____。

2. 设 $u_1 = 1, u_2 = 2$,当 $n \geqslant 3$ 时,$u_n = u_{n-1} + u_{n-2}$。求证:

(1) $\dfrac{3}{2} u_{n-1} < u_n < 2 u_{n-1}$; (2) $\displaystyle\sum_{n=1}^{\infty} \frac{1}{u_n}$ 收敛。

3. 证明:(1) 方程 $x = \tan x$ 在 $(0, +\infty)$ 内的有无穷多个可由小到大排列的正根 $x_1 < x_2 < \cdots < x_n < \cdots$ (2) 级数 $\displaystyle\sum_{n=1}^{\infty} \frac{1}{x_n^2}$ 收敛。

4. 幂级数 $\displaystyle\sum_{n=1}^{\infty} \frac{(x-2)^{2n}}{n 4^n}$ 的收敛域为 _____。

5. 设级数 $\displaystyle\sum_{n=1}^{\infty} (a_n - a_{n-1})$ 收敛,$\displaystyle\sum_{n=1}^{\infty} b_n$ 绝对收敛,证明:$\displaystyle\sum_{n=1}^{\infty} a_n b_n$ 绝对收敛。

6. 结论:a。若正项级数 $\displaystyle\sum_{n=1}^{\infty} a_n$ 收敛,则 $\displaystyle\sum_{n=1}^{\infty} (-1)^n a_n$ 收敛;b。若 $\left|\dfrac{a_n + 1}{a_n}\right| \geqslant 1$ 收敛,则 $\displaystyle\sum_{n=1}^{\infty} a_n$ 发散;c。若 $\left|\dfrac{a_n + 1}{a_n}\right| \leqslant 1$ 收敛,则 $\displaystyle\sum_{n=1}^{\infty} a_n$ 收敛;d。若 $\displaystyle\sum_{n=1}^{\infty} a_n^2$ 收敛,则 $\displaystyle\sum_{n=1}^{\infty} a_n^3$ 收敛,其中正确的个数是( )。

　　A. 1　　　　　　　　B. 2　　　　　　　　C. 3　　　　　　　　D. 4

7. 无穷级数 $\sum\limits_{n=1}^{\infty} \dfrac{n^2}{n!}$ 的和为 _____。

8. 若 $\sum\limits_{n=1}^{\infty} a_n, \sum\limits_{n=1}^{\infty} b_n$ 发散,则(   )。

    A. $\sum\limits_{n=1}^{\infty} (a_n + b_n)$ 发散　　　　　　　　　B. $\sum\limits_{n=1}^{\infty} (\,|\,a_n\,|+|\,b_n\,|\,)$ 发散

    C. $\sum\limits_{n=1}^{\infty} (a_n b_n)$ 发散　　　　　　　　　D. $\sum\limits_{n=1}^{\infty} (a_n^2 + b_n^2)$ 发散

9. 无穷级数 $\sum\limits_{n=1}^{\infty} \dfrac{1}{n!\,(n+2)}$ 的和为 _____。

10. 设函数 $f(x)$ 在 $[0,1]$ 上有连续的导数,且 $\lim\limits_{x\to 0^+} \dfrac{f(x)}{x}=1$,证明:级数 $\sum\limits_{n=1}^{\infty} f\left(\dfrac{1}{n}\right)$ 发散,而 $\sum\limits_{n=1}^{\infty} (-1)^{n-1} f\left(\dfrac{1}{n}\right)$ 收敛。

11. 设 $f(x) = \begin{cases} \dfrac{1+x^2}{x} \arctan x, & x \neq 0, \\ 1, & x = 0, \end{cases}$ 将 $f(x)$ 展开成 x 的幂级数,并求 $\sum\limits_{n=1}^{\infty} \dfrac{(-1)^n}{1-4n^2}$ 的和。

12. 设 $u_n \neq 0$,且 $\lim\limits_{n\to\infty} \dfrac{n}{u_n}=1$,则级数 $\sum\limits_{n=1}^{\infty} (-1)^{n+1}\left(\dfrac{1}{u_n}+\dfrac{1}{u_{n+1}}\right)$ 为(   )。

    A. 发散　　　　　　　　　　　　　　　　B. 绝对收敛

    C. 条件收敛　　　　　　　　　　　　　　D. 收敛性不能判定

13. (1) 验证函数 $y(x) = \sum\limits_{n=0}^{\infty} \dfrac{x^{3n}}{(3n)!}\ (-\infty < x < +\infty)$ 满足微分方程 $y'' + y' + y = \mathrm{e}^x$。

(2) 利用(1)的结果求幂级数 $y(x) = \sum\limits_{n=0}^{\infty} \dfrac{x^{3n}}{(3n)!}$ 的和函数。

14. 设 $x^2 = \sum\limits_{n=0}^{\infty} a_n \cos nx\ (-\pi \leqslant x \leqslant \pi)$,则 $a_2 =$ _____。

15. 将函数 $f(x) = \arctan \dfrac{1-2x}{1+2x}$ 展开成 x 的幂级数,并求级数 $\sum\limits_{n=0}^{\infty} \dfrac{(-1)^n}{2n+1}$ 的和。

16. 设 $\sum\limits_{n=1}^{\infty} a_n$ 为正项级数,下列结论中正确的是(   )。

    A. 若 $\lim\limits_{n\to\infty} n a_n = 0$,则级数 $\sum\limits_{n=1}^{\infty} a_n$ 收敛

    B. 若存在非零常数 λ,使得 $\lim\limits_{n\to\infty} n a_n = \lambda$,则级数 $\sum\limits_{n=1}^{\infty} a_n$ 发散

    C. 若级数 $\sum\limits_{n=1}^{\infty} a_n$ 收敛,则 $\lim\limits_{n\to\infty} n^2 a_n = 0$

    D. 若级数 $\sum\limits_{n=1}^{\infty} a_n$ 发散,则存在非零常数 λ,使得 $\lim\limits_{n\to\infty} n a_n = \lambda$

17. 设有方程 $x^n + nx - 1 = 0$，其中 n 为正整数。证明此方程存在惟一正实根 x_n，并证明当 $\alpha > 1$ 时，级数 $\sum\limits_{n=1}^{\infty} x_n^{\alpha}$ 收敛。

18. 求幂级数 $\sum\limits_{n=1}^{\infty} (-1)^{n-1} \left(1 + \dfrac{1}{n(2n-1)} \right) x^{2n}$ 的收敛区间与和函数 $f(x)$。

19. 若级数 $\sum\limits_{n=1}^{\infty} a_n$ 收敛，则级数（　　）。

    A. $\sum\limits_{n=1}^{\infty} |a_n|$ 收敛   B. $\sum\limits_{n=1}^{\infty} (-1)^n a_n$ 收敛

    C. $\sum\limits_{n=1}^{\infty} a_n a_{n+1}$ 收敛   D. $\sum\limits_{n=1}^{\infty} \dfrac{a_n + a_{n+1}}{2}$ 收敛

20. 将函数 $f(x) = \dfrac{x}{2 + x - x^2}$ 展开成 x 的幂级数。

21. 设幂级数 $\sum\limits_{n=0}^{\infty} a_n x^n$ 在 $(-\infty, +\infty)$ 内收敛，其和函数 $y(x)$ 满足
$$y'' - 2xy' - 4y = 0, \quad y(0) = 0, \quad y'(0) = 1 。$$

(1) 证明：$a_{n+2} = \dfrac{2}{n+1} a_n, n = 1, 2, \cdots$；

(2) 求 $y(x)$ 的表达式。

22. 已知幂级数 $\sum\limits_{n=0}^{\infty} a_n (x+2)^n$ 在 $x = 0$ 处收敛，在 $x = -4$ 处发散，则幂级数 $\sum\limits_{n=0}^{\infty} a_n (x-3)^n$ 的收敛域为 _____。

23. 将函数 $f(x) = 1 - x^2 (0 \leqslant x \leqslant \pi)$ 展开成余弦级数，并求级数 $\sum\limits_{n=1}^{\infty} \dfrac{(-1)^{n-1}}{n^2}$ 的和。

24. 设有两个数列 $\{a_n\}, \{b_n\}$，若 $\lim\limits_{n \to \infty} a_n = 0$，则（　　）。

    A. 当 $\sum\limits_{n=1}^{\infty} b_n$ 收敛时，$\sum\limits_{n=1}^{\infty} a_n b_n$ 收敛   B. 当 $\sum\limits_{n=1}^{\infty} b_n$ 发散时，$\sum\limits_{n=1}^{\infty} a_n b_n$ 发散

    C. 当 $\sum\limits_{n=1}^{\infty} |b_n|$ 收敛时，$\sum\limits_{n=1}^{\infty} a_n^2 b_n^2$ 收敛   D. 当 $\sum\limits_{n=1}^{\infty} |b_n|$ 发散时，$\sum\limits_{n=1}^{\infty} a_n^2 b_n^2$ 发散

25. 设 a_n 为曲线 $y = x^n$ 与 $y = x^{n+1} (n = 1, 2, \cdots)$ 所围成区域的面积，记 $S_1 = \sum\limits_{n=1}^{\infty} a_n$，$S_2 = \sum\limits_{n=1}^{\infty} a_{2n-1}$，求 S_1 与 S_2 的值。

26. 求幂级数 $\sum\limits_{n=1}^{\infty} \dfrac{(-1)^{n-1}}{2n-1} x^{2n}$ 的收敛域及和函数。

27. 设 $\{u_n\}$ 是单调增加的有界数列，则下列级数中收敛的是（　　）。

    A. $\sum\limits_{n=1}^{\infty} \dfrac{u_n}{n}$ B. $\sum\limits_{n=1}^{\infty} (-1)^n \dfrac{1}{u_n}$

C. $\displaystyle\sum_{n=1}^{\infty}\left(1-\frac{u_n}{u_{n+1}}\right)$ D. $\displaystyle\sum_{n=1}^{\infty}(u_{n+1}^2-u_n^2)$

28. 若 $\displaystyle\sum_{n=1}^{\infty}nu_n$ 绝对收敛, $\displaystyle\sum_{n=1}^{\infty}\frac{v_n}{n}$ 条件收敛,则(　　)。

     A. $\displaystyle\sum_{n=1}^{\infty}u_nv_n$ 条件收敛   B. $\displaystyle\sum_{n=1}^{\infty}u_nv_n$ 绝对收敛

     C. $\displaystyle\sum_{n=1}^{\infty}(u_n+v_n)$ 收敛   D. $\displaystyle\sum_{n=1}^{\infty}(u_n+v_n)$ 发散

29. 级数 $\displaystyle\sum_{n=1}^{\infty}\left(\frac{1}{\sqrt{n}}-\frac{1}{\sqrt{n+1}}\right)\sin(n+k)$ (k 为常数),则该级数(　　)。

     A. 绝对收敛   B. 条件收敛

     C. 发散   D. 收敛性与 k 有关

30. 下列级数中发散的是(　　)。

     A. $\displaystyle\sum_{n=1}^{\infty}\frac{n}{3^n}$ B. $\displaystyle\sum_{n=1}^{\infty}\frac{1}{\sqrt{n}}\ln\left(1+\frac{1}{n}\right)$

     C. $\displaystyle\sum_{n=2}^{\infty}\frac{(-1)^n+1}{\ln n}$ D. $\displaystyle\sum_{n=1}^{\infty}\frac{n!}{n^n}$

31. 若级数 $\displaystyle\sum_{n=1}^{\infty}a_n$ 条件收敛,则 $x=\sqrt{3}$ 与 $x=3$ 依次为幂级数 $\displaystyle\sum_{n=1}^{\infty}na_n(x-1)^n$ 的(　　)。

     A. 收敛点,收敛点   B. 收敛点,发散点

     C. 发散点,收敛点   D. 发散点,发散点

32. 幂级数 $\displaystyle\sum_{n=1}^{\infty}(-1)^{n-1}nx^{n-1}$ 在区间 $(-1,1)$ 内的和函数 $S(x)=$ _____。

33. 已知幂级数 $\displaystyle\sum_{n=0}^{\infty}a_n(x+1)^n$ 的收敛域为 $(-4,2)$,则幂级数 $\displaystyle\sum_{n=0}^{\infty}na_n(x-3)^n$ 的收敛区间为 _____。

34. 求幂级数 $\displaystyle\sum_{n=0}^{\infty}\frac{x^{2n+2}}{(n+1)(2n+1)}$ 的收敛域及和函数。

35. 设 $u_1>4$, $u_{n+1}=\sqrt{12+u_n}$, $a_n=\dfrac{1}{\sqrt{u_n-4}}$ ($n=1,2,\cdots$),求幂级数 $\displaystyle\sum_{n=1}^{\infty}a_nx^n$ 的收敛域。

36. 设数列 $\{a_n\}$ 单调增加,且 $a_n\geqslant 1$ ($n=1,2,\cdots$),证明:级数 $\displaystyle\sum_{n=1}^{\infty}\left(1-\frac{a_n}{a_{n+1}}\right)\frac{1}{\sqrt{a_{n+1}}}$ 收敛。

37. 若级数 $\displaystyle\sum_{n=1}^{\infty}(a_{2n-1}+a_{2n})$ 收敛,且 $\lim_{n\to\infty}a_n=0$,证明级数 $\displaystyle\sum_{n=1}^{\infty}a_n$ 收敛。

12.4 参考答案

1. $R = 2$。

2. (1) 利用数学归纳法讨论 $\dfrac{u_{n+1}}{u_n}$ 的取值范围。(2) 利用比值判别法证明 $\displaystyle\sum_{n=1}^{\infty}\dfrac{1}{u_n}$ 收敛性。

3. (1) 讨论 $y = x$ 与 $y = \tan x$ 在 $\left[n\pi, n\pi + \dfrac{\pi}{2}\right)$ 的交点,然后按 n 由小到大的顺序排列即得。(2) 利用比较判别法,选取参照级数为 $\displaystyle\sum_{n=1}^{\infty}\dfrac{1}{n^2}$。

4. $(0, 4)$。 5. 略。 6. A。

7. $2e$。提示:讨论幂级数 $\displaystyle\sum_{n=1}^{\infty}\dfrac{n^2}{n!}x^n$ 的和函数,取 $x = 1$ 即得所求级数的和。

8. B。 9. $\dfrac{1}{2}$。

10. (1) 利用比较判别法,根据 $\displaystyle\lim_{n\to\infty}\dfrac{f\left(\dfrac{1}{n}\right)}{\dfrac{1}{n}} = 1$,由于 $\displaystyle\sum_{n=1}^{\infty}\dfrac{1}{n}$ 发散,即得级数 $\displaystyle\sum_{n=1}^{\infty}f\left(\dfrac{1}{n}\right)$ 发散。

(2) 利用莱布尼茨判别法,可得 $\displaystyle\sum_{n=1}^{\infty}(-1)^{n-1}f\left(\dfrac{1}{n}\right)$ 收敛。

11. $f(x) = 1 + \displaystyle\sum_{n=1}^{\infty}(-1)^n\dfrac{2}{1-4n^2}x^{2n},\ x\in[-1,1],\ \displaystyle\sum_{n=1}^{\infty}\dfrac{(-1)^n}{1-4n^2} = \dfrac{1}{2}\left(\dfrac{\pi}{2}-1\right)$。

12. C。 13. (1) 略;(2) $\displaystyle\sum_{n=0}^{\infty}\dfrac{x^{3n}}{(3n)!} = \dfrac{1}{3}e^x + \dfrac{2}{3}e^{-\frac{1}{2}x}\cos\dfrac{\sqrt{3}}{2}x$。 14. 1。

15. $f(x) = \arctan\dfrac{1-2x}{1+2x} = \dfrac{\pi}{4} + \displaystyle\sum_{n=0}^{\infty}(-1)^{n-1}\dfrac{2\cdot4^n}{2n+1}x^{2n+1},\ x\in\left(-\dfrac{1}{2},\dfrac{1}{2}\right]$,

$\displaystyle\sum_{n=0}^{\infty}\dfrac{(-1)^n}{2n+1} = \dfrac{\pi}{4}$。

16. B。 17. 利用零点定理及单调性讨论函数 $f(x) = x^n + nx - 1$ 在 $\left(0, \dfrac{1}{n}\right)$ 的解的情况。

18. 收敛区间为 $(-1,1)$,$f(x) = \dfrac{x^2}{1+x^2} + 2x\arctan x - \ln(1+x^2),\ x\in(-1,1)$。

19. D。 20. $f(x) = \dfrac{x}{2+x-x^2} = \displaystyle\sum_{n=1}^{\infty}\dfrac{1}{3}\left[\dfrac{1}{2^n}-(-1)^n\right]x^n,\ x\in(-1,1)$。

21. (1) 将级数代入微分方程即可验证。(2) xe^{x^2}。 22. $(1,5]$。

23. $f(x) = 1 - \dfrac{\pi^2}{3} + \sum\limits_{n=1}^{\infty} \dfrac{4 \cdot (-1)^{n+1}}{n^2} \cos nx$, $\sum\limits_{n=1}^{\infty} \dfrac{(-1)^{n-1}}{n^2} = \dfrac{\pi^2}{12}$。 24. C。

25. $S_1 = \dfrac{1}{2}$, $S_2 = 1 - \ln 2$。 26. 收敛域为 $[-1,1]$, 和函数为 $\sum\limits_{n=1}^{\infty} \dfrac{(-1)^{n-1}}{2n-1} x^{2n} = x \arctan x$。

27. D。 28. B。 29. A。 30. C。 31. B。

32. $\dfrac{1}{(1+x)^2}$。 33. $(0,6)$。

34. 和函数 $S(x) = \begin{cases} x \ln\left(\dfrac{1+x}{1-x}\right) + \ln(1-x^2), & x \in (-1,1), \\ 2\ln 2, & x = \pm 1, \end{cases}$ 收敛域为 $[-1,1]$。

35. $\left(-\dfrac{1}{2\sqrt{2}}, \dfrac{1}{2\sqrt{2}}\right)$。 36. 略。 37. 略。